周期表

10	11	12	13	14	15	16	17	18	族/周期
								4.003 $_2$He ヘリウム $1s^2$ 24.59	1
			10.81 $_5$B ホウ素 $[He]2s^2p^1$ 8.30 2.04	12.01 $_6$C 炭素 $[He]2s^2p^2$ 11.26 2.55	14.01 $_7$N 窒素 $[He]2s^2p^3$ 14.53 3.04	16.00 $_8$O 酸素 $[He]2s^2p^4$ 13.62 3.44	19.00 $_9$F フッ素 $[He]2s^2p^5$ 17.42 3.98	20.18 $_{10}$Ne ネオン $[He]2s^2p^6$ 21.56	2
			26.98 $_{13}$Al アルミニウム $[Ne]3s^2p^1$ 5.99 1.61	28.09 $_{14}$Si ケイ素 $[Ne]3s^2p^2$ 8.15 1.90	30.97 $_{15}$P リン $[Ne]3s^2p^3$ 10.49 2.19	32.07 $_{16}$S 硫黄 $[Ne]3s^2p^4$ 10.36 2.58	35.45 $_{17}$Cl 塩素 $[Ne]3s^2p^5$ 12.97 3.16	39.95 $_{18}$Ar アルゴン $[Ne]3s^2p^6$ 15.76	3
58.69 $_{28}$Ni ニッケル $[Ar]3d^84s^2$ 7.64 1.91	63.55 $_{29}$Cu 銅 $[Ar]3d^{10}4s^1$ 7.73 1.90	65.38 $_{30}$Zn 亜鉛 $[Ar]3d^{10}4s^2$ 9.39 1.65	69.72 $_{31}$Ga ガリウム $[Ar]3d^{10}4s^2p^1$ 6.00 1.81	72.63 $_{32}$Ge ゲルマニウム $[Ar]3d^{10}4s^2p^2$ 7.90 2.01	74.92 $_{33}$As ヒ素 $[Ar]3d^{10}4s^2p^3$ 9.81 2.18	78.96 $_{34}$Se セレン $[Ar]3d^{10}4s^2p^4$ 9.75 2.55	79.90 $_{35}$Br 臭素 $[Ar]3d^{10}4s^2p^5$ 11.81 2.96	83.80 $_{36}$Kr クリプトン $[Ar]3d^{10}4s^2p^6$ 14.00 3.0	4
106.4 $_{46}$Pd パラジウム $[Kr]4d^{10}$ 8.34 2.20	107.9 $_{47}$Ag 銀 $[Kr]4d^{10}5s^1$ 7.58 1.93	112.4 $_{48}$Cd カドミウム $[Kr]4d^{10}5s^2$ 8.99 1.69	114.8 $_{49}$In インジウム $[Kr]4d^{10}5s^2p^1$ 5.79 1.78	118.7 $_{50}$Sn スズ $[Kr]4d^{10}5s^2p^2$ 7.34 1.96	121.8 $_{51}$Sb アンチモン $[Kr]4d^{10}5s^2p^3$ 8.64 2.05	127.6 $_{52}$Te テルル $[Kr]4d^{10}5s^2p^4$ 9.01 2.1	126.9 $_{53}$I ヨウ素 $[Kr]4d^{10}5s^2p^5$ 10.45 2.66	131.3 $_{54}$Xe キセノン $[Kr]4d^{10}5s^2p^6$ 12.13 2.7	5
195.1 $_{78}$Pt 白金 $[Xe]4f^{14}5d^96s^1$ 8.61 2.28	197.0 $_{79}$Au 金 $[Xe]4f^{14}5d^{10}6s^1$ 9.23 2.54	200.6 $_{80}$Hg 水銀 $[Xe]4f^{14}5d^{10}6s^2$ 10.44 2.00	204.4 $_{81}$Tl タリウム $[Xe]4f^{14}5d^{10}6s^2p^1$ 6.11 2.04	207.2 $_{82}$Pb 鉛 $[Xe]4f^{14}5d^{10}6s^2p^2$ 7.42 2.33	209.0 $_{83}$Bi ビスマス $[Xe]4f^{14}5d^{10}6s^2p^3$ 7.29 2.02	(210) $_{84}$Po ポロニウム $[Xe]4f^{14}5d^{10}6s^2p^4$ 8.42 2.0	(210) $_{85}$At アスタチン $[Xe]4f^{14}5d^{10}6s^2p^5$ 9.5 2.2	(222) $_{86}$Rn ラドン $[Xe]4f^{14}5d^{10}6s^2p^6$ 10.75	6
(281) $_{110}$Ds ダームスタチウム $[Rn]5f^{14}6d^97s^1$	(280) $_{111}$Rg レントゲニウム $[Rn]5f^{14}6d^{10}7s^1$	(285) $_{112}$Cn コペルニシウム $[Rn]5f^{14}6d^{10}7s^2$	(278) $_{113}$Nh ニホニウム $[Rn]5f^{14}6d^{10}7s^2p^1$	(289) $_{114}$Fl フレロビウム $[Rn]5f^{14}6d^{10}7s^2p^2$	(289) $_{115}$Mc モスコビウム $[Rn]5f^{14}6d^{10}7s^2p^3$	(293) $_{116}$Lv リバモリウム $[Rn]5f^{14}6d^{10}7s^2p^4$	(293) $_{117}$Ts テネシン $[Rn]5f^{14}6d^{10}7s^2p^5$	(294) $_{118}$Og オガネソン $[Rn]5f^{14}6d^{10}7s^2p^6$	7
152.0 $_{63}$Eu ユウロピウム $[Xe]4f^76s^2$ 5.67 1.2	157.3 $_{64}$Gd ガドリニウム $[Xe]4f^75d^16s^2$ 6.15 1.20	158.9 $_{65}$Tb テルビウム $[Xe]4f^96s^2$ 5.86 1.2	162.5 $_{66}$Dy ジスプロシウム $[Xe]4f^{10}6s^2$ 5.94 1.22	164.9 $_{67}$Ho ホルミウム $[Xe]4f^{11}6s^2$ 6.02 1.23	167.3 $_{68}$Er エルビウム $[Xe]4f^{12}6s^2$ 6.11 1.24	168.9 $_{69}$Tm ツリウム $[Xe]4f^{13}6s^2$ 6.18 1.25	173.1 $_{70}$Yb イッテルビウム $[Xe]4f^{14}6s^2$ 6.25 1.1	175.0 $_{71}$Lu ルテチウム $[Xe]4f^{14}5d^16s^2$ 5.43 1.27	ランタノイド
(243) $_{95}$Am アメリシウム $[Rn]5f^77s^2$ 6.0 1.3	(247) $_{96}$Cm キュリウム $[Rn]5f^76d^17s^2$ 6.09 1.3	(247) $_{97}$Bk バークリウム $[Rn]5f^97s^2$ 6.30 1.3	(252) $_{98}$Cf カリホルニウム $[Rn]5f^{10}7s^2$ 6.30 1.3	(252) $_{99}$Es アインスタイニウム $[Rn]5f^{11}7s^2$ 6.52 1.3	(257) $_{100}$Fm フェルミウム $[Rn]5f^{12}/s^2$ 6.64 1.3	(258) $_{101}$Md メンデレビウム $[Rn]5f^{13}/s^2$ 6.74 1.3	(259) $_{102}$No ノーベリウム $[Rn]5f^{14}/s^2$ 6.84 1.3	(262) $_{103}$Lr ローレンシウム $[Rn]5f^{14}6d^1/s^2$	アクチノイド

JN160727

無機化学の基礎

坪村太郎・川本達也・佃 俊明
Taro Tsubomura, Tatsuya Kawamoto & Toshiaki Tsukuda

Basic
Inorganic
Chemistry

化学同人

── はじめに ──

　本書は理工系向けの無機化学の基本的なテキストである．第1〜8章は基本となる概念を扱った．高校までに習ってきたことに加えて量子化学の基礎を解説したので，無機化学を理解するために必要な基礎事項を学ぶことができる．数学的な記述は最小限にしてイメージを伝えるように努力した．第9〜22章では単体や化合物の性質を説明した．著名な無機化学者の F.A. Cotton（1930〜2007）と G. Willkinson（1921〜1996）はその著書 "Basic Inorganic Chemistry" の中で，"Inorganic chemistry *sans* facts (or nearly so) is like a page of music with no instrument play it on*" と述べており，無機化学における実験事実の大切さを強調している．筆者らもこの先生方の考えに賛同しており，なるべく実例を元にさまざまな物質の性質を整理して紹介することで，無機化学の広い範囲を系統的に学習できるように努めた．

　本書には，類書にはないいくつかの工夫を取り入れた．内容に関していえば，一つは物質の性質を第1族から順番に説明していくのを避け，たとえば固体化合物，分子性酸化物，ハロゲン化物など化合物群ごとに解説している点である．このほうが系統的に理解できると考えたからである．もう一つは「無機化学と環境，資源，産業とのかかわり」という章を加えたことからもわかるように，無機化合物と社会とのかかわりになるべく触れるようにした点である．体裁に関していえば，(1)各章の初めにその章で学ぶ内容をまとめて学習目標を示したこと，(2)各節にキーワードを入れたり，注釈や one point 解説を必要に応じて示したり，また例題を入れたりなど，学習の手助けをふんだんに盛り込んだこと，(3)この種のテキストとしてはなるべく見やすい図を多用して視覚的なわかりやすさを追求したこと，などで特徴を出したつもりである．また本文以外に，関連したいくつかのコラムや，化学の先人たちを紹介した biography を用意するなど，気軽に読めるように工夫できたのではないかと感じている．

　本書によって読者の皆さんが無機化学に興味をもち，さらに勉強しようという意欲をかき立てていただければ，筆者らにとっても大きな喜びである．執筆，出版にあたっては化学同人の大林様にはたいへんお世話になりました．ここに厚くお礼申し上げます．

2017年1月

　　　　　　　　　　　　　　　　　　　　　　　　　　　　　　　　　　　著者一同

*sans はフランス語で without の意

◆章末問題の解答◆

章末問題の解答へは，以下の URL または二次元バーコードからアクセスしてください．

http://www.kagakudojin.co.jp/appendices/kaito/index.html

無機化学の基礎

目次

1章 元素と原子の起源，原子核反応と原子力 ... 1
- 1-1 原子と分子　1
- 1-2 原子核反応と元素の成り立ち　5
- 章末問題　9

2章 周期表と元素の性質の周期性，電子配置 ... 11
- 2-1 周期表　11
- 2-2 元素の性質と周期律　13
- 章末問題　19

3章 電子の軌道と波動関数 ... 21
- 3-1 電子の軌道の考え方　21
- 3-2 一般の原子における電子配置　27
- 発展　ボーアの仮定と原子スペクトル　31
- 章末問題　33

4章 ルイス構造式と共鳴構造，VSEPR理論 ... 35
- 4-1 ルイス構造式　35
- 4-2 共鳴構造とVSEPRモデル　40
- コラム　貴ガスの価電子の数は0か8か　36
- 章末問題　44

5章 混成軌道と多重結合 ... 45
- 5-1 軌道の重なりによる共有結合の考え方　45
- 5-2 混成軌道　48
- 章末問題　54

6章 分子軌道法 ... 55
- 6-1 分子軌道法（MO法）の考え方　55
- 6-2 簡単な分子の分子軌道　58
- 章末問題　62

7章 固体と結晶の基礎 ……… 63

- 7-1 固体の基礎 ……… 63
- 7-2 結晶の結合による分類 ……… 67
- 7-3 絶縁体，金属，半導体 ……… 71
- 章末問題 ……… 74

8章 酸化還元反応と酸塩基反応 ……… 75

- 8-1 酸と塩基 ……… 75
- 8-2 酸化還元反応 ……… 82
- 章末問題 ……… 85

9章 無機化学と環境，資源，産業とのかかわり ……… 87

- 9-1 身の回りの元素と環境 ……… 87
- 9-2 産業の基幹となる代表的な無機化合物 ……… 91
- 章末問題 ……… 96

10章 単体の構造と性質 ……… 97

- 10-1 単体の構造：分子 ……… 97
- 10-2 共有結合結晶 ……… 104
- 10-3 金属 ……… 106
- コラム　日本で多くとれる元素 ……… 107
- 章末問題 ……… 109

11章 単体の化学 ……… 111

- 11-1 無機化合物の命名法 ……… 111
- 11-2 単体の化学的な性質の概略 ……… 112
- 11-3 各論 ……… 113
- 章末問題 ……… 123

12章 遷移金属元素の性質 ……… 125

- 12-1 遷移金属元素の性質 ……… 125
- 12-2 第一（第4周期）遷移元素 ……… 127
- 12-3 第二，第三（第5，第6周期）遷移元素 ……… 131
- 章末問題 ……… 134

13章　固体化合物の構造 …………… 135

- 13-1　イオン結晶　　　　　　　　　　135
- 13-2　共有結合性結晶　　　　　　　　141
- 13-3　層状化合物　　　　　　　　　　145
- コラム　等電子構造　　　　　　　　　144
- 章末問題　　　　　　　　　　　　　　147

14章　固体化合物の機能と応用 …………… 149

- 14-1　合金　　　　　　　　　　　　　149
- 14-2　格子欠陥と固体イオン伝導体　　150
- 14-3　固体物性　　　　　　　　　　　152
- 14-4　固体表面の性質　　　　　　　　155
- コラム　配位高分子とMOF　　　　　156
- 章末問題　　　　　　　　　　　　　　157

15章　水素の化合物 …………… 159

- 15-1　水素の性質と製造法　　　　　　159
- 15-2　水素化物の分類　　　　　　　　160
- 15-3　14〜17族の水素化物と水素結合　163
- 15-4　ホウ素の水素化物と三中心結合　165
- 章末問題　　　　　　　　　　　　　　167

16章　分子性酸化物とオキソ酸 …………… 169

- 16-1　典型元素の酸化物とオキソ酸　　169
- 16-2　遷移元素の分子性酸化物とオキソ酸　177
- 章末問題　　　　　　　　　　　　　　178

17章　ハロゲン化物と貴ガスの化合物 …………… 179

- 17-1　典型元素のハロゲン化物　　　　179
- 17-2　ハロゲン間化合物　　　　　　　182
- 17-3　遷移金属のハロゲン化物　　　　183
- 17-4　フッ素を含む有機化合物　　　　183
- 17-5　貴ガスの化合物　　　　　　　　184
- 章末問題　　　　　　　　　　　　　　187

18章　錯体の基礎と性質 …………… 189

- 18-1　金属錯体の構造と配位化合物の名称　189
- 18-2　金属錯体の電子構造　　　　　　194
- 章末問題　　　　　　　　　　　　　　202

19章　錯体の反応 ... 203
- 19-1　配位子置換反応　203
- 19-2　酸化還元反応　209
- 章末問題　211

20章　希土類元素とその応用 ... 213
- 20-1　希土類元素の性質　213
- 20-2　希土類元素の配位化合物　215
- 20-3　希土類の応用　218
- コラム　NMRシフト試薬　216
- 章末問題　220

21章　有機金属錯体 ... 221
- 21-1　典型元素の有機金属化合物　221
- 21-2　遷移元素の有機金属化合物　224
- 21-3　有機金属錯体の基本的な反応　232
- 21-4　有機金属錯体による触媒反応　235
- コラム　超分子化学　223
- 章末問題　237

22章　生物無機化学　自然界や医療と無機化学 ... 239
- 22-1　金属の役割　239
- 22-2　鉄タンパク質　240
- 22-3　銅タンパク質　244
- 22-4　亜鉛タンパク質　246
- 22-5　自然界の反応システム　248
- 22-6　金属元素含有医薬　250
- 章末問題　252

付録　無機化合物の分析と構造解析 ... 253
- A-1　X線回折　253
- A-2　NMR分光法　254
- A-3　EPR分光法　255

索引 ... 257

1章 元素と原子の起源，原子核反応と原子力

> **この章で学ぶこと**
> 「原子」，「元素」の概念は，物質の成り立ちの基本である．本章では，原子の構造，元素の概念，原子番号や原子量などの表し方について学ぶ．また，原子核壊変や核融合などの原子核反応の基本についても理解する．さらに，元素の成り立ちやエネルギー問題について考えていく．
> ・原子，分子の成り立ちやその質量についての基本事項
> ・原子核反応と放出されるエネルギー

1-1 原子と分子

キーワード 原子核 (atomic nucleus), 陽子 (proton), 中性子 (neutron), 電子 (electron), 原子量 (atomic mass), 元素 (element), 元素記号 (symbol of element), 同位体 (isotope), 分子 (molecule), イオン (ion)

1-1-1 原子の構造

原子（atom）はある物質を構成する基本粒子を指す．一方，元素（element）はある物質を構成する概念的な基本要素（1-1-2 項参照）を指す．同じ「水素」という言葉でも，「水は『水素』と酸素が結合した形である」という場合は粒子，すなわち原子の意味する．一方，「水は『水素』と酸素からなる」の場合は要素，すなわち元素を意味するのである．本書では，不明瞭にならないように「水素原子」などと書くが，一般の文献にあたるときには注意が必要である．

原子が物質を構成する最小単位であるという考え方は，古くは古代ギリシャ時代にデモクリトス（Democritus）によって唱えられていたが，実際に化学と結びつけたのは 19 世紀のドルトン（Dalton）である．彼は原子は元素ごとに異なった質量と大きさをもつとした原子説を発表した．20 世紀に入ると，原子は粒子としての最小単位ではなく，原子もいくつかの粒子から成り立つことが示された．

ラザフォード（Rutherford）は，原子の中心には原子核（atomic nucleus,

Biography

▶ Democritus

B.C.460～370 頃，古代ギリシャの哲学者．トラキア地方のアブデラの出身といわれている．

▶ J. Dalton

1766～1844，イギリスの科学者．1808 年に『化学哲学における新体系』を出版．原子説の提案と原子量の導入により，近代科学発展の基礎を築いた．

Biography
▶ E. Rutherford

1871〜1937，ニュージーランド出身でイギリスで活躍した物理化学者．α線，β線の発見などの業績をもち，原子物理学の父と呼ばれる．1908年ノーベル化学賞受賞．104番元素のラザホージウムにもその名が残っている．

*1 正確にはこの電荷は電気素量単位で表したものである．実際の陽子の電荷は 1.602×10^{-19} C（クーロン），電子の電荷は -1.602×10^{-19} C である．

*2 原子モデルでは，図1-1のように，電子の軌道は円のように描かれていることが多いが，球状のものを想像するほうが実際の原子に近い．

one point
いろいろな単位

統一原子質量単位は，以前は単に「原子質量単位」と呼ばれていた．また，統一原子質量単位のuは省略されることが多い．タンパク質などの高分子を扱う場合はuの代わりにDa（ダルトン）という単位を用いる場合がある．1 Da = 1 u = 1.661×10^{-27} kg である．

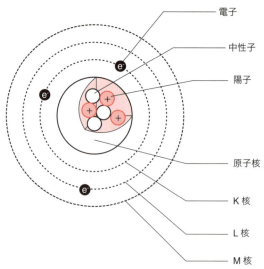

図1-1 ラザフォードの考えをもとに考案された原子の構造モデル

複数形は atomic nuclei）があり，原子核は原子の中できわめて小さい部分を占めることを見出した．この考えをもとに考察された原子の構造モデルを図1-1に示す．この原子核は＋1の電荷*1をもつ陽子（proton）と，電荷をもたない中性子（neutron）からなる．この二つの粒子の質量はほぼ同じで，陽子が 1.673×10^{-27} kg，中性子が 1.675×10^{-27} kg である．この原子核の周囲には−1の電荷*1をもつ電子（electron）が存在しており，これにより陽子の電荷が中和される．電子の質量は 9.109×10^{-31} kg で，陽子や中性子の約1840分の1と非常に小さい．電子は原子核から一定の距離の層に存在すると仮定され，その層に存在できる電子数は決まっている．この層を電子殻（electron shell）と呼び，内側から順にK殻，L殻，M殻と呼ぶ*2．それぞれの電子殻には内側から順に2，8，18，…と $2n^2$ 個まで電子が存在可能である．

原子核中の陽子の数を原子番号（atomic number）と呼び，この原子番号が元素の性質を決定する．また，電子の質量は非常に小さいため，原子の質量は陽子の数と中性子の数でほぼ決まる．そのため，陽子と中性子の数を足したものを質量数（mass number）と呼ぶ．また原子の質量は非常に小さいので，質量を表すときに実際の質量をそのまま用いるにはその値が小さ過ぎて不適当である．そこで，^{12}C の質量を12としたときの相対的な質量を，相対質量（relative mass）と呼び，統一原子質量単位uを用いて表す．したがって，^{12}C の質量を統一原子質量単位で表すと12uとなる．一部の原子について，天然に存在する同位体における相対質量を表1-1にあげておく．質量数と統一原子質量単位で表した相対質量はほぼ同じであるが，^{12}C の質量を基準にしているため，そこから離れるに従って，その差は大きくなる．

表 1-1　代表的な原子の相対質量などの数値

元素	元素記号	相対質量(u)	天然存在率(%)	原子量
水素	^{1}H	1.00783	99.9988	1.008
	^{2}H	2.01410	0.0012	
炭素	^{12}C	12（基準値）	98.93	12.01
	^{13}C	13.00336	1.07	
酸素	^{16}O	15.99492	99.757	15.999
	^{17}O	16.99913	0.038	
	^{18}O	17.99916	0.205	
塩素	^{35}Cl	34.96885	75.76	35.4527
	^{37}Cl	36.96590	24.24	

1-1-2　元素と元素記号

　元素の基本的な定義は，18世紀にラボアジエ（Lavoisier）によって示された．質量保存の法則を見出した彼は，水が電気分解によって二つの成分，すなわち水素と酸素に分かれることから，水は水素と酸素の二つの元素から成り立つとした．そして「すべての物質は元素まで分解しうる」という説を唱え，さまざまな分析により，30種類の元素を定義した．その後，いくつかは化合物であることがわかって除かれた．

　その後も次々と新たな元素が発見され，現在では人工元素もあわせて110種類以上の元素が知られている[*3]．

　各元素には元素記号（symbol of element）が充てられている．特に必要な場合は $^{12}_{6}$C のように，左下に原子番号を書き，左上に質量数を書く．

　同じ原子番号だが，質量数が異なる元素を同位体（isotope）と呼ぶ．これは中性子の数が異なることを意味している．たとえば，水素は自然界に99.9988% の ^{1}H として存在するが，残りの 0.0012% は同位体である ^{2}H（一般に D で表す．D は Deuterium（重水素）の略）である（表 1-1）．

1-1-3　分子とイオン

　1811年，アヴォガドロ（Avogadro）は気体は分子（molecule）という粒子からなり，同温同圧では，同体積中に同数の『分子』を含むという分子説を唱えた．これ以前に，「同温同圧のもとで，すべての気体は同体積中に同数の『原子』を含む」という仮説はすでに認識されていたが，この考えでは説明できない現象が残っていた．

　その一例として，1809年にゲイ＝リュサック（Gay-Lussac）が発表した「気体の反応は，体積の整数比で起こる」という気体反応の法則があげられる．たとえば，水素と酸素は体積比2：1で反応して水（水素と同体積の水蒸気）を生成するが，このままでは酸素原子を二つに割らなければ反応が起こらないことになり，原子はそれ以上分けることができないとしたドルトンの原子説と矛盾する．

Biography

▶ A. -L. Lavoisier

1743～1794，フランスの化学者．精密な定量実験から質量保存の法則を見出すなど，近代科学の基礎を築いた化学者の一人．徴税請負に従事していたため，フランス革命後の混乱期に逮捕，処刑された．

[*3]　第2章でも触れるが，2016年に新たに四つの元素が認定され，日本の理化学研究所によって発見された113番元素は「ニホニウム」と命名された．

Biography

▶ J. L. Gay-Lussac

1778～1850，フランスの化学，物理学者．気体の物理的性質やアルコールと水の混合について研究した．シャルルの法則を定式化して世に送り出したのは彼の功績である．

Biography

▶ A. Avogadro
1776〜1856，イタリアのサルディーニャの化学者．法律家でもあったが，数学や物理学に関心を示し，アヴォガドロの法則を見出すに至った．1 mol の物質に含まれる粒子数はアヴォガドロ定数と呼ばれ，彼の名前が現在も残っている．

▶ S. Cannizzaro
1826〜1910，イタリアの有機化学者．カニッツァーロ反応（アルデヒドの不均化反応）の発見者として知られる．

アヴォガドロの分子説では，この問題をうまく説明することができる．すなわち，水が生成する反応では，気体酸素中には，酸素原子そのものではなく，いくつかの酸素原子からなる酸素分子として存在し，反応時は酸素分子が二つに分かれて反応すると予測したのである．この仮説はすぐには受け入れられなかったが，カニッツァーロ（Cannizzaro）がさまざまな化合物の分子量を調べたことによって，この仮説の正しさが認められるようになり，分子の存在も証明されて，今ではアヴォガドロの法則として定着している．

また原子や分子は，溶液中などでは，電子を得たり失ったりして電荷を帯びることがある．このような粒子をイオン（ion）と呼ぶ．原子，分子，イオンなどを総称して化学種（species）ということも多い．

1-1-4 原子量，分子量

自然界の水素は，1-1-2 項で述べた通り 99.9988 % の ^{1}H と 0.0012 % の D からなる．したがって，自然界の水素分子は H_2，HD，D_2 の 3 種類が，それぞれ 99.9976 %，0.00239997 %，0.000000014 % 存在することになる．自然界の水素分子の相対質量は，この平均値と考えてよい．しかし，水素分子のように単純な分子ならともかく，複雑な分子についてさまざまな同位体の存在を考慮した構造を考えると，その種類が膨大な数となるため，現実的な計算ではなくなる．

実際は，各元素中の同位体比は自然界ではほぼ一定であるため，その分子中に含まれる原子の相対質量を，元素ごとに自然界の存在比率を考慮した平均値として求めておく．これが原子量（atomic mass）である．分子の相対質量は，各原子の相対質量（原子量）の和を求めればよい（例題 1-1 を参照）．通常は，こうして求められた分子の相対質量を分子量と呼ぶ．

表 1-1 には，各元素の自然存在比と原子量を示した．また，イオンの原子量や分子量を考える場合は，電子の質量は原子核の質量に対して非常に小さいため，原子量，分子量と等しいと考えてよい．

原子量は，通常の自然界に存在する分子を扱うときに使用可能な物理量であり，同位体の比率が自然界と異なる場合（D を豊富に含む重水など）や，質量によって異なる挙動を示す測定（質量分析など）には，直接使用できないことに注意すべきである．

例題 1-1 塩素分子の相対質量を 2 種類の方法で求めよ．

解答 塩素原子は ^{35}Cl が 75.77 %，^{37}Cl が 24.23 % 存在する．よって，自然界の塩素分子は ^{35}Cl^{35}Cl，^{35}Cl^{37}Cl，^{37}Cl^{37}Cl がそれぞれ 57.41 %，36.72 %，5.87 % 存在することになる．よって，この質量の平均値は

(34.969×2)×0.5741 +(34.969+36.966)×0.3672 +(36.966×2)×0.0587
= 70.906

となる（単位 u は省略する）．一方，塩素原子の原子量は以下の通り計算される．

34.969×0.7577 + 36.966×0.2423 = 35.453

この原子量を用いると，塩素分子の分子量は35.453×2 = 70.906となり，前述の結果と同じになる．

1-2　原子核反応と元素の成り立ち

キーワード 壊変(decay)，放射線(radiation)，核結合エネルギー（nuclear binding energy），元素の起源(origin of elements)

1-2-1　核結合エネルギー

安定同位体元素の原子から，原子核中の陽子と中性子が飛び出すことはない．では，どのような力によって，原子核中の陽子と中性子は結びつけられているのだろうか．

^{14}N 原子を例に考えてみよう．^{14}N 原子中には，陽子と中性子が7個ずつあるので，これらをあわせた質量は $(7×1.673×10^{-27}+7×1.675×10^{-27})$ = $2.344×10^{-26}$ kg となる（電子の質量は無視できる）．一方，^{14}N 原子1個の質量は，原子量から計算すると，$14.003×10^{-3}/6.022×10^{23}$ = $2.325×10^{-26}$ kg であり，陽子と中性子の質量の和よりも $0.019×10^{-26}$ kg 分の質量が減少している．これは質量欠損（mass defect）と呼ばれる．原子核が作られるとき，この減った分の質量がエネルギーに変換される．質量とエネルギーの関係式 $E = mc^2$（c：真空中の光速度 $3.0×10^8$ m s^{-1}）を用いると，^{14}N 原子1個が生成する際には

$$E = 0.019×10^{-26} × (3.0×10^8)^2 = 1.71×10^{-11} \text{ J} \tag{1-1}$$

のエネルギーが生じることになる．このエネルギーが，陽子と中性子を結びつけるエネルギーとして働く．これを核結合エネルギー（nuclear binding energy）と呼ぶ．単位質量数あたりの核結合エネルギーは図1-2に示すように ^{56}Fe が最も大きく安定である．鉄よりも重い原子になると，陽子や中性子を原子核中に結びつけておく力が相対的に弱くなるためである．

*4 eV（電子ボルト）は一つの電子が1 Vの電圧で加圧されたときに得られるエネルギー．1 eV = 1.602 × 10⁻¹⁹ J．

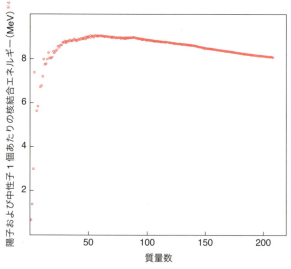

図 1-2　原子核の核結合エネルギー

1-2-2　原子核の壊変

1-2-1 項とは逆に，核結合エネルギーが弱ければ，陽子や中性子が放出されることがある．実際にいくつかの同位体は，放射線（radiation）を出して別の原子に変化する．この現象を原子核の壊変（decay）*5 と呼ぶ．代表的な壊変として，α壊変とβ壊変があげられる．

*5 「崩壊」とも呼ばれる．

原子核が崩壊する過程でα線を放出するのがα壊変である．α線の正体は高エネルギーの ^{4}He 原子核である．たとえば，^{238}U は，下のようなα壊変により，^{234}Th 核を生じる．

$$^{238}U \longrightarrow {}^{234}Th + {}^4He\ （\alpha 線）$$

このとき，原子番号は 2，質量数は 4 だけ減少している．つまり，ヘリウム原子 1 個分の陽子と中性子（ともに 2 個ずつ）が減少していることになる．

同様に，β線を放出するのがβ壊変であるが，β線の正体は電子線（負電子）である．たとえば，^{234}Th はβ崩壊によって ^{234}Pa を生じる．

$$^{234}Th \longrightarrow {}^{234}Pa + e^-\ （\beta 線）$$

この崩壊では，質量数は変わらないが，原子番号が一つ増加していることに注意すべきである．これは，中性子が陽子と電子に分かれ，生じた電子がβ線となって放出されたと考えるとつじつまが合う．中性子が一つ減り，陽子が一つ増えるので，全体として質量数は減少しない．

もう一つ，放射線として代表的なものにγ線があげられる．これは原子核の壊変を伴わず，過剰のエネルギーを電磁波の形で放出するものである．

1-2-3 核分裂

重い原子核が，二つの軽い核に分かれる場合もある．これは核分裂(nuclear fission)と呼ばれ，たとえば ^{236}U は核分裂によってキセノンとストロンチウムを生じる．

$$^{236}U \longrightarrow {}^{140}Xe + {}^{93}Sr + 3{}^{1}n \text{ (n は中性子)}$$

また，重い原子に中性子を衝突させることにより，核分裂を誘導することができる．たとえば，^{235}U に中性子を衝突させると，さまざまな核分裂生成物とともに，多量のエネルギーが生じる．このエネルギーを熱に変換して利用するのが原子力発電である．

例題 1-2 ^{235}U に中性子を衝突させると例えば以下のような原子核反応が起こる．空欄に入る原子核を質量数とともに示せ．

$$^{235}U + {}^{1}n \longrightarrow {}^{141}Ba + \square + 3{}^{1}n$$

解答 U の原子番号は 92 であるから左辺の陽子数は 92．また左辺の質量数の合計は 236．一方，右辺の Ba の原子番号は 56 である．よって空欄の原子核の陽子数は 92−56 = 36．質量数は 236−141−3 = 92 となる．よって空欄にあてはまるのは ^{92}Kr である．

1-2-4 元素の起源

図 1-3 は，宇宙(太陽系)および地球地殻中の元素の存在率を示したものである．これを見ると，宇宙空間では水素とヘリウム原子が最も多く，地殻中にはそれ以外に酸素やケイ素が多く含まれていることがわかる．その理由を考えてみよう．

宇宙は約 130 億年前にビッグバン (big bang) と呼ばれる爆発によってできたとされる．この爆発後，温度が低下していくにつれて，素粒子と呼ばれる粒子が相互作用により結合し，原子核と電子をもつ原子ができた．そして爆発から 2 時間後，物質のほとんどは H 原子(89 %)と He 原子(11 %)の形になったとされる．現在の宇宙空間でもこれらの原子が最も多く存在するのは，この反映だといえる．

その後，非常に高い（われわれが生活するうえでは想像もつかないほど大きな）重力の下で発生した高温，高密度環境によってこれらの原子どうしが結合し，さらに重い原子ができたと考えられる．これが核融合反応(nuclear fusion)である．たとえばビッグバン直後は，陽子と中性子が結合し重水素 ^{2}H ができたあと

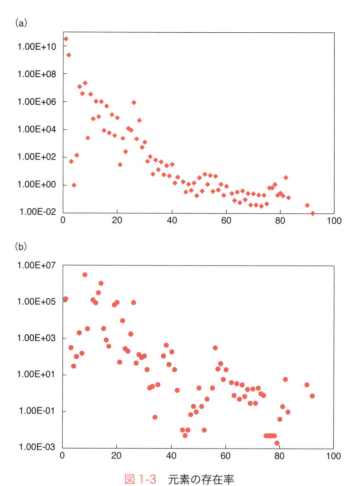

図 1-3 元素の存在率
(a) 太陽系, (b) 地殻中. 縦軸はケイ素の存在率を 1.0×10^6 としたときの相対存在率.

$$^2\mathrm{H} + {}^2\mathrm{H} \longrightarrow {}^4\mathrm{He}$$

のような $^2\mathrm{H}$ どうしの衝突や,原子と陽子との反応により,$^3\mathrm{He}$ や $^4\mathrm{He}$, さらには $^7\mathrm{Li}$ や $^7\mathrm{Be}$ などが生じた.さらに時間が経過して温度が少し下がると,$^4\mathrm{He}$ が

$$3\,{}^4\mathrm{He} \longrightarrow {}^{12}\mathrm{C}$$
$$^{12}\mathrm{C} + {}^4\mathrm{He} \longrightarrow {}^{16}\mathrm{O}$$

のように反応して $^{12}\mathrm{C}$ や $^{16}\mathrm{O}$ が生成した[*6].さらにはそれらの原子が反応して,次々と新しい重い原子が生成していったと説明される.

1-2-1 項で述べた通り,核結合エネルギーは $^{56}\mathrm{Fe}$ が最大であることから,核融合により上記の反応で生成した原子核よりさらに安定な(核結合エネルギーの高い)元素の原子が生成し,過剰になったエネルギーを放出しな

[*6] 実際の反応はもっと複雑であるがここでは単純化して示した.

がら，次々と重い元素が生成したと考えられる．一方，これより重い元素は，核結合エネルギーが低くなるため核融合反応では生成しにくい．^{56}Feより重い元素は，核融合時に生じる高エネルギーの中性子による，中性子捕獲によって生成すると考えられている．

地球をはじめとする惑星は，こうして生成した元素のうち，鉱物であるSi, Al, Mg などの酸化物が凝縮，集積して成長したものと考えられている．したがって，地球上では O, Mg, Si などの元素の存在率が高く，逆に全宇宙では高い存在率であるヘリウムをはじめとした希ガスの存在率がかなり低い[*7]．

*7 これは地表付近の元素存在比の話であり，中心付近の存在比は全く異なると考えられている．

章末問題

1 次の原子，イオンについて，陽子の数，中性子の数，電子の数をそれぞれ示せ．
  (1) ^{27}Al (2) ^{109}Ag (3) ^{35}Cl$^-$ (4) ^{57}Fe$^+$

2 銅は，天然には ^{63}Cu と ^{65}Cu の同位体が存在している．銅の原子量が63.55 であることから，それぞれの同位体の存在比を求めよ．ただし，^{63}Cu と ^{65}Cu の相対質量は，それぞれ 62.93，64.93 である．

3 ^{226}Ra は，α 壊変 3 回，β 壊変 1 回によって安定な原子核を生成する．この原子核の元素記号と質量数を示せ．

4 ^{2}H + ^{2}H → ^{3}He の核融合反応が生じて，2 mol の重水素が 1 mol のヘリウムに変換される際に放出されるエネルギーを求めよ．ただし，^{2}H，^{3}He，中性子の質量はそれぞれ 2.0141 u，3.0140 u，1.0087 u とする．

5 原子力発電所の事故によってヨウ素の同位体 ^{131}I が放出されることが問題となる．これはどのような過程で放出されるのか．またこれが体に取り込まれることでどのような害が生じるのか調べよ．

2章 周期表と元素の性質の周期性，電子配置

> 周期表は，元素を系統的に俯瞰して見るために便利であり，化学では必要不可欠なものである．本章では，周期表の表現の仕方と，周期的に元素の性質が変化する周期律の概念を理解する．そして実際の元素の性質が，どのように周期律に基づいて変化するかを実際に考えていく．
> ・周期表の発見とその基礎
> ・元素のさまざまな性質の周期性

2-1　周期表

キーワード　周期律(periodic law)，周期表(periodic table)，族(group)，周期(period)

2-1-1　周期律と周期表の成立

　元素を系列的に並べると，似た性質の元素が周期的に出現する．これを周期律(periodic law)と呼ぶ．この周期律の概念を最初に導入したのはメンデレーエフ(Mendeleev)だとされる．メンデレーエフは，元素を原子量の順番に並べるとともに，似たような性質をもつ元素が集まるような表として表した．これを周期表(periodic table)という．その際，該当する元素が見当たらない場合はそこを空白として，未知の元素が存在することを示唆した(1869年)．この予想は見事に的中し，当時は未発見であったエカケイ素(ケイ素と同じ性質をもつと考えられた元素)が実際にゲルマニウム(Germanium)として後に発見され，同様にエカアルミニウムがガリウム(Gallium)として発見された．メンデレーエフはこれら未発見の元素の密度，融点などを予測しており，発見された元素の性質は彼の予想とかなりよく一致した．そのため，元素の性質を予想するうえで周期律が非常に重要な概念であることが周知された．

　それでも，彼の製作した周期表(図2-1)では，いくつかの元素が入れ違って置かれていた．後にアルゴンが発見されると，原子量の順ではカリウム

Biography

▶ D. Mendeleev
1834～1907，ロシアの科学者．講義用の教科書として著した「化学の原理」の中で元素の分類を試み，これが周期性の発見に繋がった．

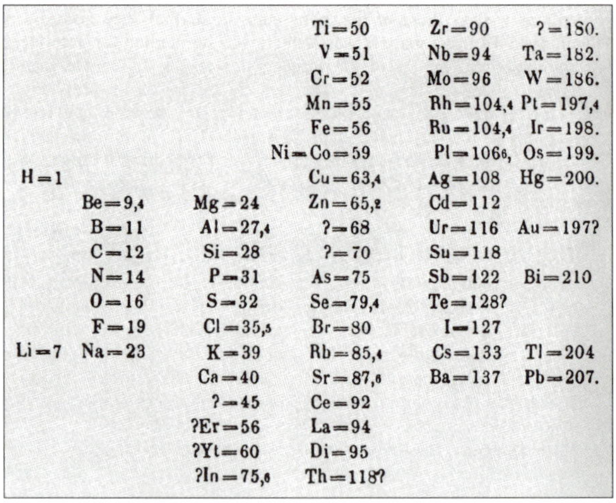

			Ti=50	Zr=90	?=180.
			V=51	Nb=94	Ta=182.
			Cr=52	Mo=96	W=186.
			Mn=55	Rh=104,4	Pt=197,4
			Fe=56	Ru=104,4	Ir=198.
			Ni=Co=59	Pl=1066,	Os=199.
H=1			Cu=63,4	Ag=108	Hg=200.
	Be=9,4	Mg=24	Zn=65,2	Cd=112	
	B=11	Al=27,4	?=68	Ur=116	Au=197?
	C=12	Si=28	?=70	Su=118	
	N=14	P=31	As=75	Sb=122	Bi=210
	O=16	S=32	Se=79,4	Te=128?	
	F=19	Cl=35,5	Br=80	I=127	
Li=7	Na=23	K=39	Rb=85,4	Cs=133	Tl=204
		Ca=40	Sr=87,6	Ba=137	Pb=207.
		?=45	Ce=92		
		?Er=56	La=94		
		?Yt=60	Di=95		
		?In=75,6	Th=118?		

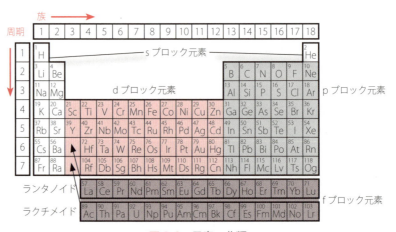

図 2-1　メンデレーエフの周期表

メンデレーエフが Über die Beziehungen der Eigenschaften zu den Atomgewichten der Elemente（元素の性質と原子量の関係に関する考察）というタイトルで発表した論文中で提案した周期表（*Zeitschrift für Chemie*, **12**, 405 (1869)）．この中でメンデレーエフは「元素を原子量の順に縦におき，さらに似た元素が横に並ぶようにかつ縦に原子量の順に配置すると下記の表が得られ，一般的な法則が導き出される」とした．1871 年には彼は現在の周期表に近い横型のものを提案した．

Biography

▶ H. G. J. Moseley

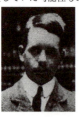

1887 ～ 1915，イギリスの物理学者．特性 X 線の波長と原子番号を関係づけた「モーズリーの法則」を発見し，原子番号の物理的意味を明確にした．この業績により，周期表を現在の原子番号順の形へと導いた．第一次世界大戦にて 27 歳の若さで戦死．生きていればノーベル賞を受賞していた可能性もあった．

(Potassium)，アルゴン (Argon) と並ぶことになる．そうするとカリウムが貴ガスに含まれることになるなど，矛盾した箇所があることがわかってきた．この矛盾を解消するには，元素を原子量の順ではなく原子番号の順で並べるべきであることがモーズリー（Moseley）の研究からわかり，現在の周期表が成立した．

2-1-2　周期表と元素の性質

現在は裏見返しに示したような，横に 18 列を並べた周期表が使われて

図 2-2　元素の分類

one point

長周期型と短周期型

以前は 0 ～Ⅷの族を並べた「短周期型」と呼ばれる周期表も用いられていた．この周期表では貴ガスを 0 族とし，Ⅰ～Ⅶ族はさらに A 族と B 族に分けられていた．現在ではあまり用いられない．これに対して，現在の周期表を「長周期型」と呼ぶこともある．

おり，似たような性質の元素が縦に並んでいる．この縦の並びを族（group）と呼び，横の並びを周期（period）と呼ぶ．族にはそれぞれ数字の1〜18が割り当てられており，同じ族には似た性質の元素が並ぶ．第6周期と第7周期の第3族には，かなり似た性質をもつ元素群として，それぞれランタノイド（lanthanoid）とアクチノイド（actinoid）が入っており，その元素群については別枠に記すことになっている．

同一周期の中では，原子番号が増加するにつれて，元素の性質はバラバラではなく少しずつ変化していく．たとえば，標準状態（1.013×10^5 Pa, 25 ℃）においては，周期表の左側に位置する元素からなる単体は金属であるが，右にいくにつれて金属−非金属の境界を経て非金属性を帯びるようになる．また周期表の左側に位置する元素からなる単体は固体であるが，右側では気体であるものが多い（臭素，水銀は液体であるが）．元素は，それらを特徴づける電子の性質によって，図2-2のようにs, p, d, fブロック元素に分けられる（この命名の由来となる原子軌道については第3章で詳しく触れる）．

理化学研究所が初めて合成した113番元素の名称は，2016年に日本に由来するニホニウム（Nihonium）と決定されたことは記憶に新しい．ニホニウム以外にも，同時に三つの元素名が決定された（115番元素：Moscovium, 117番元素：Tennessine, 118番元素 Oganesson）．これにより第7周期までの元素が確定した．

2-2 元素の性質と周期律

キーワード 第一イオン化エネルギー（first ionization energy），電気陰性度（electronegativity），ランタノイド収縮（lanthanoid contraction），原子半径（atomic radius），イオン半径（ionic radius）

2-2-1 イオン化エネルギーと周期律

イオン化エネルギー（ionization energy）は，原子から電子を取り去って陽イオンとなるために必要なエネルギーである．特に一つ目の電子を取り去るのに必要なエネルギーを第一イオン化エネルギー（first ionization energy）と呼ぶ．イオン化エネルギーは陽イオンへのなりやすさを示すものであり，小さいほど陽イオンになりやすい．

図2-3に，いくつかの元素の第一イオン化エネルギーを示した．これを見ると，イオン化エネルギーには周期律があることがわかる．同族の元素を比較した場合，周期表の下の元素ほどイオン化エネルギーは小さくなる傾向にある．これは，原子番号の大きな原子ほど電子は外側の殻に存在し，正電荷をもつ原子核との距離が大きくなるため，電子を引きつける力が弱くなるためであると説明される．一方，同じ周期で比較した場合，原子番

> **one point**
>
> **イオン化エネルギーとイオン化エンタルピー**
>
> 物理化学の教科書では，正確な熱力学的定義に基づき「イオン化エンタルピー（ionization enthalpy）」で表されることが多い．イオン化エンタルピーはイオン化エネルギーに$(5/2)RT$を加えたものだが，室温ではこの値は6.2 kJ mol^{-1}と小さいので，特に断りがない限り同列に扱って構わない．

*1 図2-3を見ると，実際には単調増加ではなく，いくつかの箇所で大小の逆転が見られる．たとえばベリリウムとホウ素を例にとると，後者のほうがイオン化エネルギーが小さいのは，2p軌道（後述）の電子が感じる有効核電荷が2s軌道よりも小さいためである．また窒素と酸素では，後者のほうがイオン化エネルギーが小さい．これはp軌道（後述）に電子対を生じる窒素では，電子が反発するためである．

Biography

▶ **R. S. Mulliken**
1896〜1986，アメリカの化学者．ゴムの品質改良の研究から，次第に物理と化学の境界領域に関する研究にシフトした．分子軌道法（第6章参照）に関する研究で1966年にノーベル化学賞を受賞．電気陰性度の定義を提案したのは1934年のことだった．

▶ **L. C. Pauling**
1901〜1994，アメリカの化学者．量子化学的なアプローチで化学結合の本質に迫り，1954年のノーベル化学賞を受賞した．タンパク質の構造決定など生体分子の研究にも成果がある他，核実験の反対運動にも従事．1962年にノーベル平和賞も受賞．

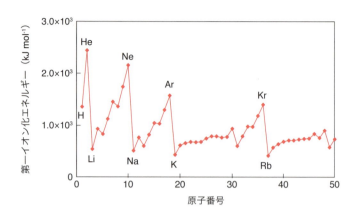

図2-3 第一イオン化エネルギー

号が大きくなるにつれてイオン化エネルギーは大きくなる傾向にある．これは，原子番号が大きくなるにつれて原子核内の陽子数が増加し，＋の電荷が増大することで，電子が強く引きつけられるからである．ただし，さらに細かい傾向を説明するには，第3章で述べる有効核電荷などの概念を理解することが必要になる[*1]．

例題2-1 Na，Mg，Kを第一イオン化エネルギーの大きな順に並べよ．
解答 NaとKでは，周期が下のKのほうがイオン化エネルギーが小さいのでNa＞Kである．NaとMgでは，原子番号の大きなMgのほうが第一イオン化エネルギーが大きいのでNa＜Mgとなる．したがって，第一イオン化エネルギーの大きな順は，Mg＞Na＞Kである．

2-2-2 電気陰性度と周期律

ある分子内に2種類の原子が存在する場合，この二つの原子には，電子を引きつける力に違いが生じる．分子内で，原子が電子を引きつけようとする傾向の経験的尺度を電気陰性度(electronegativity)と呼ぶ．電気陰性度の定義はいくつかあるが，マリケン(Mulliken)の定義，ポーリング(Pauling)の定義，およびオールレッド・ロッコウ(Allred-Rochow)の定義がしばしば用いられる．

(1) マリケンの電気陰性度

マリケンは，陽イオンになりやすい原子ほど分子中では電子を与えやすく，陰イオンになりやすい原子ほど電子を引きつけ易いと予想し，電気陰性度はそれに要するエネルギー，すなわちイオン化エネルギー(E_{ie})と電子親和力(electron affinity：E_{ea})の平均値で表されるとした．電気陰性度

を χ とすると

$$\chi = \frac{E_{ie} + E_{ec}}{2}$$

で表される．E_{ie} と E_{ec} を電子ボルト (eV) 単位で表し，この式に直接代入して計算した値はポーリングの値とはかなり異なる値になるが，マリケンの値とポーリングの値はよい相関関係を示すことも知られている．表 2-1 にはポーリングの値と近くなるように換算した値を示した．この定義は一見わかりやすいために教科書などでよく取りあげられるが，実際にはこのマリケンの値はあまり用いられない．

なお，電子親和力は中性の原子に電子が 1 個付加されて陰イオンになるときに放出されるエネルギーのことをいう．大きな電子親和力をもつ原子は当然陰イオンになりやすい傾向がある．したがってハロゲン原子のよ

表 2-1　電気陰性度
ポーリング(黒字)，マリケン(赤字)，ロッコウ(茶色字)の値．

H							He
2.20							5.50
3.06							
2.20							
Li	Be	B	C	N	O	F	Ne
0.98	1.57	2.04	2.55	3.04	3.44	3.98	
1.28	1.99	1.83	2.67	3.08	3.22	4.43	4.60
0.97	1.47	2.01	2.50	3.07	3.50	4.10	5.10
Na	Mg	Al	Si	P	S	Cl	Ar
0.93	1.31	1.61	1.90	2.19	2.58	3.16	
1.21	1.63	1.37	2.03	2.39	2.65	3.54	3.36
1.01	1.23	1.47	1.74	2.06	2.44	2.83	3.30
K	Ca						
0.82	1.00						
1.03	1.30						
0.91	1.04						

表 2-2　電子親和力
単位は kJ mol^{-1}．

H							He
72.8							-21[b]
Li	Be	B	C	N	O	F	Ne
59.6	≦0[a]	26.7	122	7	141	328	-29[b]
Na	Mg	Al	Si	P	S	Cl	Ar
52.8	≦0[a]	42.5	134	-72	200	349	-35[b]
K	Ca						
48.4	2.37[a]						

無印：『元素大百科事典』，朝倉書店 (2007)（"Encyclopedia of the elements" WILEY-VCH (2004) の訳本）．a：『アトキンス物理化学（第 8 版）』，東京化学同人 (2009)．b：『アトキンス物理化学（第 8 版）』，東京化学同人 (2009)（引用元の J. Emsley の The Elements による計算値）．

うな陰イオンになりやすい原子は大きな電子親和力をもつ．しかし，イオン化エネルギーのような周期性は見られない(表2-2)．

(2) ポーリングの電気陰性度

ポーリングは，電気陰性度が異なる原子 A，B が結合した分子 AB について，それぞれの二原子分子 (AA と BB) の結合エネルギーを平均したものに比べ，AB の結合エネルギーは，共有結合に加えて電子を引きつける力が働き結合エネルギーが増加すると考えた．そこで同核二原子分子 AA と BB，および異核二原子分子 AB の結合エネルギーをそれぞれ $E(\text{AA})$，$E(\text{BB})$，$E(\text{AB})$（それぞれ単位は kJ mol^{-1}）としたときの，A と B の電気陰性度の差 $\Delta\chi$ を

$$|\Delta\chi| = 0.102\sqrt{E(\text{AB}) - \frac{1}{2}\{E(\text{AA}) + E(\text{BB})\}}$$

と定義した．この式は電気陰性度の差を表す式なので，ポーリングの電気陰性度の値は水素原子の電気陰性度を基準とした相対値で定義されている[*2]．

*2 以前はフッ素の電気陰性度を 4.0 とした基準が用いられていた．

(3) オールレッド・ロッコウの電気陰性度

オールレッド (A. L. Allred) とロッコウ (E. G. Rochow) は，電気陰性度は原子表面の電場の強さに比例すると考えた．第3章で述べる有効核電荷 μ_{eff} を導入すると，原子表面の電場の強さは μ_{eff} と中心からの距離に依存するので，原子半径[*3] を r（単位は pm[*4]）とすると

$$\chi = 0.744 + \frac{35.90\mu_{\text{eff}}}{r^2}$$

*3 正確には共有結合半径(後述)を用いる．

*4 1 pm（ピコメートル）= 1.0×10^{-12} m

で表される．式中の係数は，ポーリングの電気陰性度と同程度の大きさになるように決めたものである．

表2-1 を見ると，定義によって数値は異なるが，変化についてはほぼ同じ傾向であることがわかる．すなわち，周期表の右の元素ほど電気陰性度は高くなり，下の元素ほど電気陰性度は低くなる，という周期律が見出せる．したがって貴ガスを除けば，最も電気陰性度の大きな元素はフッ素である．

2-2-3 原子半径・イオン半径と周期律

原子の大きさを定義するのは難しい．というのは後でも述べるように，原子の中の原子核は非常に小さく，それに比べて電子はたいへん広い範囲に分布しているからである．そこで便宜的に，金属単体では球状の原子がぴったり接しているとして原子の半径を定義する．また，共有結合を作る原子に関しては共有結合半径（covalent radius）という値を各原子に定義し，さまざまな組合せの原子間の共有結合の長さを，それらの和としてほ

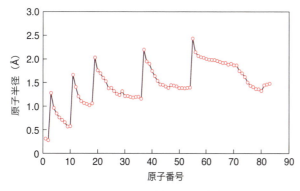

図2-4 原子番号と原子半径
B. Cordero et al., *Dalton Trans.*, 2008, 2832.

表2-3 非金属元素の共有結合半径
単位はÅ.

H						
0.31						
	Be	B	C	N	O	F
	0.96	0.84	0.76	0.71	0.66	0.57
			Si	P	S	Cl
			1.11	1.07	1.05	1.02
			Ge	As	Se	Br
			1.20	1.19	1.20	1.20
				Sb	Te	I
				1.39	1.38	1.39

ぼ正確に表すことができる．このようにして決定した金属の原子半径と共有結合半径を総称して原子半径（atomic radii）と呼ぶ．図2-4は原子番号と原子半径の変化を表したもの，表2-3はその中から非金属元素の原子半径（共有結合半径）をまとめたものである（単位はÅ[*5]）．これを見ると，同一周期ではおおむね原子番号の増加とともに半径が小さくなっていくことがわかる．同一周期では原子番号の増加とともに電子を引きつける力が強くなり，それによって電子が原子核のそばに分布するようになると考えれば説明がつく．

　イオン半径（ionic radii）の詳細は第7章で述べるが，ここでは漠然と球形のイオンを想定する．表2-4は，代表的なイオンのイオン半径をまとめたものである（単位はÅ）．これを見ると，周期表に従っていくつかの傾向が見られることがわかる．

　表2-4（a）のように典型元素では，同族の元素でイオンがもつ電荷が同じであれば，一般的に周期が下にいくほどイオン半径は大きくなる．これは，周期が下にいくほど，K殻，L殻，M殻…と，原子核から離れた位置に電子が存在することを考えれば，特に不思議なことではないだろう．

[*5] 1 Å（オングストローム；angstrom）= 1.0×10^{-10} m

表 2-4　イオン半径

単位は Å.

(a) 典型元素

Li^+	Be^{2+}	B^{3+}	N^{3-}	O^{2-}	F^-
0.59	0.27	0.12	1.71	1.41	1.33
Na^+	Mg^{2+}	Al^{3+}	P^{3-}	S^{2-}	Cl^-
1.02	0.72	0.53	2.12	1.84	1.81
K^+	Ca^{2+}	Ga^{3+}	As^{3-}	Se^{2-}	Br^-
1.38	1.00	0.62	2.22	1.98	1.96
Rb^+	Sr^{2+}	In^{3+}		Te^{2-}	I^-
1.49	1.16	0.79		2.21	2.20
Cs^+	Ba^{2+}	Tl^{3+}			
1.70	1.36	0.88			

(b) 第一遷移金属（6 配位，高スピン状態）[*6]

酸化数	Ti	V	Cr	Mn	Fe	Co	Ni	Cu	Zn
II (2+)	1.00	0.93	0.94	0.97	0.92	0.89	0.83	0.87	0.88
III (3+)	0.81	0.78	0.76	0.79	0.79	0.75	0.74		
IV (4+)	0.75	0.72	0.69	0.67	0.73	0.67			

(c) 他の遷移金属（6 配位，低スピン状態）[*6]

Ti^{4+}	V^{4+}	Cr^{4+}	Mn^{4+}	Fe^{4+}	Co^{4+}	Ni^{4+}
0.75	0.72	0.69	0.67	0.73	(0.67)	0.62
Zr^{4+}	Nb^{4+}	Mo^{4+}	Tc^{4+}	Ru^{4+}	Rh^{4+}	Pd^{4+}
0.86	0.82	0.79	0.79	0.76	0.74	0.76
Hf^{4+}	Ta^{4+}	W^{4+}	Re^{4+}	Os^{4+}	Ir^{4+}	Pt^{4+}
0.85	0.82	0.79	0.77	0.77	0.77	0.77

（Co^{4+} のみ高スピン状態）

(d) ランタノイド（8 配位）

La^{3+}	Ce^{3+}	Pr^{3+}	Nd^{3+}	Pm^{3+}	Sm^{3+}	Eu^{3+}	Gd^{3+}	Tb^{3+}	Dy^{3+}	Ho^{3+}	Er^{3+}	Tm^{3+}	Yb^{3+}	Lu^{3+}
1.30	1.28	1.27	1.25	1.23	1.22	1.21	1.19	1.18	1.17	1.16	1.14	1.13	1.13	1.12

値はすべて R. D. Shannon, "Revised Effective Ionic Radii and Systematic Studies of Interatomic Distances in Halides and chaltogenides", *Acta Cryst*, **A32**, 751 (1976) より引用．

[*6] 高スピン状態，低スピン状態については，第 18 章で述べる．

一方で，同じ電子配置であれば，負電荷の大きなイオンほど半径が大きく，陽電荷の大きなイオンほど半径は小さい．たとえば，10 個の電子をもつイオンでは，N^{3-} > O^{2-} > F^- > Na^+ > Mg^{2+} > Al^{3+} の順にイオン半径は小さくなる．これは，陰イオンでは原子核中の陽電荷に対する電子の数が多くなるほど，電子が中心へと引きつけられる 1 電子あたりの力が小さくなると考えられ，そのためにイオン半径が大きくなるためと説明できる．

例題 2-2　次のイオン半径が大きいのはどちらか，答えよ．
(1) Mg^{2+} と Ca^{2+}　　(2) Cl^- と Ca^{2+}

解答　(1) 同じ族の 2 価陽イオンであるので，周期がより下である Ca^{2+} イオンのほうがイオン半径が大きい．
(2) どちらも電子数は 18 であるので，負電荷が大きい Cl^- のほうがイオン半径が大きい．

一方，遷移金属イオンにおいては，典型元素と挙動が異なる点もある．一般的に，同周期で同じ電荷をもつ遷移金属イオンでは，周期表の右にいくほどイオン半径は小さくなる（表 2-4(b)，(c)）．これは，遷移金属では，最外殻の s, p 軌道より内側に存在する d 軌道に電子が充填していくためであると考えられる．一方，同じ族で比較した場合の変化は少し独特であ

る．たとえば，表 2-4(c) のように同じ 4+ の電荷をもつイオンを比較した場合，第一遷移金属イオンと第二遷移金属イオンでは，第二遷移金属イオンのイオン半径が大きくなっている．しかし，第三遷移金属イオンのイオン半径は，第二遷移金属イオンのイオン半径とほとんど変わらない．この理由を説明するポイントは，第三遷移金属イオンの始めに位置するランタノイドの存在である．表 2-4(d) にあげた 3+ の電荷をもつランタノイドのイオン半径を見ると，イオン半径は原子番号の増加とともに小さくなる．ランタン(La)のイオン半径は 1.30 Å であるのに対し，ルテチウム(Lu)のイオン半径は 0.88 Å である．こうなる理由は，内側に存在する f 軌道の電子が中心の陽電荷を打ち消す能力が弱い[*7]ため，原子番号が大きくなるにつれて，最外殻の電子が中心に引きつけられる力が強くなるためである．このイオン半径の減少をランタノイド収縮（lanthanoid contraction）と呼ぶ．このイオン半径の収縮を経るため，原子番号ではランタノイドの次に位置するハフニウムイオン（Hf^{4+}）のイオン半径はかなり小さく，その結果，第二遷移金属イオンであるジルコニウムイオン（Zr^{4+}）のイオン半径とほとんど変わらなくなる．

[*7] 「遮へい効果が小さい」と表現される．遮へいについては，第 3 章の有効核電荷を参照．

章末問題

1. 次の元素を，s，p，d，f ブロックの元素にそれぞれ分類せよ．
   H, He, Li, C, Na, P, Ca, Fe, Br, Ag, Ba, Ce, Pt, Pb, U

2. 次の元素について，(a) 第一イオン化エネルギーの高いほうの元素，(b) 電気陰性度の高いほうの元素をそれぞれ示せ．
   (1) F と Cl　　(2) Si と S

3. フッ素のイオン化エネルギーは 1700 kJ mol^{-1}，電気親和力は 300 kJ mol^{-1} である．ここからマリケンの電気陰性度(eV 単位)を求めよ．なお 1 eV = 1.6×10^{-19} J とする．

4. H–H, Cl–Cl, H–Cl の結合エネルギーがそれぞれ 440, 240, 430（単位はそれぞれ kJ mol^{-1}）とすると，ポーリングの電気陰性度の式に従えば水素と塩素の電気陰性度の差はいくつになるか．

5. 次のイオンのイオン半径について，大小があれば不等号で，ほぼ同じと考えられる場合は等号で示せ．
   (1) Cu^{2+} と Zn^{2+}　　(2) Ti^{4+} と Zr^{4+}　　(3) Mo^{4+} と W^{4+}
   (4) S^{2-} と Se^{2-}　　(5) S^{2-} と K^{+}　　(6) Ce^{3+} と Yb^{3+}

3章 電子の軌道と波動関数

この章で学ぶこと

電子の挙動をより厳密に記述するためには，量子力学に基づいた考え方を導入する必要がある．この章では，エネルギー量と，電子の挙動を示す波動関数とを関連づける微分方程式であるシュレディンガー方程式について述べる．また，量子数の概念を導入し，水素原子における原子軌道と，これを応用した多電子原子の電子配置について述べる．

- 水素原子（電子が1個）の場合の電子の軌道の考え方
- 多電子原子の電子配置と構成原理

3-1 電子の軌道の考え方

キーワード 量子化（quantization），主量子数（principal quantum number），波動関数（wave function），シュレーディンガー方程式（Schrödinger equation），電子の存在確率（existence probability of electron），方位量子数（azimuthal quantum number），磁気量子数（magnetic quantum number）

3-1-1 電子の運動と主量子数

第1章では「原子核の周りを電子が回っている」としたラザフォードの原子モデルを取りあげた．この原子モデルは，原子の構造をイメージとして捉えるには非常にわかりやすいが，実際にはこのモデルでは説明できない実験結果がいくつかある．その一つが「なぜ，電子殻の位置がK，L，M殻と決まっているのか」ということである．電子が原子核の周りを単に回っているのであれば，人工衛星の軌道半径がさまざまであるのと同様に，電子の軌道半径もあらゆる値がとれるはずだからである．

この問題については，ボーア（Bohr）が提唱したモデルによって説明された．ボーアは電子が原子核の周りを円運動すると仮定したとき，その角運動量 L は $h/2\pi$ の整数倍しかとることができない，つまり角運動量は

$$L = rmv = n\frac{h}{2\pi} \quad (n = 1, 2, 3, \cdots) \tag{3-1}$$ [*1]

Biography

▶ N. H. D. Bohr

1885～1962，デンマークの理論物理学者．後述のプランクらの量子仮説を原子の世界に導入し，量子力学の基礎を築いた．1922年ノーベル物理学賞受賞．

*1 式(3-1)は $mv \times 2\pi r = nh$ とも書ける．この式の直感的意味はきわめてわかりにくいが，この式を仮定するとさまざまな事象が説明できることからボーアはこの式を提唱したのであろう．光のエネルギーがプランク定数の整数倍（$E=h\nu$）であるならば，電子の運動量も h の整数倍と関係するのではないかという考察から生まれたと考えると少しは納得できるかもしれない．この仮定の妥当性については，詳しくは p.31 の発展を読んでほしい．

one point
角運動量

回転中心から回転円の任意の点までのベクトルを$\vec{r}$とし、その点の運動量(接線方向になる。ハンマー投げの選手がハンマーを離したときにどの方向に飛んでいくか考えるとわかりやすい)を$\vec{p}$とすると、角運動量はベクトルの外積$\vec{r} \times \vec{p}$で表される(下図)。外積の大きさは$|\vec{r} \times \vec{p}| = |\vec{r}||\vec{p}|\sin\theta$なので、$|\vec{r} \times \vec{p}| = |\vec{r}||\vec{p}|\sin 90° = r \cdot mv$となる。

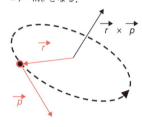

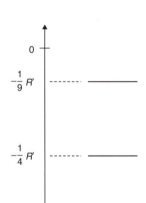

図 3-1 電子のもつエネルギー

で表されるという量子化(quantization)の概念を導入した。ここで、rは円運動の半径(m)、vは電子の速度($\mathrm{m \cdot s^{-1}}$) hはプランク定数(6.6×10^{-34} J·s)、mは電子の質量 9.1×10^{-31} kg である。

円運動の向心力($= mv^2/r$)は、原子核と電子の間に働く静電引力(クーロン力)であるので

$$\frac{mv^2}{r} = \frac{e^2}{4\pi\varepsilon_0 r^2} \quad (3\text{-}2)$$

と書ける。ここでε_0は真空中の誘電率(8.85×10^{-12} $\mathrm{C^2 N^{-1} m^{-2}}$)、$e$は陽子の電荷($1.6 \times 10^{-19}$ C)である。式(3-1)と式(3-2)からvを消去すると

$$r = \frac{\varepsilon_0 h^2}{\pi m e^2} n^2 = an^2 \ (n = 1, 2, 3) \quad (3\text{-}3)$$

となり、rはa、$4a$、$9a$、…の値しかとれないことになる($a = \varepsilon_0 h^2 / \pi m e^2$とおいた)。この半径$a$、$4a$、$9a$、…の円軌道が、それぞれK殻、L殻、M殻、…に相当する。このときのnの値を主量子数(principal quantum number)、aをボーア半径(Bohr radius)と呼ぶ。

これに伴い、電子のもつエネルギーも同じように量子化される。電子の全エネルギーは運動エネルギーと静電引力によるポテンシャルエネルギーの和であるので、運動エネルギーの項に式(3-2)を代入すると

$$E = \frac{1}{2}mv^2 + \left(-\frac{e^2}{4\pi\varepsilon_0 r}\right) = \frac{e^2}{8\pi\varepsilon_0 r} + \left(-\frac{e^2}{4\pi\varepsilon_0 r}\right) = -\frac{e^2}{8\pi\varepsilon_0 r} \quad (3\text{-}4)$$

となる。この半径rに式(3-3)を代入すると

$$E_n = -\frac{e^2}{8\pi\varepsilon_0 a} \cdot \frac{1}{n^2} = -R' \cdot \frac{1}{n^2} \ (n = 1, 2, 3\cdots) \quad (3\text{-}5)$$

の形となる。つまりエネルギーもまた、$-R'$、$-(1/4)R'$、$-(1/9)R'$、…の値しかとれないことがわかる。つまり、K殻、M殻、L殻に電子が入るとき、その電子のもつエネルギーはそれぞれ$-R'$、$-(1/4)R'$、$-(1/9)R'$となる(図3-1)。

3-1-2 シュレーディンガー方程式と水素原子の原子軌道

前項で、原子中の電子の運動は波としての側面をもつということを述べた。では、この波はどのような形をしているのだろうか。正確な形を表すことは難しいが、波の形を波動関数(wave function)という関数として記述し、この波動関数がどのような関数であるかを求めればよい。シュレーディンガー(E. Schrödinger)は、x, y, zの関数である波動関数ψとそのエネルギーを用いて、式(3-6)に示すようなシュレーディンガー方程式(Schrödinger equation)として定式化した。

$$-\frac{h^2}{8m_e\pi^2}\left(\frac{\partial^2\psi}{\partial x^2} + \frac{\partial^2\psi}{\partial y^2} + \frac{\partial^2\psi}{\partial z^2}\right) + V(x, y, z)\psi = E\psi \quad (3\text{-}6)^{*2}$$

ここで，m_e は電子の質量であり，$V(x, y, z)$ は電子が置かれている場のポテンシャルエネルギーを表している．ここで

$$\hat{H} = -\frac{h^2}{8m_e\pi^2}\left(\frac{\partial^2}{\partial x^2} + \frac{\partial^2}{\partial y^2} + \frac{\partial^2}{\partial z^2}\right) + V(x, y, z) \tag{3-7}$$

と置くと

$$\hat{H}\psi = E\psi \tag{3-8}$$

の形で表すことができる．このときの $\hat{H}$ はハミルトニアン演算子 (Hamiltonian operator) と呼ばれる．すなわち，この方程式の意味は波動関数に，二次微分を含むハミルトニアン演算子による演算を施したときの関数は，元の波動関数の定数倍になるということである．

電子を一つしかもたない水素原子の場合，ポテンシャルエネルギー V の項は，式 (3-4) でも用いた原子核と電子の間に働く静電引力のみである．よって，両者の間の距離を r とおいて，$V = -e^2/4\pi\varepsilon_0 r$ となる．ただし，この場合の変数は r であり，r は原点から (x, y, z) までの距離なので $r = \sqrt{x^2 + y^2 + z^2}$ である．このとき，x, y, z の座標を用いて直接シュレーディンガー方程式を解くことは難しい．そこで図 3-2 に示すように，(x, y, z) 座標を (r, θ, ϕ) の形で表した極座標系へ変換すると，式 (3-7) は次のように変換される (変換過程については専門書に譲る)[*3]．

$$-\frac{h^2}{8\pi^2 m_e}\frac{1}{r^2\sin\theta}\left[\sin\theta\frac{\partial}{\partial r}\left(r^2\frac{\partial}{\partial r}\right) + \frac{\partial}{\partial\theta}\left(\sin\theta\frac{\partial}{\partial\theta}\right) + \frac{1}{\sin\theta}\frac{\partial^2}{\partial\phi^2}\right]\psi + \left(-\frac{e^2}{4\pi\varepsilon_0 r}\right)\psi$$

$$= E\psi \tag{3-9}$$

水素原子に限っていえば，この一見複雑な方程式を解くことができる．まず，波動関数 $\psi(r, \theta, \phi)$ は，中心からの距離 r の関数と，角度の θ, ϕ の関数に分けて考えることができるので

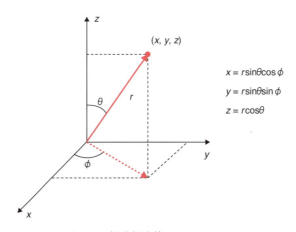

図 3-2　極座標変換

Biography

▶ E. R. J. A. Schrödinger
1887～1961，オーストリア出身の理論物理学者．現代科学の基礎ともいえるシュレーディンガー方程式を提唱し，量子力学を発展させた．1933 年，ノーベル物理学賞受賞．晩年は生命にも興味を示し『生命とは何か—物理的にみた生細胞—』(岩波書店，2008) を著すなど，生物物理学や分子生物学への道を開いた．

[*2] $\frac{\partial}{\partial x}f(x, y, \cdots)$ は偏微分と呼び，x のみの関数として (x 以外の変数は定数とみなして) 微分する．これに対して $\frac{d}{dx}f(x, y, \cdots)$ は全微分であり，x 以外の変数も x の合成関数として微分の対象となる．

[*3] たとえば，『量子化学入門』(米沢貞次郎ほか) や，『量子化学 基礎の基礎』(阿武聡信) など．

$$\psi(r, \theta, \phi) = R(r) \cdot Y(\theta, \phi) \tag{3-10}$$

と表すことができる．$R(r)$ は，波動関数の動径部分を表すことから動径関数と呼ばれる．また $Y(\theta, \phi)$ は波動関数の角度部分[*4]と呼ばれる．詳細な解法は専門書に譲るとして，式(3-9)の方程式に式(3-10)を代入して解くと，それぞれの波動関数とエネルギーが得られる．

[*4] 球面調和関数と呼ぶ場合もある．

3-1-1項で述べたように r は量子化されているので，r の関数である動径関数もまた量子化されており，主量子数 n を用いて表せることは予想できるであろう．実際，主量子数は原子核からの距離，つまり電子殻に対応しており，$n = 1, 2, 3, \cdots$ がそれぞれ K 殻，L 殻，M 殻の電子であることを示している．

では，角度部分についてはどうだろうか．3-1-1項のボーアのモデルでは，電子が平面状を円運動していると仮定したが，実際にはその動きは球状，つまり三次元的な動きをするはずであるから，式(3-1)の角運動量には方向性がある（図3-3）[*5]．そして，この角運動量ベクトルも量子化されていると考えられる．つまり電子の運動も特定の向きしかとれないと考える．そこで，新たに方位量子数(azimuthal quantum number) l，磁気量子数（magnetic quantum number）m を導入し，角運動量はこれらの量子数によって量子化されていると考える．

[*5] 単純に図3-3のように考えると，電子の回転面によって角運動量の方向が変わってしまうことは理解できるだろう．

これらの量子数について，おおよその意味は次の通りである．方位量子数 l は軌道の形に対応している[*6]．具体的には，$l = 0, 1, 2$ に対応する電子軌道は，それぞれ s 軌道，p 軌道，d 軌道となる．一般的に，主量子数と組み合わせて，ns 軌道，np 軌道，などと呼ばれる．また，方位量子数 l の最大値は $n-1$ であり，したがってたとえば K 殻 ($n = 1$) には 1s 軌道 ($l = 0$) しか存在しない．この場合は角度部分の関数は一定値となり，波動関数は動径部分のみとなる．つまり波動関数は r のみの関数となる．1s 軌道の波動関数の形は式(3-11)のように表すことができる．

[*6] 軌道の形は中心からの距離にも影響を及ぼすから，実際には動径関数にも方位量子数 l の関与がある．

$$\psi_{1s} = \alpha_{1s} e^{-\frac{r}{a}} \tag{3-11}$$

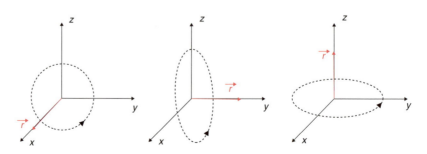

図3-3 角運動量の方向性

ただし a はボーア半径，α_{1s} は正の定数である[*7]．

波動関数の例として，1s 軌道，2p 軌道，3d 軌道の形を図 3-4 に示す．1s 軌道は球状の形で，波動関数の符号はすべて正（図中では赤色で示している）である．なぜ式 (3-11) を図示すると球状になるかは後述する．一方，2p 軌道は，軸上に原点を中心とした二つの球状軌道の組合せとして描かれる[*8]．この二つの軌道は，それぞれ波動関数の符号が逆（図中では茶色部分は符号が負になる）になっている．たとえば 2p 軌道は，その軌道の形が x 軸，y 軸，z 軸のどの方向を向いているかで，$2p_x$，$2p_y$，$2p_z$ と区別される．この軌道の方向は，磁気量子数 m によって決定づけられる．磁気量子数 m のとり得る値は，$m = 0, \pm 1, \cdots, \pm l$ である．たとえば p 軌道は $l = 1$ なので，$m = -1, 0, +1$ の三つの値をとることができる．このことは p 軌道が $2p_x$，$2p_y$，$2p_z$ の三つの形で描かれることに対応している[*9]．一方で s 軌道は $l = 0$ なので，とることができるのは $m = 0$ のみである．これは s 軌道が球状で方向性がなく，一つしか存在しないことと一致している．

それぞれの量子数と，軌道の名称の関係を表 (3-1) にまとめた．この表に示すように，すべての原子軌道は，n，l，m の三つの量子数によって，一意に決定される．

[*7] 水素原子の 1s 軌道以外のいくつかの波動関数は下記のように表される．
$\psi_{2s} = \alpha_{2s}\left(2 - \dfrac{r}{a}\right)e^{-\frac{r}{2a}}$
$\psi_{2px} = \alpha_{2p} e^{-\frac{r}{2a}} \times x$
$\psi_{2py} = \alpha_{2p} e^{-\frac{r}{2a}} \times y$
$\psi_{2pz} = \alpha_{2p} e^{-\frac{r}{2a}} \times z$

[*8] 便宜上，2p 軌道などはもう少し細長い軌道で描かれる場合も多い．

[*9] 実際にシュレーディンガーの方程式を解いて求められる直接の解は $2p_x$，$2p_y$，$2p_z$ そのものの組ではないが，それらを組み合わせて可視化しやすいように三つの $2p_x$，$2p_y$，$2p_z$ が用いられる．

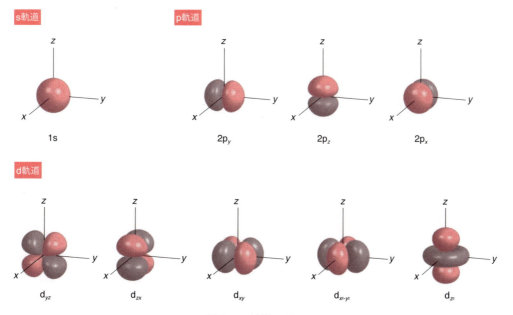

図 3-4　軌道の形

表 3-1

	n	l	m	原子軌道名
K殻	1	0	0	1s
L殻	2	0	0	2s
		1	-1, 0 +1	2p
M殻	3	0	0	3s
		1	-1, 0, +1	3p
		2	-2, -1, 0, +1, +2	3d
N殻	4	0	0	4s
		1	-1, 0, +1	4p
		2	-2, -1, 0, +1, +2	4d
		3	-3, -2, -1, 0, +1, +2, +3	4f
O殻	5	0	0	5s
		1	-1, 0, +1	5p

例題 3-1 N殻($n = 4$)にある軌道の数を答えよ．

解答 N殻の主量子数 $n = 4$ なので，方位量子数がとりうる値は $l = 0$，1，2，3 であり，それぞれ 4s，4p，4d，4f 軌道に相当する．磁気量子数のとりうる値から，各軌道の数はそれぞれ 1 個（$m = 0$），3 個（$m = 0$, ±1），5 個（$m = 0$, ±1, ±2），7 個（$m = 0$, ±1, ±2, ±3）であるので，全部で 16 個の軌道が存在する．

3-1-3 波動関数のイメージと意味

　最も単純な電子が 1 個のみの水素原子の場合でも，波動関数をイメージするのは初学者にとっては難しいかもしれない．その理由の一つは波動関数が x, y, z の 3 変数の関数であるということである．たとえば f が 1 変数 r の関数であり $f = \alpha \times e^{-r}$ のような場合は，図示するのは簡単である．r を横軸に，f を縦軸にとって $r = 0$ のときには $f = \alpha$ であり，$r > 0$ のときは r が大きくなるにつれて f は次第に小さくなり 0 に近づいていくようなグラフを書けばよい（図 3-5）．なお，この関数は水素原子の 1s 軌道の関数の形とほぼ同じであることに注意してほしい．原子核から電子までの距離が r であれば，1s 軌道の波動関数の値は原子核のところで最も大きくなり，原子核から離れるにつれ小さくなり 0 に漸近する．

　f が 2 変数 x と y の関数であるときは，x, y, z の直交座標系を用い，x, y の変化に対して f の値がどう変化するかを z 軸方向にプロットすれば関数

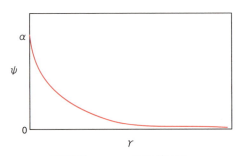

図 3-5　$\psi = \alpha e^{-r}$ のグラフ

を図示したことになる．しかし，fがx, y, zの3変数の関数である場合はfの全貌を図示するためにはもう一つの座標軸が必要であり，われわれの住んでいる空間ではうまく表せないことは自明であろう．

そこで波動関数を図示する便宜的な方法の一つが，波動関数の値が一定の点を結んで面として表す方法である．1s軌道の波動関数は①原点から電子までの距離rの関数であり，x, y, z座標にかかわらず原点からの距離にのみ依存すること，②正の値をとり原点からの距離が離れるにつれ波動関数の値が小さくなり0に近づくこと，を考慮すると，1s軌道の波動関数がある正の値をとる点を結ぶと球面になることは想像できるだろう．こうして1s軌道の波動関数は球の形で表されるわけである．先に記したようにp軌道ではたとえば$2p_x$軌道の場合はx座標が正の領域では波動関数の値は正となり，x座標が負の領域ではその値は負の値になる．図3-4に示したp軌道の図では波動関数がある一定の値とその符号を逆にした値の点を結んだ面が示されている．

波動関数の値はどのような意味をもつのであろうか．実は波動関数の値自体は実生活のなかの「このようなもの」とたとえて説明することはできない．ボルン（Born）は波動関数の値の二乗が（単位体積あたりの）電子の存在確率に比例することを示した．これによって波動関数の物理的な意味が明らかになったのである．たとえば，1s軌道では図3-4に示した球面に電子がいるわけではなく，また球面の内部にのみ電子が存在するわけでもない．ただ，1s軌道の波動関数が図3-5のような関数であることを考えれば，電子が存在する確率は原子核の位置から離れるに従って小さくなり，図の球面内に電子が存在する確率は原子核の位置から離れるに従って小さくなり，図の球面内に電子が存在する確率はかなり高いことがわかる．そして，同時に，原子核からかなり離れたところ，つまり球面の外側において電子の存在確率が0になるわけではないこともわかるであろう．p軌道やd軌道の図でも「描かれている『軌道』の中に電子がいる確率は高いが，そこからしみ出しているときもある」程度に考えるべきである．

Biography

▶ M. Born
1882〜1970．ドイツの理論物理学者．量子力学の解釈とボルン・オッペンハイマー近似で著名．1954年，ノーベル物理学賞受賞．歌手のOlivia Newton-Johnは彼の孫にあたる．

3-2　一般の原子における電子配置

キーワード　電子間の反発（repulsion of electron），構成原理（aufbau principle），パウリの排他則（Pauli exclusion principle），フントの規則（Hund's rule），電子の遮へい（electron shielding），有効核電荷（effective nuclear charge）

3-2-1　多電子原子の電子軌道と構成原理

前節では水素原子の原子軌道について述べた．では，その他の複数の電

子を含む原子はどう考えればよいだろう．水素原子の場合は，原子核と電子の間に働く静電引力を一つだけ考えればよかった．一方，電子が複数になると，原子核とそれぞれの電子の間に静電引力が働くうえ，電子間の静電反発も働くため，ポテンシャルVの関数がかなり複雑になる．そのため，シュレーディンガー方程式を解くことは事実上不可能になる．

したがって，多電子原子の原子軌道を考えるには近似的手法が必要になる．まず，電子間の相互作用はないものと仮定する．つまり，それぞれの電子が中心の原子核周りを独立に動くと考えるので，それぞれの電子について水素原子のときと同じように考えればよいことになる．

多原子電子の場合は，水素原子の軌道と同様な形の軌道(1s，2s，2p，…)があり，それらに電子が入っていくと考える．具体的には，一つ目の電子の波動関数が1s軌道の波動関数となる場合，一つめの電子が1s軌道に入るという表現をする．ただし，多電子原子の電子はどこの軌道に入ってもよいというわけではない．軌道への電子の入り方は，次の三つの規則によって決まる．

(1)構成原理(aufbau principle)

電子はエネルギーの低い軌道から収まっていく．これを構成原理という．具体的には，内側の電子殻であるK殻から電子が収まっていくことという原理である．つまり，主量子数$n=1$の波動関数をもつ電子(K殻の電子)が最もエネルギーが低いので，一つ目の電子はまず1s軌道に入る．二つ目以降は，s軌道よりもp軌道のエネルギーが高いので，電子が入る順番は1s → 2s → 2p → 3s → 3pの順番になる．それ以降は4s → 3d → 4pの順序が基本だが，電子数によってはこの順序は逆転することもある（後述の電子配置を参照）．

(2)パウリの排他則(Pauli exclusion principle)

同じ軌道に入った電子の間には電子間反発が生じるため，電子は無制限に一つの軌道に入ることはできない．一つの軌道に入ることができる電子は二つまでである．さらに，この二つの電子も無条件で入るわけではない．電子は原子核の周りを回るだけでなく，電子自体も回転している[*10]．電子は負電荷をもつため，電子が回転すると右ねじの法則に従って磁気モーメントが発生するが[*11]，このとき回転の方向によって上向きと下向きの2種類の磁気モーメントが生じる．これを電子のスピン(electron spin)と呼ぶ．そして，一つの軌道には同じ向きのスピンをもつ電子は入ることができず，二つの電子はそれぞれ逆向きのスピンをもたなければならない．これをパウリの排他則と呼ぶ．

---

one point
パウリの排他則の表現
この上向き，下向きのスピンをそれぞれスピン量子数$s=1/2$，$-1/2$と定義し，排他則を「同じn，l，mおよびスピン量子数をもつことはできない」と説明する場合もあるが，各軌道はそれぞれ異なる(n, l, m)の組合せから名づけられていることを考えれば，いっていることの意味は同じである．

[*10] 地球が太陽の周りを公転しているのと同時に，自転もしていることをイメージするとわかりやすい．

[*11] 実際は単純な回転ではなく歳差運動(コマ運動)であるが，生じる磁気モーメントは同じ．

(3) フントの規則（Hund's rule）

同じエネルギーをもつ軌道が複数ある場合，電子はまず異なる軌道に一つずつ入る（このとき，それぞれの電子のスピンは平行になる）．これをフントの規則と呼ぶ．この規則は，同じ軌道に電子が存在するほうが，電子間の反発が大きくなるので，まずは別の軌道に入るためであると説明できる．具体的には，2p軌道の三つの軌道（$2p_x$，$2p_y$，$2p_z$）は同じエネルギーであるため，これらの軌道に三つの電子が入る場合は，上向きのスピンをもつ電子が一つずつ三つの軌道に入る配置となる．

(4) 電子配置

電子がどの軌道に入っているかを示したのが電子配置である．例として，窒素原子の電子配置を考えよう．窒素原子の電子数は7である．構成原理とパウリの排他則に基づき，エネルギーの小さい軌道から順に電子が入っていくので，1s軌道に2個，2s軌道に2個，2p軌道に3個の電子が入る．この電子配置を $(1s)^2(2s)^2(2p)^3$ と表す．これをエネルギー準位図（energy diagram）で表したのが図3-6である．1s，2s軌道には電子が対を作って入っていく．三つの2p軌道は同じエネルギーをもつと考えてよいので，フントの規則により，この三つの軌道に上向きのスピンをもつ電子が1個ずつ入る．

原子の電子配置を図3-7にまとめる．先述の通り，電子が入る順番は 1s → 2s → 2p → 3s → 3p → 4s → 3d → 4p の順序となることが多いが，図3-8に示すように電子数によってエネルギーの高さは変わるので，この順序は逆転することもある．たとえばCrでは，4s軌道に2個電子が入る前に3d軌道に5個の電子が入る．

> **one point**
> **大きな原子の電子配置の書き方**
> 原子番号の大きな原子では，すべての電子配置を書くと冗長になるので，貴ガスと同じ電子配置の部分は簡略化して [He] $(2s)^2(2p)^3$ と表すことも多い．

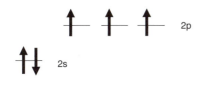

図3-6 エネルギー準位図で表した電子配置

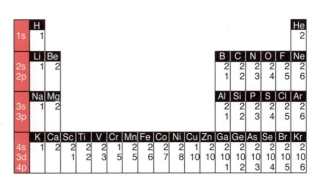

図3-7 原子の電子配置

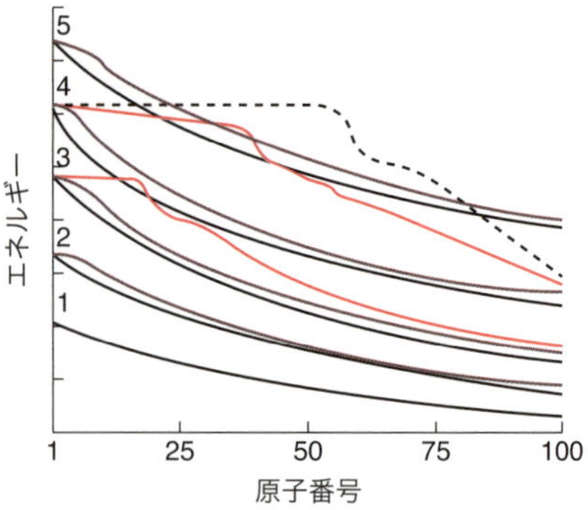

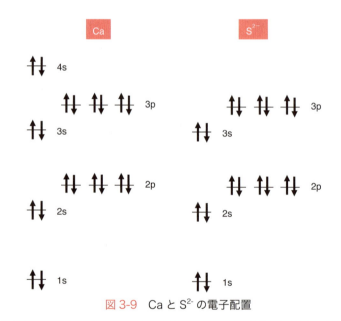

図 3-8 多電子原子における原子番号と軌道のエネルギーの関係図
黒：s 軌道，茶：p 軌道，赤：d 軌道，破線：f 軌道．

例題 3-2 図 3-7 の電子配置を参考にして，Ca と S^{2-} の電子配置をエネルギー準位図で示せ．

解答 Ca の電子配置は，図 3-7 から $[Ar](4s)^2$ である．一方，S^{2-} は図 3-7 の電子配置（$[Ne](3s)^2(3p)^4$）に 2 個の電子が加わるので，$[Ne](3s)^2(3p)^6$ となる．これらを図示すると図 3-9 になる．

図 3-9 Ca と S^{2-} の電子配置

one point
Slater の遮へい定数
簡便に算出することのできる遮へい定数として，Slater の遮へい定数が知られている．電子殻のみを考慮した，かなり大まかな近似を含むものではあるが，これを用いて有効核電荷を簡便に見積もることができる．

3-2-2 有効核電荷と遮へい定数

原子核の陽電荷は原子番号が大きくなるにつれて大きくなるが，最外殻の電子はその大きな陽電荷にそのまま引きつけられるわけではない．それより内側にある電子によって陽電荷が電気的に中和されるため，実際

表 3-2　各軌道の有効核電荷

	H							He
1s	1.00							1.69
	Li	Be	B	C	N	O	F	Ne
1s	2.69	3.68	4.68	5.67	6.66	7.66	8.65	9.64
2s	1.28	1.91	2.58	3.22	3.85	4.49	5.13	5.76
2p			2.42	3.14	3.83	4.45	5.10	5.76

に最外殻の電子が感じる陽電荷は，より小さくなる．この現象を遮へい (screening) と呼び，それにより電子が感じる実質の核電荷を有効核電荷 (effective nuclear charge) と呼び，μ_eff で表す．

遮へい定数を σ とすると，原子核の核電荷 μ と，外側の電子が感じる有効核電荷の関係は以下のようになる．

$$\mu_\text{eff} = \mu - \sigma \tag{3-12}$$

Ne までの原子について，実際の有効核電荷を表 3-2 に示す．これを見ると，遮へいの度合いは，軌道の種類によっても異なることがわかる．たとえば同じ電子殻（同主量子数）の場合，s 軌道に比べると p 軌道の電子は遮へいされやすく，そのため p 軌道の電子が感じる有効核電荷は小さくなる．これは，多電子原子においては p 軌道の電子のほうが離れやすい，すなわち電子は s 軌道 → p 軌道の順で充填されていくという構成原理の考え方と一致する．

発展　ボーアの仮定と原子スペクトル

3-1-1 項で示したボーアのモデルは，後にド＝ブロイ (de Broglie) の物質波の概念を導入することで，妥当であることが示された．ド＝ブロイは，電子のような小さな粒子は，粒子としての性質だけでなく波としての側面も同時にもつと考え，その運動量 p はその波の波長 λ を用いて h/λ で与えられるとした．この定数 h はプランク定数 (Planck constant：$h = 6.626 \times 10^{-34}$ J s) と呼ばれ，空洞内の光（電磁波）のエネルギーは $h\upsilon$（υ は波の振動数）の整数倍でなければならないとした，プランク (Planck) の法則により導かれたものである．この電磁波のエネルギー最小値は以下のように表される（c は光の速度 3.00×10^8 m s^{-1}）．

$$E = h\upsilon = \frac{hc}{\lambda} \tag{3-13}$$

ド＝ブロイの物質波の概念をボーアのモデルにあてはめると，電子の運動は原子核周りに波の形で表せることになる．ところが，電子の運動軌道上を一回りしたとき，波の位相が一致しなければ，その波は最終的に干

Biography

▶ L. de Broglie
1892 ～ 1987，フランスの物理学者．電磁波を粒子として解釈することで説明された光電効果に着想を得て，逆に粒子もまた波動のように振る舞うという「物質波」の仮定を提起した．これは自身の博士論文で提案された．1929 年，ノーベル物理学賞受賞．

▶ M. Planck
1858 ～ 1947，ドイツの物理学者．「光のエネルギーはある整数倍の値しかとることができない」としたプランクの法則を導出した．これは後の量子化の考え方の基礎となる概念であり，そのため彼は「量子論の父」と呼ばれる．ドイツにあるマックス・プランク研究所は，もちろん彼にちなんで名づけられたものである．1918 年，ノーベル物理学賞受賞．

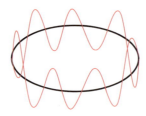
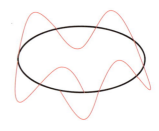

図 3-10 ボーアのモデルと物質波
右のように，軌道を一周したときに波がきちんと重ならないと，最終的に干渉によって波は消滅する．消滅しないのは，左のようにきちんと波の位相が一致したときのみである．

渉によって消えてしまう（図 3-10）ため，この電子の運動を表す物質波は，定常波でなくてはならないことになる．この条件を満たすには，円周の長さが波長の整数倍であればよい．

$$2\pi r = n\lambda \quad (n = 1, 2, 3, \cdots) \tag{3-14}$$

運動量 $p = h/\lambda$ であることから，角運動量は

$$L = rp = n\frac{h}{2\pi} \tag{3-15}$$

となり，ボーアの仮定と同じ条件が導かれる．

実際の実験結果も，このモデルが妥当であることを示している．水素の原子スペクトルを説明しよう．真空管に水素ガスを少し入れ，真空放電させると赤紫色の光を放つ．この光を分光すると，この光が特定の波長の光があわさったものであることがわかる（図 3-11）．このスペクトル線の波長は，リュードベリが示した式（リュードベリの式）によって

$$\frac{1}{\lambda} = R\left(\frac{1}{m^2} - \frac{1}{n^2}\right) \quad (m, n \text{ は自然数，ただし } m<n) \tag{3-16}$$

と表される．ここで，$R = 1.097\times10^7\,\mathrm{m^{-1}}$ はリュードベリ定数と呼ばれる．式(3-16)は，式(3-13)をあてはめると，次のように書き換えられる．

Biography

▶ J. Rydberg

1854～1919，スウェーデンの物理学者．もとは数学の講師であったが，次第に研究の舞台を分光学に移し，原子スペクトルに関する研究から，前述のリュードベリの式を示した．

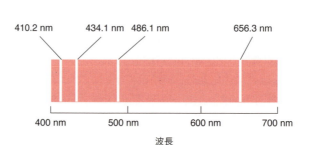

図 3-11 水素の原子スペクトル

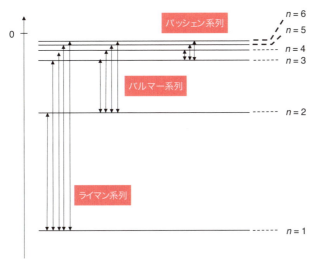

図 3-12 スペクトル系列

$$E = Rhc \left(\frac{1}{m^2} - \frac{1}{n^2} \right) \tag{3-17}$$

式 (3-5) の $R' = Rhc$ と考えれば，式 (3-17) は $E = E_n - E_m$ と表すことができ，これは E_m の状態から E_n の状態になるために必要なエネルギーを示している．つまり，量子化された飛び飛びのエネルギーをもつ状態の間でしか光エネルギーの吸収および放出が起こらないことが，水素の原子スペクトルが特定の波長の光のみで見られることの理由であると説明される．

それぞれの状態をエネルギー準位図で示したものが図 3-12 である．それぞれのスペクトル系列は，発見者にちなんだ名前がつけられている．

章 末 問 題

1. ボーア半径を式(3.3)をもとに計算せよ．
2. 水素原子の 1s 軌道の波動関数を図示するとき，$\psi_{1s} = 0.1$ の点を結んだ球面と $\psi_{1s} = 0.05$ の点を結んだ球面はどちらが大きいか．
3. 次の原子軌道を表す主量子数 n と方位量子数 l を答えよ．また各軌道はいくつ存在するか答えよ．
   (1) 3p 軌道   (2) 4d 軌道
4. 次の原子およびイオンの電子配置を書け．
   (1) Ge   (2) Zn^{2+} (3) Sn^{2+}
5. 図 2-3 においてベリリウムからホウ素になるところで第一イオン化エネルギーはいったん小さくなっている．このことを有効核電荷の観点から説明せよ．

4章 ルイス構造式と共鳴構造，VSEPR 理論

> **この章で学ぶこと**
> 電子対を点で表すルイス構造式を用いて，分子の構造を立体的に図示できることを学ぶ．また，ルイス構造式を用いて共鳴構造を理解する．さらに，VSEPR 理論を適用して分子の構造を予想する．
> ・オクテット則にもとづきルイス構造式を書く．あわせて酸化数と等電子構造を考える
> ・共鳴構造の考え方と VSEPR モデルによる分子構造の予測を学ぶ

4-1 ルイス構造式

キーワード ルイス構造式（Lewis structure），オクテット則（octet rule），酸化数（oxidation number），電子対（electron pair）

4-1-1 ルイス構造式とその書き方

ルイス構造式は電子を点の形で表して，共有電子対（covalent electron pair），非共有電子対（unshared electron pair）[*1]，不対電子（unpaired electron）を図示する方法である．一般的に共有結合による共有電子対は，共通結合を生じる原子の間に描く．この電子対が一つであれば単結合（single bond）であり，二つ，三つであればそれぞれ二重結合（double bond），三重結合（triple bond）を示している（多重結合については第 5 章で詳しく触れる）．非共有電子対や不対電子は，主に属している原子の周りに描く．

共有結合に用いられる電子は，一般的に s 軌道と p 軌道の電子，すなわち価電子（最外殻電子）である．価電子が原子周りに 8 個存在すると，安定な希ガスと同じ電子配置となる．逆にいえば，原子周りが 8 電子になるように，隣り合う原子との間で電子を共用する傾向がある．これをオクテット則（octet rule）と呼ぶ．最外殻の軌道が s 軌道しかない水素原子については，2 電子で貴ガス（ヘリウム）と同じ電子配置となるので，これもオクテット則と同等に扱ってよい．

ルイス構造を描くときには，まず各原子の価電子を考えて，すべての電

Biography

▶ G. N. Lewis
1875～1946，アメリカの化学者．共有結合，化学熱力学，量子力学などに広範な業績を残した．8 章で述べる酸塩基の定義にもその名を留めるなど，現代化学の確立に大きな役割を果たした．

[*1] 孤立電子対（lone pair）ともいう．

子が共有，非共有電子対のいずれかに属し，かつ原子の周りの電子数が8個になるように（水素原子の場合は2個になるように），適宜，電子対を配置する．たとえば H_2O の場合は，中心の酸素原子の価電子数は6であるので，隣の二つの水素原子と1電子ずつを共有すれば酸素周りの電子数は8個となる．同時に，水素原子も酸素原子から1個の電子を共有すれば価電子数は2となる．以上を満たすように図を描くと，図4-1のようになる[*2]．

*2 電子対をすべて点で書くと構造式が煩雑になるので，非共有電子対を省略し，結合を示す共有電子対を「－」で表すことも多い．以後はこちらの表記で描くことが多くなるので，混乱しないように．

H:Ö:H

図4-1 水分子のルイス構造式

世の中で利用されている分子のほとんどは，不思議なことに電子の総数が偶数であり，かつ電子は共有電子対または非共有電子対を形成しており，ルイス構造式によってその電子配置をうまく表すことができる．しかし，中には不対電子をもつ分子もある．酸素分子の結合は二重結合であり，実験結果から，酸素分子は対称的な構造であることがわかっている．よって，そのままルイス構造式を書くと図4-2(a)のようになる．しかし実際の酸素分子は，電子の総数が偶数であるにもかかわらず不対電子を2個もっている．これを満たすようにルイス構造式を書こうとすると図4-2(b)のようになり，左右非対称になってしまう．いずれにしても，実際の酸素分子の電子配置を反映させるように酸素分子のルイス構造式を書くことはできない．この分子の構造は後で示す分子軌道法によって説明することができる．

第3周期以降の元素については，必ずしも8電子則を満たすとは限ら

コラム　貴ガスの価電子の数は0か8か

貴ガスは「最外殻電子」を8個（ヘリウムは2個）もつ元素である．では，貴ガスの「価電子」の数はいくつだろう．

日本の高校化学の教科書では「貴ガスの価電子の数は0とみなす」と書かれている．一方，海外の教科書では価電子を「原子の最外殻に存在する電子」と説明している（アトキンス物理化学など）．この解釈だと，価電子の数は8個ということになる．

日本の高校化学の教科書では，貴ガスの価電子の数が0になる理由について，「貴ガスの最外殻電子は他の原子との結合や化学反応に関与しないため，価電子は0と定義する」という説明がなされている．これはこれで，ヘリウムも含めて貴ガスの価電子数はすべて同じになるので便利ではある．

しかし現在では，章末問題⑤(3)のキセノンのように，貴ガスも化合物を生成することが知られている．2000年には極低温（7.5 K）において，アルゴン化合物の生成も確認されている．これらの化合物の場合は「価電子の数を8個とし，価電子との共有結合によって化合物が生成する」と説明するほうが理にかなっている．海外の教科書の記述は，おそらくそれをふまえたものであろう．本書もこの考えに則り，海外の教科書と同じく，貴ガスの価電子の数は8個としている．

(a) :Ö::Ö:

(b) :Ö::Ö: :Ö::Ö:

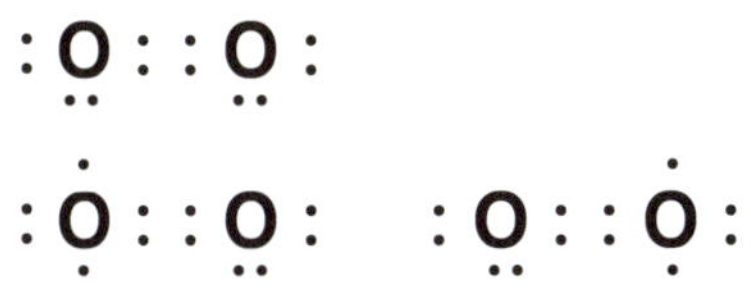

図 4-2 酸素分子のルイス構造式
酸素分子の電子配置をルイス構造式として表そうとした図．(a) では対称の形をしているが二重結合をもち，かつ不対電子が 2 個存在するように書いた (b) では，どちらも左右非対称な形になってしまう．

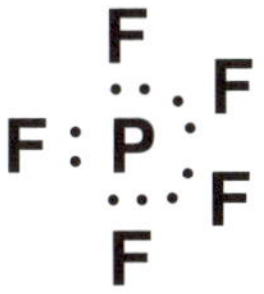

図 4-3 PF_5 分子のルイス構造式
フッ素の周りには 3 対ずつの非共有電子対があるがそれらは省略している．

ない．たとえば PF_5 をルイス構造式で表す場合，P 原子はすべての F 原子と単結合しているので，ルイス構造式は図 4-3 の通りになる（それぞれのフッ素原子の周りには非共有電子対が 3 対ずつあるが，省略して表記している）．このとき，P 原子周りは 10 電子となっている．このように，単純なオクテット則の考え方だけではルイス構造式を記述しにくい場合もある[*3]．

*3 この場合，d 軌道が結合に関与していると考えることもできるが，現在では d 軌道の結合への寄与は無視できる程度に小さいことがわかっている．また，第 15 章でとりあげる三中心二電子結合もルイス構造式では説明しにくい結合形式である．これらの結合形式は第 6 章でとりあげる分子軌道の考え方を使うと上手く説明することができる．

例題 4-1 (1) CO_2 と (2) SO_2 の構造をルイス構造式で描け．

解答 (1) 炭素の価電子は 4 個で，酸素と 2 電子ずつを共有して二重結合を生成する．したがって，図 4-4(a) のようになる．
(2) 硫黄の価電子は 6 個で，酸素と 2 電子ずつを共有して二重結合を生成する．このとき，非共有電子対が一つ生じるため，ルイス構造は図 4-4(b) のようになる．

もし，硫黄周りを単結合と考えた場合，硫黄周りはオクテット則を満たすが，このときは酸素周りに不対電子が存在することになり，非常に不安定な構造となってしまう．先述の PF_5 と同様に，S 原子周りを 10 電子としたルイス構造式の表現が適切と考えられる．

(a) :Ö::C::Ö:

(b) :Ö:S:Ö:

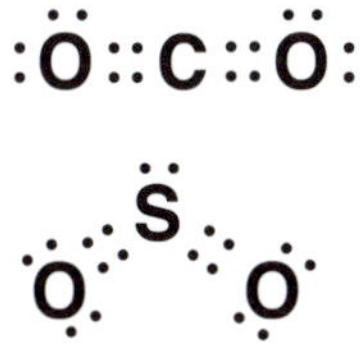

図 4-4 二酸化炭素と二酸化硫黄のルイス構造式

4-1-2 酸化数

酸化数 (oxidation number) とは，分子中の原子の形式的な電荷を表した数値のことである．具体的には，分子中に共有結合が存在するとき，電気陰性度の高いほうが共有電子対を総取りしたときの原子上の電荷とみなせる．たとえば H_2O の場合は，酸素の電気陰性度が水素のそれよりも高いので，共有電子対中の電子も酸素がすべてもっていると考える．すると，酸素上の価電子は 8 個となるので，酸素上の電荷は -2，すなわち酸素の酸化数は -2 となる．一方，水素上の価電子は 0 になるため，水素の電荷，すなわち酸化数は $+1$ と考える．あくまでも形式的な電荷であり，実際の電荷とは異なることに注意するべきである．

酸化数の考え方は，一般的に「電気陰性度の高いほうが電子対を総取り」するので，結合する相手の原子によって酸化数は変化する．上述の水素も，結合する原子が水素よりも電気陰性度の高い酸素やフッ素の場合は $+1$ となるが，電気陰性度の低い Na などと結合する場合は，水素原子のほうが電子対を総取りすると考え，酸化数は -1 となる．その他の酸化数の決定方法については表 4-1 に示した．

酸化数の考え方は，原子上の電荷を必ずしも反映しているわけではないが，酸化還元反応における電子のやり取りを議論するうえで便利であり，また遷移金属化合物の性質を考える際には特に重要な考え方となる．酸化数を利用した酸化還元反応の記述については，第 8 章の酸化還元反応で詳しく述べる．

表 4-1 酸化数の決定の仕方

	酸化数
全原子の酸化数の和	全体の電荷数
単体中の原子	0
1 族，2 族の原子	それぞれ +1, +2
13 族(B を除く)の原子	+3
14 族(C, Si を除く)の原子	+4
水素	非金属との組合せで +1 金属との組合せは -1
フッ素	-1
酸素	(相手が F 以外の組合せでは)-2 -1（過酸化物 O_2^{2-}） $-1/2$（超酸化物 O_2^-） $-1/3$（オゾン化物 O_3^-）
ハロゲン	-1（相手が酸素もしくは自分より電気陰性度が大きいハロゲンである場合を除く）

例題4-2 次の分子について，下線を引いた元素の酸化数を求めよ．
(1) H$\underline{\text{Cl}}$O$_3$ (2) H$_2$$\underline{\text{O}}_2$

解答 (1) 最も電気陰性度の低い元素は酸素なので，酸素の酸化数は−2．Hの酸化数は+1なので，Clの酸化数は 0−{(−2)×3+1} = +5 となる．
(2) Hの酸化数は+1なので，O$_2$の酸化数は−2となる．よって，酸素原子一つあたりの酸化数は−1となる．

4-1-3 等電子分子

CO_2 の構造が直線型であることは，ルイス構造で簡単に示すことができる．では，NO_2^+ はどのような構造であり，どのように描けばよいだろうか．窒素原子の価電子は5個であるが，NO_2^+ の＋の電荷がN原子上にあると考えれば窒素原子上の価電子は4個とみなすことができ，これは炭素原子の価電子数と同じである．したがって，ルイス構造式は図4-5に示すように，CO_2 と全く同じ直線構造で描くことができる．

このように，同じ電子配置をもち，かつ同じ構造をもつ分子を等電子分子（isoelectronic molecule）と呼ぶ．特に構造がわからない分子のルイス構造を予想したい場合，既知の等電子分子の構造を参照することで，ルイス構造が予想できる場合がある．

図 4-5 NO_2^+ イオンのルイス構造式
二酸化炭素と等電子分子である．

例題4-3 次の分子のルイス構造式を描け．
(1) CO (2) NO_2^-

解答 (1) CO を C$^-$O$^+$ と考えれば，C，O上の価電子数はどちらも5個となり，N_2 分子と等電子分子であると考えられる．したがって，N_2 分子と同じ三重結合をもつ分子として，図4-6(a)のように描ける．このときはCO間の結合のうち一つは酸素から炭素に向かっての配位結合であるということもできる．
(2) NO_2^- のルイス構造式の電子配置は O_3 分子と同じであり，両者は等電子構造になると考えられる．O_3 分子は折れ線型分子であるので，NO_2^- も同じ構造とすると，図4-6(b)のように描ける．この図では左側のN-O結合は単結合，右側が二重結合のように書いてあるが，実際には左右逆の構造との共鳴構造（4-2-1項で述べる）になっていることに注意せよ．

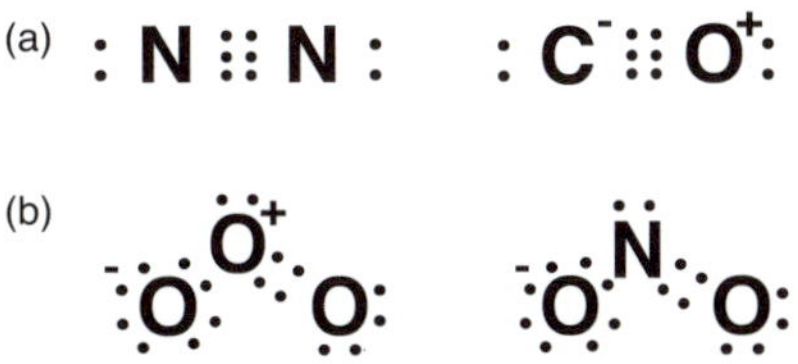

図 4-6 CO と NO_2^- のルイス構造式
窒素と一酸化炭素，およびオゾンと NO_2^- イオンがそれぞれ等電子であることを示した図．

等電子分子の考え方は化学のさまざまな場所に登場する．たとえば [B-N] 原子の組合せは [C-C] 原子の組合せと等電子構造である．よって有機化合物の C-C 結合を B-N に置き換えることが（少なくとも紙の上では）可能であり，もとの化合物と置き換えた化合物は構造や性質が似ていると予想される（実際の例は第 13 章で紹介する）．また，化合物半導体として重要なものに 13-15 族半導体や 12-16 族半導体があり，これらはいずれも単体で半導体となる 14 族元素が結合したものと等電子と考えることができる（半導体については第 7 章参照）．

4-2　共鳴構造と VSEPR モデル

キーワード　共鳴構造 (resonance structure)，VSEPR モデル (VSEPR model)，電子間の反発 (electron repulsion)

4-2-1　共鳴構造

たとえば CO_3^{2-} をルイス構造で表すことを考える．この場合，二つの酸素に -1 の電荷を追加して，その二つの酸素は 7 電子だと考えると，図 4-7 ①のように描くことで各原子がオクテット則を満たす構造が描ける．この構造では炭素周りに二重結合が一つ，単結合が二つある．しかし，実際の二酸化炭素の構造は正三角形に近く，炭素－酸素間の結合距離に差がないことがわかっている．これは，図 4-7 の①〜③のように二重結合が 1 カ所に固定されている（局在：localization）のではなく，実際の構造はこれを平均化したものだということを示している．すなわち，二重結合は 1 カ所に留まっておらず（非局在：delocalization），図 4-7 の④のようになっている．これを共鳴 (resonance) と呼ぶ．

高校でベンゼンの共鳴について学んだとき，共鳴とは「二重結合が常に移動している」というイメージをもったかもしれない．しかしベンゼンにしろ炭酸イオンにしろ，実際の共鳴構造 (resonance structure) は，あくまで平均化された一つの構造であって，混合物として存在するわけでも平衡状態にあるわけでもないことに留意すべきである．その意味では，炭酸イオンの一つの二重結合が 3 カ所に平均化されているとみなされるべきであり，結果，炭素と酸素の結合は「4/3 重結合」とでもいうべき状態と

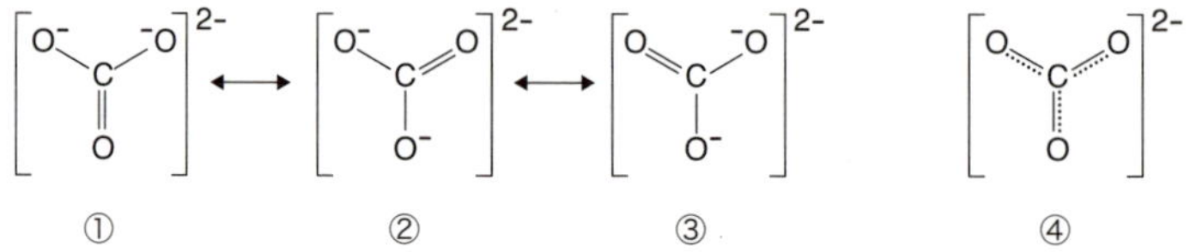

図 4-7　炭酸イオンの共鳴構造

なっていると考えるべきである．実際に，CO_3^{2-} 中の炭素－酸素結合距離は 1.29 Å であり，これは単結合 (1.43 Å) と考えるには短かすぎ，二重結合 (1.23 Å) と考えるには長すぎる距離となっていることからも，この解釈が妥当であることがわかる．

量子化学的にも，CO_3^{2-} の波動関数は，①～③のルイス構造の波動関数を重ね合わせて次のように表される．

$$\psi(④) = \psi(①) + \psi(②) + \psi(③) \tag{4.1}$$ [*4]

これは，構造④の波動関数が①～③のどの構造のものでもなく，これらの波動関数を混ぜ合わせたものであることを示している．そして重要なことは，共鳴によって生じた構造④の波動関数から算出されるエネルギーは，①～③の個々の構造のエネルギーよりも小さくなることである．つまり，エネルギーが小さくなり構造の安定化が見込まれるから，その分子は共鳴構造をとる，という見方ができる．

[*4] この波動関数は規格化していないため，係数を省略している．

例題 4-4 硝酸イオン (NO_3^-) と三フッ化ホウ素 (BF_3) の共鳴構造を考えよ．

解答 N原子の価電子は5なので，三つの酸素とは，二重結合を二つと単結合を一つ形成すると考えれば，図4-8(a) の通りとなる．しかし，このように書くと窒素原子の周りに共有電子対が5対，すなわち価電子が10個になるのでオクテット則の制限を超える．したがって二重結合は一つしかなく，図4-8(b) のように，窒素原子上に正電荷をおき，N^+ の価電子を4として描くのが正確である．

三フッ化ホウ素の場合，ホウ素の価電子は3なので，三つのフッ素と単結合すると考えると，ホウ素周りの電子数が6個となり，オクテットを満たさない．この場合は，1カ所のB–F結合が二重結合であるとすると，ホウ素周りの電子数が8となりオクテットを満たす．したがって，図4-9のように共鳴していると考えればよい．実際，三フッ化ホウ素の構造は平面三角形型で，それぞれのB-F結合距離は，単結合のそれよりは少し短いことがわかっている．

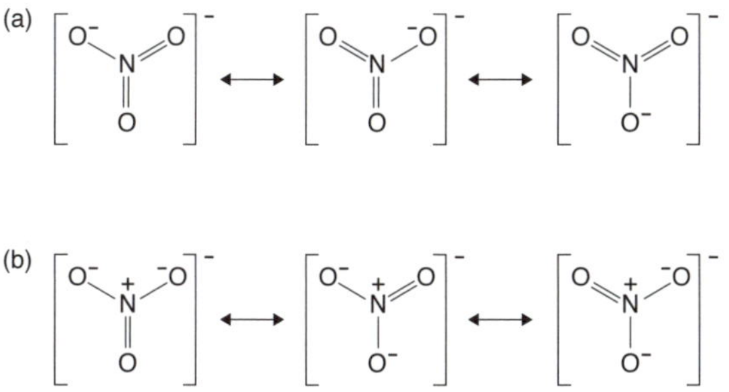

図 4-8 硝酸イオンの共鳴構造
(a) のように描くと窒素の周りに価電子が10個あることになり具合が悪いため，(b) のように書くべきである．

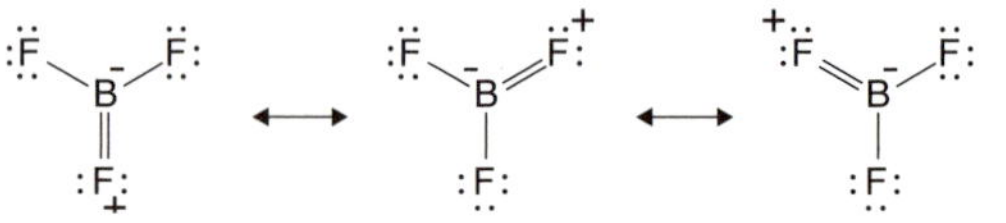

図 4-9　BF₃ の共鳴構造

このようにルイス構造式を書くと，すべての原子の周りがオクテット則を満たす．B-F 結合は単結合よりは少し二重結合性を帯びている．

4-2-2　VSEPR モデル

電子は負電荷をもっているので，電子と電子の間には静電反発が生じる．したがって，電子対どうしは，空間的になるべく離れるように位置する傾向がある．これに基づいて立体構造を予想するのが VSEPR（原子価殻電子対反発：Valence Shell Electron Pair Repulsion）モデルである．VSEPR モデルは，ルイスの考え方をもとにジレスピー（R. Gillespie）らによって提唱されたもので，典型元素の分子構造を予想するうえで非常に便利なモデルである．

たとえば，メタンのように中心の炭素原子周りに共有電子対が四つある場合は，その四つの電子対が最も離れた構造，すなわち四面体構造をとる．VSEPR モデルによって分子構造を予想するには，まずルイス構造を書く必要がある．そして，中心におかれた原子周りの電子対を，最も反発が少なくなるように空間的に配置する．電子対の数と，最も反発の少ない構造（基本形）を図 4-10 に示す．

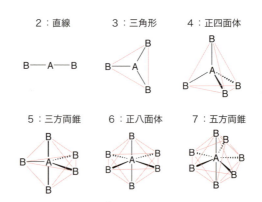

図 4-10　VSEPR モデルにおける電子対の数と基本形

例題 4-5　VSEPR モデルから，次の分子の構造を予想し，示せ．
(1) PF_5　　(2) H_2O

解答 (1) リンはフッ素と単結合で結合しているので，リン原子周りの共有電子対は全部で五つとなる．最も反発が少ない配置は，図 4-10 からもわかる通り，三方両錐型構造である．
(2) 酸素周りには二つの水素原子との共有電子対と，二つの非共有電子対が存在する．したがって，電子対は全部で四つであり，これらが最も反発が少ない配置は四面体型構造である．四つの頂点のうち二つの頂点を非共有電子対が占めるので，H_2O 分子の構造は折れ線型となる．

例題 4-5 のように構造が一意的に決定する場合は話が簡単であるが，図 4-11 にある SF_4 分子のような場合は，さらに考慮すべきことがある．硫黄原子は価電子を 6 個もっており，フッ素原子が四つの硫黄と結合するためにそれぞれ 1 個の電子を供給するので，硫黄原子の周りには電子対が全部で 5 対あることになる（そのうち 4 対が共有電子対で 1 対が非共有電子対である）．混在する電子対のうち，非共有電子対をどこに配置するか——三角形の一つか，上下のどちらか——が重要になる．この場合，電子対どうしの反発には差があると考えられ

（非共有電子対間）＞（非共有電子対と共有電子対間）＞（共有電子対間）

の順に反発が大きくなる．実際，H_2O 分子は折れ線型構造であるが，H-O-H の角度は 104.5°であり，単純な四面体構造の角度 109.5°よりは小さくなっている．これは，非共有電子対間の反発が最も大きいためと考えられる．

この考え方に基づいて，SF_4 の構造を予想しよう．図 4.11(a) の三角錐型構造の場合，非共有電子対が上下のいずれかに位置し，三角形の頂点に位置する三つの共有電子対との角度が 90°となる．一方，図 4.11(b) のバタフライ型構造の場合，非共有電子対は三角形の頂点の一つに位置する．このとき，90°の角度で位置する上下の共有電子対は二つしかなく，三角形の他の頂点の共有電子対とは 120°離れるので，最も反発が小さくなる．よって，SF_4 はバタフライ型構造をとる．三方両錐型構造に非共有電子が入るときは必ず水平面内の位置に入ると考えてよい．

もう一例，ClF_3 も同様に考えることができる（図 4-12）．塩素はもとも

（三角錐型）　　　（バタフライ型）

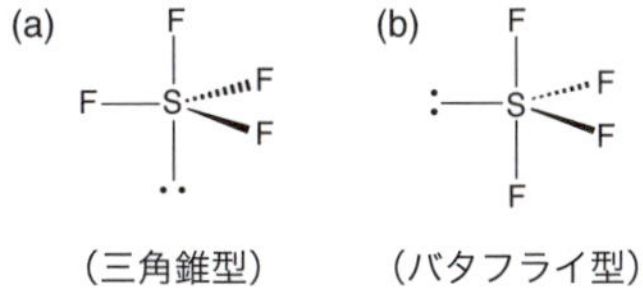

図 4-11　SF_4 分子の構造の VSEPR モデルによる説明

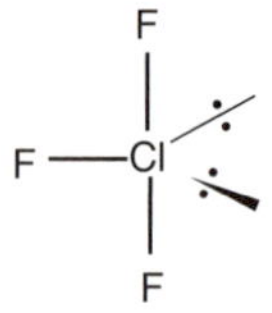

図 4-12 ClF₃ 分子の構造の VSEPR モデルによる説明

と価電子を 7 個もっており，三つのフッ素がそれぞれ 1 個の電子を供給するので，合計 10 個の電子，つまり 5 対の電子対が塩素原子の周りにある．このうちの 2 対が非共有電子対であり，3 対が共有電子対である．非共有電子対は，お互いの反発が少なくなるように水平面内の位置に入るため，共有電子対は残りの 1 カ所の水平面内の位置と上下の位置を占める．よって ClF₃ は T 字型(トの字型)の分子となる．

VSEPR 理論は，かなり変わった構造の分子をも含めて，ある程度の分子構造を予想するには非常に有用である．ただし考慮しているのが電子対反発だけなので，典型元素分子ではよい一致を示すが，遷移金属分子ではあまりうまく成り立たないことに注意すべきである．

章末問題

1. 次の分子のルイス構造式を描け．
    (1) NH_3　　(2) $CHCl_3$　　(3) IF_7
2. 次の分子の共鳴構造をすべて描け．また，それぞれの原子間の結合は何重結合と考えられるか，答えよ．
    (1) SO_4^{2-}　　(2) ClO_3^-
3. 次の化合物の下線を引いた元素の酸化数を答えよ．
    (1) $\underline{N}O$　　(2) $Ca\underline{H}_2$　　(3) $Na\underline{Br}O_2$　　(4) $Na_2\underline{S}_2O_3$
4. NO と NO_2 のルイス構造式を描け．いずれも電子が奇数の分子であり，すべての原子の周りでオクテット則を満たす構造を描くことはできない．以下のことを考慮して書くこと．
    ①不対電子は電気陰性度の小さな原子上におく．
    ②NO は二重結合である．
    ③NO_2 は片方の結合が二重結合，もう片方が単結合で，共鳴構造となっている．
5. 次の化合物の立体構造を VSEPR 理論に基づいて予想せよ．
    (1) SF_6　　(2) IF_3　　(3) XeF_4

5章 混成軌道と多重結合

> **この章で学ぶこと**
> 共有結合における共有電子対の形成が，原子軌道どうしの重なりにより生じることを理解する．また，原子軌道の波動関数を組み合わせた混成軌道の概念を利用し，分子の構造を説明する．
> ・原子軌道の重なりの考え方で共有結合を理解する
> ・混成軌道と分子の形について学ぶ

5-1 軌道の重なりによる共有結合の考え方

キーワード 電子の共有 (sharing of electrons), 共有電子対 (covalent electron pair), 原子価結合理論 (valence bond theory), 原子軌道の重なり (overlap of atomic orbitals)

5-1-1 原子軌道の重なりと共有結合

第4章ではルイス構造式を用いて共有結合を表したが，そもそも「原子間で電子を共有する」とはどういうことなのだろうか．それぞれ電子 e_1 と e_2 をもつ二つの水素原子 H_A と H_B が接近して，二原子分子である H_2 分子が成立する過程を考えてみよう．二つの原子間距離が大きいときは，原子間に引力が働いて原子どうしは引き寄せられる．ある程度近づくと，逆に負電荷をもつ電子どうしの静電反発が生じるはずである．しかし二つの 1s 軌道が重なると，1s 軌道上にあった電子は互いの原子上を行き来できるようになる．結果，2個の電子が存在する軌道は，図 5-1 のように重なりあう．

つまり，ルイス構造式で共有電子対(：)として表しているのは，この重なった軌道に存在する2個の電子のこととみなすことができる．しかし，第3章で述べたパウリの排他則から，同じ軌道に同じ向きの電子スピンは存在できないため，この重なった軌道にはそれぞれ反対向きのスピンをもつ2個の電子

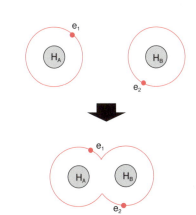

図 5-1 軌道の重なり
二つの水素原子の 1s 軌道が重なって新たな軌道が生成する様子．

が入る．したがって，この重なった軌道を箱（□）で表し，ルイス構造式をスピンの向きまで考慮に入れると，図5-2のようになる．

H:H

H⇅H

図5-2 電子式での表現
図5-1を□の箱を使って表した．

例題5-1 図5-2にならって，H₂Oの結合を箱の形で表せ．

解答 酸素原子の電子配置は$(1s)^2(2s)^2(2p)^4$である．1s軌道は省略し，2s，2p軌道を箱の形で描くと図5-3のようになる．2s軌道と一つの2p軌道はすでに電子対を作っている．これが非共有電子対となる．残りの2p軌道に一つずつ電子が入っているので，これがHの1s軌道と重なることにより，新しい軌道を作る．この二つの電子対が共有電子対となり，図5-3のようになる．もともと電子が一つずつ入っていた酸素の2p軌道は互いに直交しているので，生成した水分子の二つのO–H結合は基本的には直交していると考える（実際のH–O–Hの角度は90°より大きい．これについては例題5-2で考察する）．

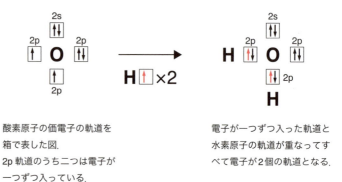

酸素原子の価電子の軌道を箱で表した図．2p軌道のうち二つは電子が一つずつ入っている．

電子が一つずつ入った軌道と水素原子の軌道が重なってすべて電子が2個の軌道となる．

図5-3 酸素と水素から水分子が生成するときの箱の形を用いた説明

5-1-2 原子価結合（Valence Bond）理論

では，なぜ「負電荷をもつ電子どうしの静電反発が生じるはず」なのに，わざわざ二つの軌道が重なって電子が行き来できる状態になるのだろうか．図5-1では，便宜上，e_1とe_2を区別しているが，実際には電子の区別をつけることはできない．電子が行き来した結果，原子H_A上に電子e_2が，原子H_B上に電子e_1がある状態になっても，最初の状態とは区別がつかない．ここで，第4章で述べた共鳴による安定化の話を思い出してみよう．

二つの構造が相互に交換するということは，共鳴と同じ考え方から，その構造が安定化することを意味している．つまり，原子どうしが接近して最も安定になるのは，実は原子どうしが最接近したところ（原子を球で表したときに，球どうしが接したところ）ではなく，さらに接近してある程度原子軌道が重なり，電子が相互に交換可能になったところ，ということになる（図5-4）．それ以上に接近すると原子核どうしの反発が大きくなり，急激にエネルギーは上昇する(すなわち不安定になる)．

さて，二つの水素原子 H_A, H_B の波動関数を ψ_A, ψ_B とすると，H_2 分子としての波動関数 Ψ は $\Psi = \psi_A(1)\,\psi_B(2)$（$\psi_A(1)$ は H_A の電子軌道に電子 e_1 が存在していることを示す）と表すことができる．しかし電子軌道が重なった結果，電子が入れ替わった構造では，$\Psi = \psi_A(2)\,\psi_B(1)$ と書くことができる．第4章の共鳴安定化と同じ考え方をすれば，この二つの波動関数を足し合わせた波動関数が，状態を正しく表していることになる．すなわち

$$\Psi = \psi_A(1)\,\psi_B(2) + \psi_A(2)\,\psi_B(1) \tag{5-1}$$

と表せる．これが，原子価結合 (VB) 理論 (Valence Bond theory) の基本である．この波動関数は前述の原子軌道が重なった状態を示したものであり，VB理論では，原子に属していた電子は個々の原子軌道ではなくこの式 (5-1) により生成した軌道に入っていくと考える．つまり，VB理論における共有結合の考え方では，図5-5に示すように，結合に関与する二つの原子軌道が重なり，重なった軌道で電子がスピン対を形成することによ

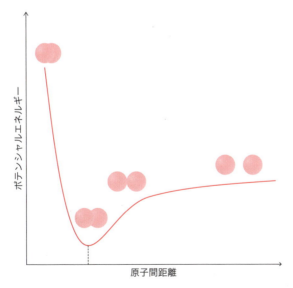

図 5-4　二つの水素原子が接近したときのポテンシャルエネルギーの変化

図 5-5　水素分子内の電子と共有結合

り共有結合を形作る，と説明できる．前項で述べた「箱の中で反対向きの電子スピン対を作って共有電子対を作る」という過程は，これを踏襲したものといえる．式 (5-1) の結果を簡単にいい換えることは難しいが，2個の原子の間に2個の電子が見出される確率が大きくなって，その結果，正電荷の原子核間を負電荷の電子が結びつけているということもできる．

5-2 混成軌道

キーワード sp^3 混成軌道（sp^3 hybrid orbital），sp^2 混成軌道（sp^2 hybrid orbital），多重結合（multiple bond），混成軌道と分子の形（hybrid orbital and shape of molecule）

5-2-1 sp^3 混成軌道

CH_4（メタン）分子は，ルイス式で書くと四つの共有結合をもつ分子であることがわかる．ところが，炭素の電子配置は $(1s)^2(2s)^2(2p)^2$ であり，2s 軌道にはすでにスピンが対を作っているので，このままでは二つの 2p 軌道しか結合に関与できないことになる（図 5-6a）．そこで，炭素の 2s 軌道で対を作っていた電子一つを空の 2p 軌道に上げる（昇位させる）と，電子が一つしか入っていない軌道が四つになり，4本の共有電子対を作ることができるというように考える（図 5-6b）．

しかし，H 原子と C 原子の結合における軌道の重なりを VB 理論で考えようとすると，いくつかの問題に直面する．一つは，2p 軌道は x, y, z 軸方向にあるため，そのまま H 原子と重なるとすると，それぞれの結合角が 90° にならなければならないことである（図 5-7）．しかし，CH_4 分子の H–C–H 角は 109.5° であり，90° ではない．もう一つは，そもそも s 軌道と p 軌道では H 原子の軌道との重なり方（結合様式）が異なるだろ

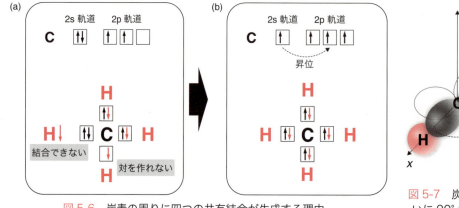

図 5-6 炭素の周りに四つの共有結合が生成する理由

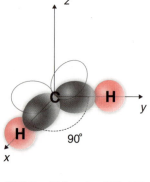

図 5-7 炭素の 2p 軌道は互いに 90° の角となっている

うという点である．CH_4 分子の C–H 結合は四つすべてが等価なので，その結合様式は同じでなくてはならないはずである．

そこで，電子軌道が互いに混合して混成軌道（hybrid orbital）という新たな電子軌道に電子が存在していると考えると都合がよい．上の CH_4 の場合，C 原子の一つの 2s 軌道と三つの 2p 軌道を次のように組み合わせることによって，四つの sp^3 混成軌道が生じると考える．

$$\Psi_1 = \frac{1}{2}(\psi_{2s} + \psi_{2px} + \psi_{2py} + \psi_{2pz})$$

$$\Psi_2 = \frac{1}{2}(\psi_{2s} - \psi_{2px} - \psi_{2py} + \psi_{2pz})$$

$$\Psi_3 = \frac{1}{2}(\psi_{2s} - \psi_{2px} + \psi_{2py} - \psi_{2pz})$$

$$\Psi_4 = \frac{1}{2}(\psi_{2s} + \psi_{2px} - \psi_{2py} - \psi_{2pz}) \quad (5\text{-}2)^{*1}$$

*1 先頭の係数の 1/2 は，すべての混成軌道の波動関数の 2 乗の和（$\Psi_1^2 + \Psi_2^2 + \Psi_3^2 + \Psi_4^2$）が，元の波動関数の 2 乗の和（$\psi_{2s}^2 + \psi_{2px}^2 + \psi_{2py}^2 + \psi_{2pz}^2$）と等しくなるよう，規格化したものである．

式の詳細については専門書に譲るとして，ここでは図 5-8 に示す四つの sp^3 混成軌道の形を理解しよう．sp^3 混成軌道は，中心から正四面体の頂点を結ぶ軸上に存在する．このことは式(5-2)の三つの 2p 軌道（ψ_{2px}，ψ_{2py}，ψ_{2pz}）の係数の符号から理解できるかもしれない．これら三つの軌道の係数は (1,1,1)，(-1,-1,1)，(-1,1,-1)，(1,-1,-1) となっている．中心に原点があり一辺の長さが 2 である立方体を考えたときに，(1,1,1)，(-1,-1,1)，(-1,1,-1)，(1,-1,-1) の四つの xyz 座標で表される点は立方体の頂点のうちの四つ（八つの頂点を一つおきに選択した点）を表しており，さらにこれらの点を結ぶと正四面体になっていることがわかるであろう（図 5-8b）．

この混成軌道を利用すると，VB 理論による C–H 結合をうまく説明することができる．2s 軌道から $2p_z$ 軌道へ電子が一つ昇位すると同時に，四つの電子は四つの sp^3 混成軌道へ一つずつ入っていると考え，それぞれの軌道が H 原子の 1s 軌道と重なり，四つの共有結合を生じる（図 5-9）．このとき，四つの共有結合の方向はそれぞれ四面体の頂点に位置するので，

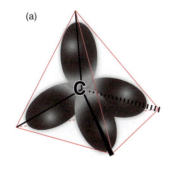
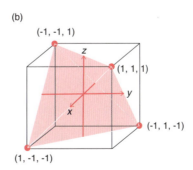

図 5-8 sp^3 混成軌道
(a) 炭素の周りの sp^3 混成軌道の配置．(b) 四つの sp^3 混成軌道が向いた点をつなぐと正四面体が形成される．

実際の構造とも矛盾がない．また，四つのsp³軌道は方向が異なるだけで形は全く同じであり，等価であるとみなせるので，四つのC-H結合もまた等価である．

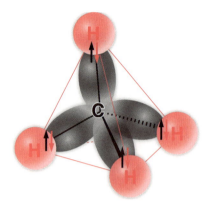

図5-9 メタンにおける炭素と水素の共有結合

例題5-2 混成軌道の考え方を用いて，H_2O分子の構造を予想せよ．

解答 例題5-1の電子配置をそのまま用いると，図5-7と同じように，酸素の$2p_y$，$2p_z$軌道が水素の1s軌道と重なり合い，共有結合を作ることになる．前述の通り，このときH-O-Hのなす角度は90°となる．一方，酸素原子の2s，2p軌道からなるsp³混成軌道を考えると，二つのsp³混成軌道には電子が非共有電子対となって入り，残り二つのsp³混成軌道を使ってHとの共有結合が作られると考えることができる（図5-10）．このときのH-O-Hのなす角度は109.5°であり，例題5-1で考えたときの90°に比べると，実際の角度である104.5°にはるかに近い．非共有電子対による反発が大きい（第3章のVSEPRモデルを思い出そう）ことを考慮すれば，H-O-H結合角が109.5°より少し小さくなり104.5°に近づくことも容易に予想できるであろう．

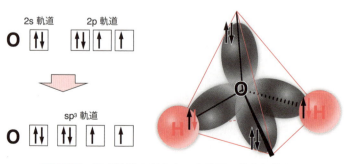

図5-10 混成軌道の考え方で水分子の結合を考える

5-2-2 sp² 混成軌道と多重結合

CO_3^{2-} の結合はVB理論ではどのように説明されるだろうか. CO_3^{2-} の構造は平面三角形型であるので, xy 平面上にある軌道が結合に関与すると予想される. そこで, z 軸上にある $2p_z$ 軌道を除いた, $2s$, $2p_x$, $2p_y$ を次のように組み合わせた sp² 混成軌道を考える.

$$\Psi_1 = \frac{1}{\sqrt{3}}\psi_{2s} + \frac{2}{\sqrt{6}}\psi_{2p_x}$$

$$\Psi_2 = \frac{1}{\sqrt{3}}\psi_{2s} - \frac{1}{\sqrt{6}}\psi_{2p_x} - \frac{1}{\sqrt{2}}\psi_{2p_y}$$

$$\Psi_3 = \frac{1}{\sqrt{3}}\psi_{2s} - \frac{1}{\sqrt{6}}\psi_{2p_x} + \frac{1}{\sqrt{2}}\psi_{2p_y} \qquad (5\text{-}3)^{*2}$$

<u>sp² 混成軌道は, 図 5-11 のように三角形を形作る</u>. $2s$ 軌道から $2p_z$ 軌道へ電子が昇位するところまでは sp³ の場合と同じである. $2s$, $2p_x$, $2p_y$ の三つの軌道に入っていた電子は, 三つの sp² 軌道に一つずつ入っていると考え, それぞれの軌道が O 原子の $2p$ 軌道と重なり, 三つの共有結合を生じる (図 5-12). では, $2p_z$ 軌道の電子はどうなるのだろうか. CO_3^{2-} の極限構造 (図 4-7) を見ると, 単結合で結合している O 原子上に -1 の負電荷があるので, それを含めて酸素原子の価電子 7 個のうちの一つが炭素との共有結合に使われていると考える. 一方, 二重結合で結合している酸素は価電子が 6 個であるので, そのうち 1 個の電子が sp² 混成軌道との重なりで共有結合に使われ, さらに残りの 4 個の電子は二組の非共有電子対となるので, 不対電子が 1 個余る. この電子が炭素上の $2p_z$ 軌道の電子と二つ目の共有結合を形成し, 二つ目の結合となる (図 5-12 の点線矢印部分)[*3]. これが二重結合の 2 本目の結合である. ここからわかる通り, 二重結合はルイス構造式で書くと「∷」もしくは「=」で表されるが, 単純に結合が 2 倍になっているわけではなく, 二つの結合における軌

*2 これは図 5-11 のように, x 軸方向に一つの混成軌道があるとしたときの式である. この軌道が y 方向にある場合 (90°回転した状態) で描かれていることもあり, その場合は $2p_x$ と $2p_y$ の波動関数が入れ替わった式となる.

*3 前述の軌道の重なり方による結合を σ 結合と呼ぶのに対し, この重なり方による結合は π 結合と呼ばれる. その詳細は第 6 章で述べる.

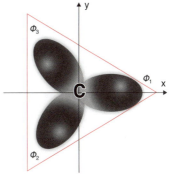

図 5-11 sp² 混成軌道の形

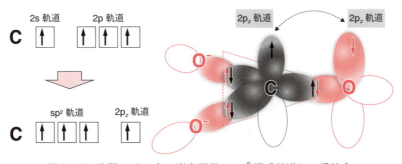

図 5-12 炭酸イオン中の炭素原子の sp² 混成軌道と二重結合

道の重なり方は大きく異なっており，二つめの結合力は一つめより弱くなっている．したがって二重結合は単結合の2倍強いわけではなく，結合エネルギーの値を調べるとC–C，C=C，C≡Cの結合エネルギーは350，610，840 kJ mol^{-1}である．ここからわかるように，一般に共有結合の長さは，同じ原子の組合せであれば単結合＞二重結合＞三重結合の順に短くなっていく．たとえば炭素ではC–C，C=C，C≡Cの結合距離はおおよそ154，134，120 pmである．

例題 5-3 CH$_2$=CH$_2$（エチレン）の構造を，混成軌道に基づいて説明せよ．

解答 CO$_3^{2-}$の場合と同様に，炭素原子周りには2p$_z$軌道に一つの電子が，2s，2p$_x$，2p$_y$軌道が混成してできた三つのsp^{2}軌道に電子が一つずつ入っていると考える．sp^{2}混成軌道のうち，2つの軌道は水素原子の1s軌道と重なり合い，共有結合を形成する．残りのsp^{2}混成軌道は，もう一方の炭素原子のsp^{2}混成軌道と重なることによって，C–Cの共有結合を形成する．最後に，炭素上の2p$_z$軌道の電子は，もう一方の炭素原子の2p$_z$軌道と重なることで二つ目の共有結合を形成し，炭素原子間の結合は二重結合（C=C）となる（図5-13）．なお，sp^{2}混成軌道は三角形型であることと，2p$_z$軌道どうしの重なりから，CH$_2$=CH$_2$は，すべての原子が同一平面上にある平面型分子でなければならないことがわかる．

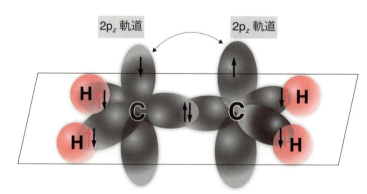

図 5-13 エチレン分子におけるπ結合

5-2-3 その他の混成軌道

前項で示したように，混成軌道の考え方を用いれば，構造や多重結合をうまく説明できる．表5-1に代表的な混成軌道の例をまとめた．

sp混成軌道は，たとえばアセチレンの構造を説明するために用いられる．炭素原子の2s軌道と2p$_y$軌道を組み合わせたsp混成軌道（図5-14a）

表 5-1 よく見られる混成軌道の種類と構造

混成軌道の種類	関与する原子軌道	構造
sp	s 軌道×1, p 軌道×1	直線型
sp^2	s 軌道×1, p 軌道×2	平面三角形型
sp^3	s 軌道×1, p 軌道×3	正四面体型
sp^2d	s 軌道×1, p 軌道×2, d 軌道×1	平面四角形型
sp^3d	s 軌道×1, p 軌道×3, d 軌道×1	三方両錐型
sp^3d^2	s 軌道×1, p 軌道×3, d 軌道×2	正八面体型

を考える.二つの sp 軌道の一方には H 原子の 1s 軌道が,もう一方は相手の C 原子の sp 混成軌道が重なることによって,アセチレンが直線構造となることを説明できる.(図 5-14b) また残りの p_x, p_z 軌道は,もう一方の C 原子の p_x, p_z 軌道と二つの π 結合を形成するので,共有結合は全部で三つとなる.これはアセチレンの C–C 結合が三重結合であることを意味している.

第 4 周期以降の元素については,結合に d 軌道が関与する可能性があり,そのためオクテット則を満たさないことや,結合の数が 5 を超える場合があることは第 4 章で述べた.この構造を説明するには,やはり d 軌道を考慮した混成軌道の考え方を導入する必要がある.例として,4s,三つの 4p,二つの 3d 軌道による六つの sp^3d^2 混成軌道 (しばしば d^2sp^3 混成軌道とも書かれる.図 5-15) は,八面体の頂点で六つの原子と共有結合を形成することができる[*4].また,dsp^2 混成軌道では,sp^3 混成と異なり,四角形型の四つの混成軌道を形成する.これらは第 19 章で述べる金属錯体の構造を説明するのにも有用な考え方である.

[*4] 混成軌道を構成する原子軌道の数と生成する混成軌道の数は等しいことに留意すべきである.

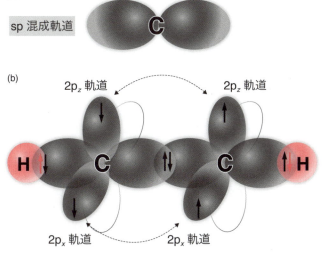

図 5-14 アセチレン分子の三重結合

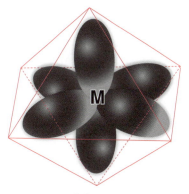

図 5-15 sp^3d^2 混成軌道と八面体

章末問題

1. 例題 5-1 と同様な考え方でアンモニア NH_3 の結合を説明せよ．

2. 式(5-3)で表される sp^2 混成軌道の形を考えよう．式(5-3)を簡略化して

   $\Psi_1 = \psi_{2s} + \psi_{2px}$

   $\Psi_2 = \psi_{2s} - \psi_{2px} - \psi_{2py}$

   $\Psi_3 = \psi_{2s} - \psi_{2px} + \psi_{2py}$

   とした場合，それぞれの波動関数の値が大きくなるのは xy 面内でどちらの方向か考えよ（図 3-4 に示す軌道の形と，波動関数 ψ の符号から視覚的に考えるとよい）．

3. 窒素分子（N_2）は窒素原子の三つの p 軌道どうしが重なることで三重結合ができると考えられる．この多重結合について説明せよ．

4. （　　）内の混成軌道の考え方を用いて，次の分子の構造と結合を説明せよ．

   (1) NH_3（sp^3）　　(2) PF_5（sp^3d）

5. （　　）内の混成軌道の考え方を用いて，次の分子の多重結合について説明せよ．

   (1) NO_3^-（sp^2 混成）　(2) CO_2（sp 混成）

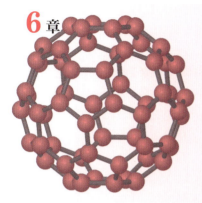

6章 分子軌道法

この章で学ぶこと

原子軌道の考え方を拡張した，分子軌道法（MO 法）の基本を習得する．分子軌道法は分子中の電子の挙動を記述するための手法である．また，結合性軌道や反結合性軌道の概念を導入し，エネルギー準位図を描くことで多原子分子や多重結合の成立過程について理解する．

- 分子軌道の考え方，原子軌道から分子軌道が作られる状況を理解する
- 簡単な分子の分子軌道を考えエネルギー準位図を習得する

6-1 分子軌道法（MO 法）の考え方

キーワード 分子軌道（molecular orbital），波動関数の足し合わせ（sum of wave functions），LCAO-MO 法（linear combination of atomic orbitals–molecular orbital method），結合性軌道（bonding orbital），反結合性軌道（antibonding orbital），対称性（symmetry）

6-1-1 分子軌道の成り立ち

前章では，原子周りの電子の軌道（以下，原子軌道と呼ぶ）の重ね合わせから H_2 分子が成立する過程を示した．一方で，図 6-1 に示すように，「原子核が二つあり，その周囲を各原子がもともともっていた電子が動いている」と考えれば，原子軌道の形や重なりを考えることなく，分子中の電子の挙動を波動関数を用いて表すことができる．さらに，シュレーディンガー方程式を解くことによって，それらの形を表すことができる．つまり，それぞれの原子中の原子核の周りに電子の軌道（s，p，d 軌道）があると考えたのと同様に，それぞれの分子を構成する原子核の周りには電子の軌道があると考える．これを分子軌道（molecular orbital）と呼ぶ[*1]．

しかし第 3 章で述べた通り，2 個の電子しかもたないヘリウム原子ですら，複雑な電子間相互作用のためにシュレーディ

*1 原子価結合（VB）理論では，原子軌道がまずあって，それらどうしの相互作用によって共有結合の生成を考えた．一方，分子軌道（MO）法は，原子周りの軌道を考えずに，いきなり分子周りの分子軌道を考えることで構造や分子の性質を考えようとするものである．

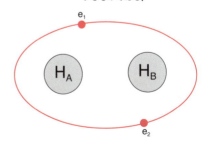

図 6-1 水素分子の分子軌道の概念図
二つの原子核の周りに分子軌道があり，シュレーディンガー方程式を解くことによってこの軌道の形やエネルギーを求めることができる．

ンガー方程式を数学的に解くことは不可能である．ヘリウム原子よりも原子核が多い水素分子でこれを解けないことは容易に予測される．

　それでは，どうやって分子軌道を求めたらよいのであろうか．ここで，原子が結合した際，その分子軌道の形はもとの原子軌道の形を全く反映しないような形になるわけではなく，ある程度はもとの原子軌道の形を保っているはずであると考える．すなわち，分子軌道の波動関数はもとの原子軌道の波動関数の足し合わせで表すことができると仮定する．

$$\Psi = \sum c_i \psi_i \tag{6-1}$$

このような分子軌道の表し方を LCAO-MO（Linear Combination of Atomic Orbital –Molecular Orbital）法と呼ぶ．細かい証明は量子化学の教科書を参照してもらうとして，留意してもらいたいのは分子軌道に参加する原子軌道の数と，それによって生じる分子軌道の数は同数であることである．したがって水素分子の場合，もとの水素原子の 1s 軌道を ϕ_1，ϕ_2 とすると，水素分子の分子軌道を表す波動関数 Ψ は，以下のように二つの式で近似することができ，結果，二つの分子軌道が生じる．この二つの分子軌道は一般にはその形やエネルギーが異なる．

$$\Psi = c_1 \psi_1 \pm c_2 \psi_2 \tag{6-2}$$

　この二つの分子軌道のうち，普通に足し合わせた波動関数に相当する軌道（真ん中の ± が + の場合）を結合性軌道（bonding orbital）と呼ぶ．一方，符号を逆にして足し合わせた波動関数に相当する軌道（真ん中の ± が − の場合）を反結合性軌道（antibonding orbital）と呼ぶ．結合性軌道に電子が存在する場合は原子間を繋ごうとする力が働く．一方，反結合性軌道に電子が存在する場合は，その原子どうしを離そうとする傾向が生じる[*2]．

*2　これ以外に「その軌道に電子が入っても結合の後に影響を及ぼさない」軌道として，非結合性軌道（nonbonding orbital）がある．その軌道に電子が入っても，原子の結合には影響を及ぼさない軌道である．反結合性軌道との違いに注意．

*3　反結合性軌道は，軌道名の上に * をつけて「σ*軌道」のように表すこともある．

6-1-2　分子軌道の形

　前述の通り，分子軌道は原子軌道の足し合わせで生じると考えるが，どんな原子軌道でも足し合わせることができるわけではない．原子軌道を足し合わせる場合，その対称性は変わってはならないという規則がある．たとえば 1s 軌道どうしが接近して分子軌道ができる場合，原子軌道，分子軌道ともに，破線を軸としていくら回転しても形が変わらないことがわかる（図 6-2）．このような対称性をもつ分子軌道を σ 軌道と呼ぶ．図 6-2 の上の軌道は，波動関数をそのまま足し合わせているので σ 結合性軌道であり，下の軌道は波動関数の符号を逆にして足し合わせているので σ 反結合性軌道ということになる[*3]．この σ 反結合性軌道の場合は，結合する 2 原

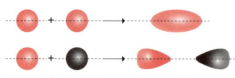

図 6-2　1s 軌道どうしの足しあわせによる分子軌道の生成

二つの 1s 原子軌道の和（または差）によって二つの分子軌道が生成する様子．原子軌道も生成する分子軌道も σ 対称性をもっている．

子の中間地点での波動関数の値は正の値（左側の原子軌道）と負の値（右側の原子軌道）の足し合わせによって 0 となる．両原子の中間地点を通り原子間を結ぶ直線に垂直な平面上では，どの位置でも波動関数の値は 0 になる．このような面を節面という．節面上には電子は存在しない．

　p 軌道には x, y, z の方向性があるため，1s 軌道と分子軌道を形成する場合はいくつかの状況が起こりうる．たとえば図 6-3 のような足し合わせが可能である．なぜなら，足し合わせる両方の軌道の形が破線を軸として回転しても形が変わらないためであり，1s どうしの結合と同じように σ 軌道を形成する．一方，図 6-4 のような足し合わせは不可能である．なぜなら図 6-4 中では，破線を中心に回転すると，1s 軌道は形が変わらないが 2p 軌道は 180°回転するごとに波動関数の符号が変わってしまう，すなわち 1s 軌道と 2p 軌道の対称性が異なるからである．

　p 軌道どうしで分子軌道を形成する場合はどうだろうか．この場合も，対称性が一致する原子軌道の組合せを考えると，図 6-5, 6-6 に示す 4 種類の軌道が考えられる．このうち図 6-5 の分子軌道の形は，結合軸に沿って軌道を回転させても形が変わらないことから σ 軌道を形成しているとみなせる．一方，図 6-6 の上の軌道の組合せでは二つの原子間を結ぶ直線から離れたところ 2 カ所で原子軌道が重なり，右上のような形の分子軌道ができる．このとき分子軌道の形は，σ 軌道とは異なり破線部分を中心に回転させると軌道の形は変わってしまう．しかしながら，原子軌道，分子軌道ともに点線に沿って 180°

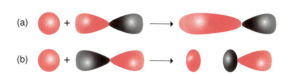

図 6-3　1s 軌道と 2p 軌道の足しあわせによる σ 軌道の生成
1s 原子軌道と横向きの p 原子軌道の組合せによって，σ 結合性分子軌道 (a) と σ 反結合性分子軌道 (b) が生成する．

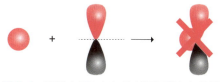

図 6-4　軌道の足しあわせが不可能となる例
1s 原子軌道と縦向きの p 原子軌道の組合せでは，対称性が一致しないために分子軌道は生成しない．

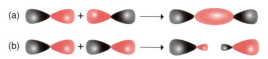

図 6-5　2p 軌道どうしの足しあわせによる軌道の生成
横向きの（お互いの方向を向いた）p 原子軌道どうしの組合せによって，σ 結合性分子軌道 (a) と σ 反結合性分子軌道 (b) が生成する．

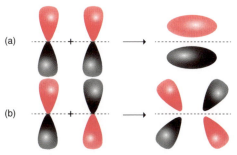

図 6-6　2p 軌道どうしの足しあわせによる π 軌道の生成
縦向きの p 原子軌道どうしの組合せによって π 結合性分子軌道 (a) と π 反結合性分子軌道 (b) が生成する．

回転させると軌道の波動関数の符号がちょうど逆転することがわかる．また破線の位置に紙面に垂直な平面(この平面は節面となっている)を置くと，これもまた原子軌道，分子軌道ともに上下の軌道の形は同じだが，符号が異なる軌道となる．つまりこの場合，原子軌道と分子軌道の対称性は同じとみなせる．このような対称性をもつ分子軌道をπ軌道と呼ぶ．図6-6の下の組合せでは二つの原子軌道の符号を逆にして足し合わせており，この場合も，点線に沿って180°回転させても，また点線を通り紙面に垂直な面に対して反射させても分子軌道の符号が逆になることがわかる．こちらの場合はさらに，原子間を結ぶ直線に垂直で二つの原子間の中点を通る面が節面となっており，両原子の中点には電子は存在しない．このように，π軌道でも結合性軌道(図6-6a)と反結合性軌道(図6-6b)が生成する．

6-2　簡単な分子の分子軌道

キーワード　二原子分子（diatomic molecule），エネルギー準位図（energy diagram）

6-2-1　同核二原子分子と分子軌道のエネルギー

　分子軌道の波動関数が近似で得られれば，シュレーディンガー方程式を解くことによって，そのエネルギーが得られる．第5章でも触れたが，二つの原子が接近したときに最も安定になるのは，相互の原子軌道がある程度重なった場合である．分子軌道論でも同様のことがいえ，それぞれの原子軌道が単独で存在するよりも，原子軌道が重なり合って生成した結合性軌道のエネルギーのほうが小さくなり，安定化する．

　図6-7は，水素の原子軌道とH_2分子の分子軌道のエネルギーを示したものである．このような図をエネルギー準位図(energy diagram)と呼び，それぞれの軌道の波動関数がもつエネルギーの位置を準位(level)と呼び，その位置を線で表す．両側の線は水素原子が結合を作らずに(つまりかなり離れて)それぞれ独立して存在するときの1s原子軌道のエネルギーを示している．原子状態ではそれぞれの1s軌道に価電子が1個だけ入っている．中央の線は分子軌道のエネルギーを示している．この場合は，もとの1s原子軌道よりもエネルギーが低い分子軌道と高い分子軌道ができる．このことはいくつかの仮定をおくと比較的容易に示すことができる(詳しくは物理化学の教科書を参照)．一般的に，結合性軌道のエネルギーはもとの原子軌道のエネルギーよりも小さくなる．これは，原子軌道どうしが相互作用して形成された結合性軌道は，もとの原子軌道よりも安定

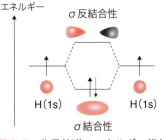

図6-7　分子軌道のエネルギー準位図
二つの水素原子の1s原子軌道の組合せによって，水素分子のσ結合性分子軌道とσ反結合性分子軌道が生成するときのエネルギー準位図．両側の線は原子が単独で存在するときの1s原子軌道のエネルギーを表し，中央部分が生成する分子軌道のエネルギーを表している．

であることを示している．一方，反結合性軌道のエネルギーはあたかもそのバランスをとるように不安定化する[*4]．

分子軌道に入る電子は，原子の場合と同じように，構成原理とフントの規則，そしてパウリの排他則に支配される．よって，二つの水素原子上にあった，計2個の電子は最もエネルギーの小さい軌道である結合性軌道に対を作って入る．ここから，二つの水素原子が結合して分子を作ると電子のエネルギーの総和が小さくなる，すなわち安定化することがわかる．これが結合力の源と考えればよい．つまりエネルギーの低い結合性軌道で電子対を共有し，単結合が生成していることを示す．一方，反結合性軌道に電子が存在する場合は，原子間の結合が切断されることを意味する．

[*4] 図6-7では，原子軌道のエネルギーを中心に上下に同じだけ移動しているように見えるが，厳密にはこの安定化の程度と不安定化の程度は同じではない．これは計算結果から明らかである．詳細は専門書を参照のこと．

例題6-1 ヘリウムはHe_2分子として存在しない理由を，分子軌道法を用いて説明せよ．

解答 図6-7の水素分子同様，二つのヘリウム原子の1s軌道が相互作用し，σ結合性軌道とσ反結合性軌道が生じる．しかし，ヘリウム原子はそれぞれ2個の電子をもつため，構成原理に従うと，結合性軌道と反結合性軌道の両方に電子対が存在することになる．したがってヘリウム間の結合は，差し引き0になる．エネルギーの安定化という面からは，原子と分子でその合計が変わらないので，わざわざ分子で存在する必要がないという見方もできる．

第2周期以降の二原子分子では，2p軌道の相互作用による分子軌道も考えることになる．2s軌道どうしからなる分子軌道は水素分子と同様に考えればよい．一方，2p軌道どうしからなる分子軌道の場合は，図6-5のように一つの軌道どうし（p_x軌道）はσ軌道を形成し，残りの2種類の軌道どうし（図6-6ではp_y, p_z軌道どうし）はπ軌道を形成する．第2周期元素であるLiからFについて二原子分子を考えたときのエネルギー準位図とその電子配置を図6-8にまとめる．おおざっぱに考えると

- 二つの原子の2s原子軌道からσ結合性軌道とσ反結合性分子軌道が生成（$σ_1$と$σ_2$）
- 二つの原子の$2p_x$軌道からσ結合性軌道とσ反結合性分子軌道が生成（$σ_3$と$σ_4$）
- $2p_y$, $2p_z$原子軌道から結合性のπ軌道（$π_1$が2個）と反結合性のπ軌道（$π_2$が2個）が生成

となって，合計8個の分子軌道が生成する．

図6-8にそれら8個の分子軌道のエネルギーを計算した結果が示されて

*5 σとπ₁のエネルギーが窒素と酸素の間で逆転しているが, これは計算の結果そうなるのだと思っていただきたい.

*6 窒素分子と酸素分子の分子軌道については第10章でも触れる.

いる*5. $2p_y$ と $2p_z$ 原子軌道からできる結合性 π 軌道と反結合性 π 軌道はそれぞれ同じエネルギーなので横にずらして表記してある. たとえば N_2 分子の場合, 2p 軌道に関連する一つの σ 結合性軌道と二つの π 結合性軌道に, 計三つの電子対が存在する. これは一つの σ 結合と二つの π 結合が存在することを示しており, N_2 分子が三重結合によって結びついていることと同義である. なお 2s 原子軌道からなる二つの分子軌道 (図の σ_1 と σ_2) は σ 結合性と σ 反結合性の分子軌道であり, ここに 2 個ずつ電子が入ることで結合は差し引き 0 次となり, この二つの分子軌道は正味の結合には関与しないことになる. 一方, F_2 分子の場合は窒素分子の場合と異なり, π_1 結合性軌道に加えて二つの π 反結合性軌道に電子対が存在している. そのため π 結合は差し引き 0 になったとみなすことができ, F-F 結合は一つの σ 結合のみの単結合であると考えられる (図 6-9)*6.

6-2-2 異核二原子分子の分子軌道の考え方

一酸化炭素 CO のように, 異なる核どうしが結合した分子についても,

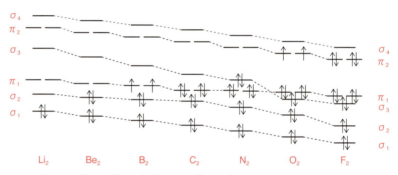

図 6-8 第 2 周期元素が二原子分子を作ったとした場合の分子軌道のエネルギー準位図

価電子の軌道のみ示している. フッ素分子については図 6-9 に示した通り.

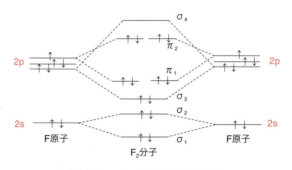

図 6-9 フッ素分子の分子軌道

価電子の軌道のみ示している. フッ素原子は x 軸上に二つあるとする ($2p_x$ 軌道は互いのフッ素原子の方向に伸びている). 二つの原子の 2s 原子軌道から σ 結合性 (σ_1) と反結合性 (σ_2) の分子軌道が生成し, 二つの原子の $2p_x$ 軌道からやはり σ 結合性 (σ_3) と σ 反結合性 (σ_4) の分子軌道が生成し, そして $2p_y$, $2p_z$ 原子軌道から結合性の π 軌道 (π_1 が 2 個) と反結合性の π 軌道 (π_2 が 2 個) が生成し, 合計 8 個の分子軌道が生成する.

同じように分子軌道を考えることができる．2p 軌道についていえば，炭素の 2p 軌道と酸素の 2p 軌道の相互作用によって，結合性と反結合性の σ 軌道と π 軌道がそれぞれ同じように生じる．

同核二原子分子と異なるのは，もともとの原子軌道のエネルギーが異なることである．電子数の多い元素においては原子軌道のエネルギーは小さくなるので，それぞれの元素の原子軌道と，CO の分子軌道に関するエネルギー準位図は図 6-10 のように描ける．この分子軌道に構成原理に基づいて電子を入れると，結合性 σ 軌道一つ (σ_1) と，結合性 π 軌道二つ (π_1) にそれぞれ電子対が存在することになる．これは，CO の結合が三重結合であるということをうまく説明している[*7]．

*7 形式上，この結合は酸素上の電子 4 個と炭素上の電子 2 個によって成立するので，お互いに電子を共有するという考え方に立ったルイス構造式や VB 理論ではこの結合をうまく説明できない．

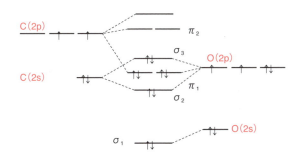

図 6-10 CO 分子の分子軌道のエネルギー準位図
π_1 と σ_3 がそれぞれ結合性の π 分子軌道と σ 分子軌道に相当する．図では各分子軌道への寄与が少ない原子軌道との間の点線は省略してある．図 6-11 も同様．

例題 6-2 フッ化水素の結合を，分子軌道法を用いて表せ．

解答 水素原子の 1s 軌道と，フッ素原子の一つの 2p 軌道の相互作用によって，σ 性の結合性軌道と反結合性軌道が生じると考えればよい[*8]．このエネルギー準位図を描くと，図 6-11 のようになる．結合性の σ 軌道に電子対が生じることから，H 原子と F 原子間には，σ 結合一つの単結合が存在すると考えられる．

*8 図 6-11 に破線が引かれていることでもわかるように，正確には，フッ素原子の 2s 軌道も結合に参加すると考えられる (VB 理論における「sp 混成軌道との軌道の重なり」とみなせばこの考え方が妥当であることがわかる)．これにより三つの σ 軌道が生じ，ここに四つの電子を入れることになるが，このうちエネルギー準位が中間の σ_2 軌道は非結合性軌道 (結合に「関与しない」軌道) であり，ここに電子対が存在しても結合を考えるうえでは無視して構わないので，結果は同じになる．

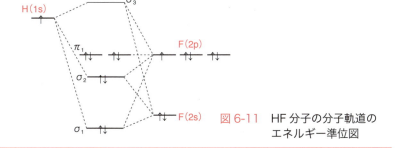

図 6-11 HF 分子の分子軌道のエネルギー準位図

6-2-3　3 個以上の原子からなる分子の分子軌道の考え方

CH_4 分子を MO 法を用いて表すにはどうしたらよいのだろうか．炭素

に結合した四つの水素原子はすべて等価と考えられるので，四つの水素原子の 1s 軌道のエネルギーはすべて同じはずである．そのままエネルギー準位図で表すと，四つの水素原子と炭素原子の 2s 軌道，2p 軌道が相互作用して分子軌道を描く．ここで，第 5 章でも述べた混成軌道の考え方を取り入れてみよう．炭素の 2s 軌道と 2p 軌道から四つの sp^3 混成軌道が生じると考えれば，四つの sp^3 軌道と，四つの H の 1s 軌道が四つの結合を形成することは理解できるであろう．実際，図 6-12 のようにそれぞれ四つの σ 結合性軌道との σ 反結合性軌道形成され，この四つの結合性 σ 軌道に 4 対の電子が入り，反結合性 σ 分子軌道は空であることから，四つの C–H 結合ができることを説明できる[*9]．

*9 図 6-12 に示す通り，四つの結合性分子軌道のエネルギーは同じではなく，最もエネルギーの小さい一つの軌道と，それよりエネルギーの大きい三つの軌道に分裂している．これは軌道の対称性を考慮した結果であり，実際の分子軌道論ではこのように対称性を用いて考える必要がある．なお，この四つの分子軌道は四つの C–H 結合を意味しているわけではないことに注意してほしい．対称性およびこれを用いた分子軌道の解釈については，詳しくは物理化学の教科書や F. A. Cotton 著，中原勝儼訳，『群論の化学への応用』，丸善 (1980) などを参照のこと．

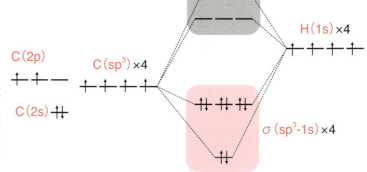

図 6-12　メタン分子の分子軌道のエネルギー準位図

ここでは炭素原子の 2s 軌道と 2p 軌道三つがいったん sp^3 混成軌道を生成し，その混成軌道と四つの水素原子の軌道（合計八つの原子軌道）から八つの分子軌道（結合性軌道四つと反結合性軌道四つ）が生成すると考える．

章末問題

1. 原子価結合法と分子軌道法の考え方の違いを説明せよ．
2. ヘリウム分子 (He_2) が存在しないことを例題 6-1 で示した．これについてエネルギー準位図を描いて再度説明せよ．
3. σ 軌道と π 軌道の違いを説明せよ．
4. 次の分子の結合について，エネルギー準位図を描き，結合様式を説明せよ．
   (1) O_2　(2) Cl_2（3s 軌道と 3d 軌道のみ考えればよい）
5. 次の分子について，エネルギー準位図を描き，電子を配置せよ．
   (1) NO（ヒント：本文で説明した CO の分子軌道と同様に軌道の図を書き，構成原理に従って電子を配置せよ）
   (2) H_2O（ヒント：計算結果によればエネルギー準位図は左のようになる．ここに構成原理に従って電子を配置せよ）

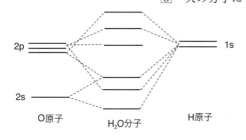

7章 固体と結晶の基礎

この章で学ぶこと

固体の多くは結晶である．結晶は原子やイオンや分子が規則正しく配列したものであり，「規則正しく配列」することによって多くの性質が表れる．本章では結晶の基礎的な考え方を化学結合とあわせて学び，また固体中の電子の軌道について考える．
- 単位格子の分類や最密充填構造など，結晶の基礎を学ぶ
- 固体の化学結合に基づく分類とそれらの性質を概観する
- 固体における電子の軌道についてバンドの概念を学び，半導体の性質を考える

7-1 固体の基礎

キーワード 結晶構造 (crystal structure)，単位格子 (unit cell)，晶系 (crystal system)，ブラベ格子 (Bravais lattice)，最密充填構造 (close-packed structure)

本章の最初に固体 (solid) と結晶 (crystal) の基礎事項について学ぼう．「固体」とは，粒子間に働く力によって原子やイオンがお互いに引きつけあい，結果，その位置からの移動が制限されている状態を指す．お互いに引きつけあう力には，原子やイオンの特性によっていくつかの種類がある．

金属固体中では，金属どうしが自由電子を介して結合している．このような結合を金属結合と呼ぶ．これに対してイオン結晶では，陽イオンと陰イオンが静電相互作用によって結びついている．さらに，固体中のダイヤモンドや二酸化ケイ素（第13章参照）などでは，固体中の構成原子がすべて共有結合で結びついている．また，分子結晶と呼ばれる固体では，多くの分子が弱い引力によって引きつけあっている．

固体は，分子配列に規則性があるかどうかで，結晶と非晶質（アモルファス：amorphous）に分けられる．結晶中では粒子（原子や分子イオン）が，規則的に三次元的に整列しているとみなせる．非晶質の場合は原子の配置は全くばらばらである．

one point
結晶と非晶質

結晶には単結晶と多結晶がある．単結晶では，分子が完全に規則正しく配列しているので，宝石のようなきれいな外観をもっている．本章で「結晶」という場合は，通常この単結晶を指す．一方，多結晶は一見きれいな外観であるが，実際は単結晶がばらばらの向きでくっついている固体である．また，非晶質の典型例はガラスであり，決まった融点をもたないことが特徴の一つである．

7-1-1 結晶構造と単位格子

結晶における原子や分子の配列の基本単位を単位格子(unit cell)と呼ぶ．結晶は，この単位格子が三次元的に整列したものと捉えることができるが，単位格子がそのまま縦，横，奥行きの三方向に平行移動してできあがったものというのが，もう少し正確な表現である（図7-1）．単位格子の大きさはある頂点を基点とする三辺の長さとそれらの間の角度で定義され，これら六つの数値を格子定数と呼んでいる．単位格子の形は表7-1に示すように全部で7種類あり，これらを晶系(crystal system)と呼ぶ．

硫黄の同素体である単斜硫黄と斜方硫黄は，それぞれその結晶の晶系を冠した名称である．三斜晶系は隣りあう三辺が互いにすべて90°でなく（すなわち三つとも斜め），単斜晶系は一つの角のみ90°でない（一つだけ斜め）ので，晶系の名前との関連がわかりやすい．ところが，斜方晶系はいわゆる直方体のことで，角度はすべて90°なのになぜか「斜」という字がついているので注意が必要である[*1]．

*1 このような理由もあって，近年，結晶学会などでは，「直方晶系」の呼称が推奨されている．

どの晶系でも単位格子の頂点は八つあり，それを格子点と呼ぶ．格子点には実際に原子が存在する場合もあれば，そうではなく仮想的な点であることもある．結晶は単位格子が同じ向きに重なってできたものであるから，それぞれの格子点において周りの環境は同一である．たとえば，ある単位格子をそのまま右に平行移動したものがもとの単位格子の右側の格子であるから，もとの単位格子の左下の格子点は平行移動によってもとの単位格子の右下の格子点に移る．したがって両者は同じ環境でなければならない．このようにそれぞれの単位格子の八つの格子点は同じ環境にあり，基本的に格子点は1種類のみということができる．このような格子を単純格子と呼ぶ．単純格子において，もし各格子点に1個の原子がある場合は，各頂点に存在する原子はその8分の1個分がそれぞれの単位格子に属するため，八つの頂点にある原子をあわせて，単位格子中に存在する原子は

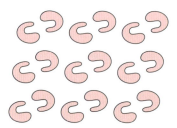 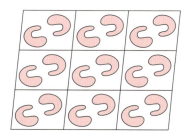

図7-1 結晶の構造

図は曲がった形の分子が結晶を作る様子を模式的に示したものである．二次元的に示しているが実際には奥行き方向も含めて三次元的に粒子が積み重なっている．結晶ではすべての構成分子が同じ方向を向いている必要はない．この例では二つの分子が1セットとなってそのセットが平行移動して隙間なく並んで結晶を形作っている．この例では右のように二つの分子を含んだ四角形が単位格子となる．実際の結晶ではこのような単位格子の境があるわけではなく，左のように単に分子が並んでいるだけである．

表 7-1 単位格子の形と晶系[*2]

晶系	格子定数の関係		ブラベ格子
三斜晶系	$\alpha \neq \beta \neq \gamma \neq 90°$	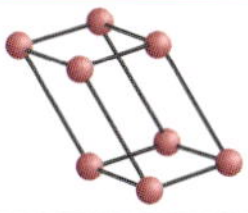 $a \neq b \neq c$	単純格子
単斜晶系	$\alpha = \gamma = 90°$ $\beta \neq 90°$	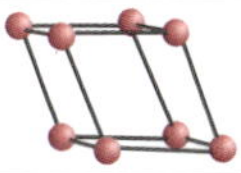 $a \neq b \neq c$	単純格子 底心格子
斜方晶系	$\alpha = \beta = \gamma = 90°$	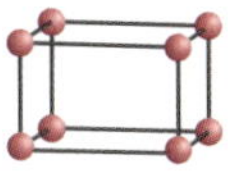 $a \neq b \neq c$	単純格子 底心格子 面心格子 体心格子
正方晶系	$\alpha = \beta = \gamma = 90°$	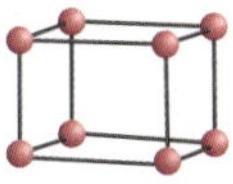 $a = b \neq c$	単純格子 体心格子
三方晶系	$\alpha = \beta = \gamma \neq 90°$	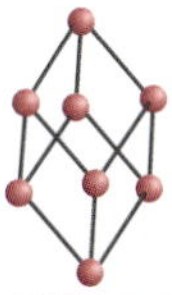 $a = b = c$	単純格子
立方晶系	$\alpha = \beta = \gamma = 90°$	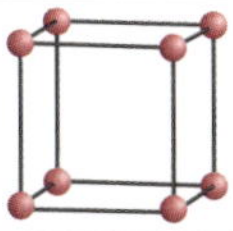 $a = b = c$	単純格子 面心格子 体心格子
六方晶系	$\alpha = \beta = 90°$ $\gamma = 120°$	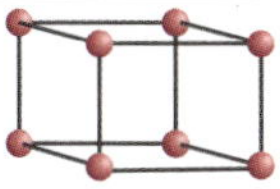 $a = b \neq c$	単純格子

[*2] 晶系は厳密には辺の長さや角度ではなく原子の位置の対称性によって定まる.

1個分であると数えることは高校でも学んだであろう．

7-1-2 ブラベ格子

格子点は必ずしも単位格子の頂点にのみあるわけではなく，図 7-2 に示すように，いくつかの晶系については格子点の置き方によって，体心格子，底心格子，面心格子がある．金属アルミニウムの結晶は面心立方格子である．これは，単位格子が立方体の形である立方格子であり，かつ格子点となるアルミニウム原子が面心格子の配置をとっている．つまりアルミニウム原子が単位格子の八つの頂点と各面の中心に位置していることを意味し

単純格子

面心格子

底心格子

体心格子

図 7-2 格子の種類
ここでは斜方晶系の場合について4種類を示した．底心格子は，格子の向かいあう2面のみの中心に格子点がある場合をいう．

ている.一方,金属鉄の結晶は体心立方格子と呼ばれ,格子点となる銅原子が体心格子(銅原子が八つの頂点と格子の中心の位置にある)配置をとった立方格子ということである.

表 7-1 に示したように,存在しうる格子の種類は晶系によって異なる.たとえば三斜晶系や六方晶系には単純格子しかないが,単斜晶系には単純格子と底心格子がある.それぞれの晶系に見られる格子の種類を合計すると 14 種類であり,すべての結晶はこの 14 種類のどれかに分類される.どの分類に属するかは結晶を考えるうえできわめて重要であり,この 14 種類の分類をブラベ格子(Bravais Lattice)という.

7-1-3 最密充填

金属結合やイオン結合のように結合に方向性がない場合は,結晶中の原子はなるべく隙間がなくなるように密に並んでいく.このような構造を最密充填構造(close-packed structure)と呼ぶ.この構造を考える際には,原子を同じ半径の球体で表し,この球を層状に詰めていくモデルを考えるとよい.

机の上に球をなるべく隙間なく並べるにはどうしたらよいであろうか.まず 1 層を並べるには図 7-3(a) のようにすればいいであろう.次に 2 層目を積み重ねる場合,図 7-3(b) と (c) とどちらのほうが隙間なく詰まるだろうか.感覚的にわかると思うが,三つの球による三角形のくぼみに球を

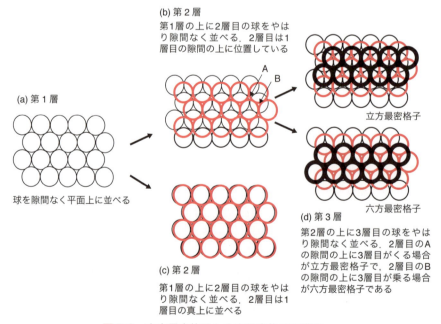

図 7-3 立方最密格子と六方最密格子の構造
2 層目を並べる際の並べ方には,矢印で示したように,1 層目の隙間の真上におく場合 (a) と 1 層目の球の真上におく場合 (b) の 2 通りがある.

乗せていくほうが，隙間が小さくなる．では，この上にくる3層目はどのように積めばよいだろうか．この詰め方には2種類ある．第3層を第1層の真上に置くやり方と，第3層は第1層の真上でも，第2層の真上でもない位置に積み重ねる方法である（図7-3d）．ここで，第一層の真上に置くやり方が六方最密格子，ずらしておくやり方が立方最密格子となる．

実は立方最密格子は，見る方向を変えると面心立方格子となっている．多くの金属単体の結晶は，体心立方格子，立方最密格子（＝面心立方格子），六方最密格子のいずれかである[*3]．

*3 同じ金属元素でも温度や圧力によって格子の種類や晶系が変わることはしばしば見られる．

7-2 結晶の結合による分類

キーワード イオン結晶 (ionic crystal), NaCl 型 (sodium chloride structure), CsCl 型 (cesium chloride structure), 共有結合結晶 (covalent crystal), 金属結晶 (metallic crystal)

晶系やブラベ格子は結晶の構造の分類，特に結晶中にどのように原子が存在しているかの幾何学的な分類であった．一方で本章の冒頭にも記した通り，化学結合による分類もよく行われる．結合を分類することによって結晶の化学的あるいは物理的性質を理解できる．

7-2-1 イオン結晶

イオン結晶（ionic crystal）は，陽イオンと陰イオンが静電相互作用によって交互に結びついた結晶である．静電引力は非常に強いため，結晶はとても硬い．一方で，強い力によってイオンの配列がずれてしまい同じ電荷のイオンどうしが接近すると，逆に静電反発によって結合が切れてしまう．そのためイオン結晶はもろいという性質もあわせもつ．また，水のような極性溶媒には溶けやすいものも多い．

最も単純なイオン結晶はNaClなどに見られるタイプ（NaCl型：図7-4）である．陽イオンと陰イオンが交互に積み重なって立方体を形成している．食塩の結晶を虫眼鏡で見ると立方体に見えるのはこの単位格子の形が基本となっている．陽イオンだけ，もしくは陰イオンだけに注目すると，面心立方格子の構造と同じである．

もう一つの代表的なイオン結晶は，CsClなどで見られるタイプ（CsCl型：図7-5）である．これは，すべてのイオンを同じ原子にしたときには体心立方格子と同じ構造になる．なお，注意しておきたいのは，図7-5(b)に示すようにこの結晶構造はセシウムが作る単純立方格子と塩化物イオンが作る単純立方格子が相互に入り組んだ構造とみなすこともできるという点である．したがって，陽イオンと陰イオンが逆（すなわちセシウムイオ

68 ◆ 7章 固体と結晶の基礎

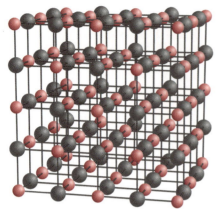

図7-4 食塩の結晶構造
赤がナトリウムイオン，灰色が塩化物イオンを表すが，逆と思ってもよい．

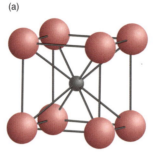
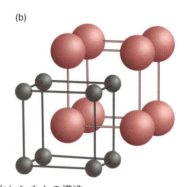

図7-5 塩化セシウムの構造
(a) 便宜的に赤がセシウムイオン，灰色が塩化物イオンと考えるが，逆と思っても差し支えない．
(b) 塩化セシウムの構造はセシウムイオンと塩化物イオンがそれぞれ単純格子を作り，二つの格子が互いにはまり込んだものとも考えられる．

ンが中心にあり，塩化物イオンが立方格子の頂点にあるよう）に書いても同じ構造を表す．

　さて，イオン結合は陽イオンと陰イオンの静電引力によって結合すると記した．本当にそう解釈してよいのであろうか．図7-5を見ると赤と灰色のイオンは異符号なので静電引力が働く．静電引力に基づくエネルギーは両者の電気量の積に比例し，距離に反比例すると物理学で習ったであろう．

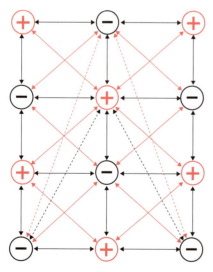

図7-6 塩化ナトリウム型の結晶
ここでは二次元結晶として表してある．イオン間には多くの引力（黒矢印），反発力（赤矢印）が働く．

　ただ図7-5を見ると，引力のみではなく赤い原子どうしには反発力も働くことがわかる．実際の結晶では，図7-6に示すように多くのイオン間に引力と反発力が複雑に働く．これらをすべて考慮して計算すると引力による安定化のほうが反発による不安定化よりも大きいことがわかり，ここからばらばらのイオンが結晶を作るときのエネルギーを見積もることができる．こうして計算したエネルギーは実際のエネルギーと（特に原子番号が小さい原子から作られるイオン結晶の場合は）よく一致することが知られている．これはとりもなおさず，イオン結晶の成り立ちがこのような単純な静電気力に基づくモデルで説明できるということを意味している．

　さて結晶構造について幾何学的に考えてみよう．図7-7はCsCl型の対角線の面を示したものである．格子の一辺の長さをaとし，ここでは塩化物イオンが格子の頂点に位置するとする．多くの結晶では陰イオンのほうが陽イオンより大きいとみなすことができる．そこで

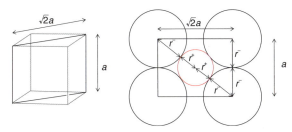

図 7-7 塩化セシウム型構造
陽イオン(赤)と陰イオン(黒)の半径について，単位格子の一辺の長さを a，陰イオンと陽イオンの半径をそれぞれ r^-, r^+ とする．

陰イオンどうしが接していてその隙間に陽イオンがあると考える．それぞれ半径 r^+, r^- の陽イオンと陰イオンは接していると考えると，$2r^- < a$ でなければ陰イオンどうしが重なってしまう．また

$$2r^+ + 2r^- = \sqrt{3}a \tag{7-1}$$

であることから，イオン半径比 r^+/r^- については

$$\frac{r^+}{r^-} = \frac{\frac{\sqrt{3}}{2}a - r^-}{r^-} > \frac{\sqrt{3}r^- - r^-}{r^-} = \sqrt{3} - 1 \approx 0.73 \tag{7-2}$$

という条件が導かれる．CsCl では，Cs^+, Cl^- のイオン半径はそれぞれ 1.84 Å，1.67 Å なので，$r^+/r^- = 1.84/1.67 = 1.10 > 0.73$ となり，CsCl 型の構造となる．しかし，NaCl では，Na^+ のイオン半径は 1.16 Å なので = 1.16/1.67 = 0.69 < 0.73 となり，CsCl 型をとれないことがわかる．塩化セシウムの場合は陽イオンにせよ陰イオンにせよそれぞれのイオンは 8 個の異符号のイオンに囲まれている．それに対して塩化ナトリウムの場合は 6 個の異符号のイオンに囲まれており，このような場合は，r^+/r^- 比は 0.73 より小さいことが多い．

例題 7-1 MgO の結晶は NaCl 型か CsCl 型か，予想せよ．

解答 Mg^{2+}, O^{2-} のイオン半径は，それぞれ 0.86 Å，1.26 Å なので

$r^+/r^- = 0.86/1.26 = 0.68 < 0.73$

となり，式 (7-2) より，CsCl 型をとることはできない．したがって，NaCl 型と予想される．

ZnS（硫化亜鉛）など，遷移金属イオンのイオン結晶は，上のような単純な構造にならないことが多い．これは遷移金属イオンと陰イオンの結合は，イオン結合よりも配位結合の性質が強く，金属錯体のような配置をと

*4 硫化亜鉛にはもう一つ，ウルツ鉱(wurtzite)型(第13章参照)と呼ばれる構造の結晶が存在する．

るためである．いい換えれば，純粋なイオン結合ではなく共有結合の性質ももつともいえる．そのため，亜鉛は四配位の正四面体型構造をとりやすいので，第13章に示す閃亜鉛鉱(zinc-blende)型といわれる結晶構造となる[*4]．この構造中でも，亜鉛周りは正四面体型構造となっている．陰イオンが互いに接するように格子を作り，その隙間に陽イオンが入るとすればr^+/r^-比はNaCl型よりもさらに小さくなるはずである．このように，イオン結合と共有結合の性質をあわせもつようなイオン結晶にはr^+/r^-比の考察は必ずしも当てはまらない結晶が多い．

陽イオンと陰イオンの電荷が異なる場合は，NaCl型，CsCl型とは異なり，結晶格子中の陽イオンと陰イオンの個数が1:1にならない．たとえばCaF_2はホタル石(fluorite)型と呼ばれる構造となり，TiO_2(酸化チタン(IV))はルチル(rutile)と呼ばれる構造になる．これらについては，さらに複雑な系もあわせて第13章で後述する．

7-2-2 共有結合結晶

共有結合結晶は典型的にはダイヤモンドのような共有結合からなる単体によく見られるもので(第10章参照)，結晶中のすべての原子が共有結合によって互いに結合したものである．たとえば図7-8はクリストバライト(cristobalite)と呼ばれるケイ素の酸化物の構造を示したものである．

共有結合結晶は一般に硬くて高融点なものが多く，溶媒に溶けないことも多い．これは共有結合が非常に強い結合であることに起因している．ただし，前項で述べたのとは反対に，共有結合性の化合物でも多少はイオン結合の性質をもつ場合もあるため，イオン結晶と共有結合結晶は明確に分類できるとは限らないことは十分注意しておくべきである．

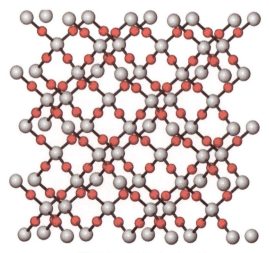

図7-8　クリストバライト
白い丸はケイ素原子を，赤い丸は酸素原子を表している．

7-2-3 金属結晶

金属の結晶は特有の光沢や電気伝導性をもつなど，独特の性質を示す．これらの性質は，金属結合と呼ばれる結合の性質に由来する．金属結合は外殻の電子を他の原子と共有することによって生じる結合である．この説明だけでは共有結合と変わらないが，共有結合では共有する電子対は結合する二原子間でのみ共有すると考えられるのに対し，金属結合では共有する電子はすべての原子間で共有される．いい換えれば，固体ひとかたまりの中のどこにでも電子は流れていく．このすべての原子間で共有される電子を自由電子 (free electron) といい，この自由電子の存在が電気伝導性や光沢のもととなっている．金属中の電子の振る舞いについては次節でもう少し詳しく述べる．

7-3 絶縁体，金属，半導体

キーワード 電子のバンド構造 (electronic band structure)，絶縁体 (insulator)，半導体 (semiconductor)，価電子帯 (valence band)，伝導帯 (conduction band)，バンドギャップ(band gap)

イオン結晶や共有結合結晶はたいてい絶縁体である[*5]．これに対して金属は電気をよく伝える．これはどのような違いに基づいているのであろうか．それは固体における電子の軌道の振る舞いから考えることができる．

[*5] 共有結合結晶には多少の伝導性を示す化合物もある．

7-3-1 電子のバンド構造

図 7-9 は固体中の電子の軌道の概念を説明する図である．水素分子の場合 (図 7-9a) は 1s 原子軌道から結合性分子軌道と反結合性分子軌道ができ，結合性分子軌道に 2 個の電子が入ることをすでに学んだ．もう少し大きな水分子(図 7-9b)では 8 個の価電子が四つの分子軌道に入り，エネルギーの高いいくつかの分子軌道は空である．価電子が 20 個のさらに大きな架空の分子 (図 7-9c) では，10 個の分子軌道に価電子が入り，高エネルギーの分子軌道は空である．さらに大きな分子になって価電子数が増えてくると (図 7-9d) 価電子の分子軌道はますます増えて分子軌道のエネルギー間隔は狭くなることがわかる．原子数がさらに増えて 1 mol のオーダーになると (図 7-9e)，ほとんどエネルギーが連続的に (帯状に) 分子軌道が存在するようになる．これを電子のバンド構造 (electronic band structure) という．

絶縁体 (insulator) では，このように電子の軌道が詰まって存在する価電子帯 (valence band) と，電子が空の軌道が詰まっている伝導帯 (conduction band)が別々に存在している(図 7-10a)．このような場合，(価

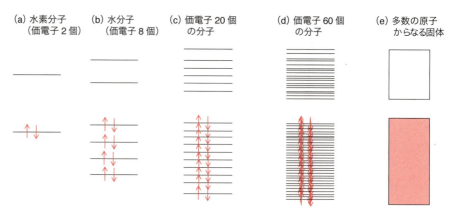

図 7-9　固体中のエネルギーの軌道
多数の原子からなる固体では価電子の軌道が連続的に存在することを示した図．(e) に示す固体の場合はエネルギーが低く電子が充満した価電子帯とエネルギーが高く電子が存在しない伝導体がある．

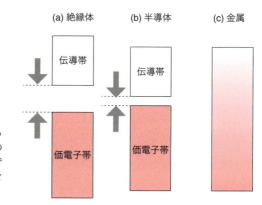

図 7-10　絶縁体，半導体，金属の違い
絶縁体と半導体には，伝導帯と価電子帯の間に電子の軌道がない部分がある．矢印で示した価電子帯と伝導帯のエネルギー差をバンドギャップという．

電子帯は飛行機の座席が全部埋まったような状況と思えばよい）電子は身動きができない．伝導帯はそもそも電子がないので電子の流れはありえない．これが電気が流れない，つまり絶縁体である理由である．これに対して金属では両バンドが融合しており，価電子帯と伝導帯の区別がない（図 7-10c）．したがって電子はいわば多数の軌道が存在するところにエネルギーの低いほうから 2 個ずつ入っていき，あるところまで電子がつまっている．よって，これは空のバケツの途中まで水が入っている状態に似ている．この場合，電子のたまっている水面においては電子は左右どちらにも動くことができる．これが金属が電気伝導性をもつイメージである．

7-3-2　半導体とバンドギャップ

　半導体 (semiconductor) は基本的には絶縁帯と同じく伝導帯と価電子帯が存在するが，そのエネルギー差（バンドギャップ：band gap）が小さいのが特徴である（図 7-10b，図 7-11）．バンドギャップが小さいと熱エネ

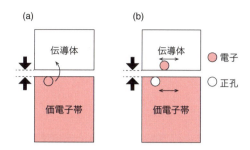

図 7-11　半導体の電気伝導
(a) 価電子帯の電子が伝導体に飛び上がる．(b) 伝導体に生成した電子と価電子帯に生成した正孔(電子の抜けた軌道)は自由に移動できる．

ルギーによって価電子帯の電子が伝導帯にあがることができる．伝導体は誰も乗っていない飛行機の座席ようなものなので，電子は自由に移動することができるし，価電子帯でも正孔が移動する（実際には空席の隣の電子が移動することによって空席が移動したように見える）ことができ，いずれも電気伝導性に寄与する．よって半導体は一般に温度が高いほど電気伝導性が増す．また，光を当てることによって価電子帯の電子を伝導体に上げることができ，これによって電気伝導性が導かれる現象も半導体の性質の代表である．

上の説明でわかるとおり，バンドギャップの大きさは半導体の性質を決める大きなファクターである．表 7-2 に代表的な半導体とそのバンドギャップおよび用途を示す．14 族の単体のうちケイ素，ゲルマニウムは半導体として古くから知られている．これらはダイヤモンドと同じ構造の共有結合結晶とみなせるがバンドギャップが狭く半導体の性質をもつ．14 族よりも価電子が一つ少ない 13 族の元素と，価電子が一つ多い 15 族の元素を組み合わせた化合物は，14 族元素二つと同じ電子数となるため，13-15 族化合物は 14-14 族の物質と等電子構造(第 4 章参照)になる．このため，両者は性質がしばしば似ており，13-15 族化合物にもまた半導体としての性質を示すものが知られている．同様に 12-16 族化合物も半導体になるものが知られている．

表 7-2　単体と化合物半導体
数字はバンドギャップ(eV)を表す．

14 族	13-15 族	用途	12-16 族	用途
C 5.47	GaAs 1.43	高速通信用素子，発光ダイオード	ZnSe 2.7	発光ダイオード，センサ
Si 1.12	GaN 3.4	青色発光ダイオード	ZnS 3.54	発光材料
Ge 0.66	InAs 0.36	フォトダイオード	CdTe 1.5	(太陽電池)
SiC 3.00			HgCdTe ～1.5	赤外センサ

章末問題

1. 晶系とは何か．斜方晶系と単斜晶系の違いを述べよ．
2. 底心格子，面心格子，体心格子のそれぞれの場合について，各格子点にある元素の原子が存在した場合，一つの単位格子中に含まれる原子の数を求めよ．
3. 立方最密格子が面心立方格子となることを説明せよ．
4. 塩化ナトリウムの単位格子は，単純格子，底心格子，面心格子，体心格子のいずれかを考えよ．
5. 塩化ナトリウム型の結晶構造において，もし陰イオンが大きくて互いに接するような大きさであり，その隙間に陽イオンがぴったり入るような場合，陽イオンと陰イオンの半径比を求めよ．
6. 価電子帯，伝導帯，バンドギャップのそれぞれの用語の意味を説明せよ．
7. 発光ダイオードは非常に単純化して考えれば，価電子帯から伝導帯に上がった電子がまたもとの価電子帯に戻ってくるときに，失うエネルギーを光として放出するものである．青色発光ダイオードはケイ素単体やGaAsを主とする材料では作ることができず，GaNが用いられる理由を考えよ．

8章 酸化還元反応と酸塩基反応

> 酸塩基反応と酸化還元反応の二つは，代表的な化学反応である．多くの化学反応（すべてではない）はこのどちらかに分類されるといってもよい．本章では酸塩基と酸化還元の定義，実例，定量的な考え方の基本を学ぶ
> - 酸と塩基の2種類の定義を確実に身につけ，ブレンステッド酸の定量的な考え方の基礎とルイス酸の硬い・軟らかいという概念を理解すること
> - 酸化還元反応の定義と酸化数の数え方を理解し，標準還元電位から酸化還元反応の進みやすさを予想できるようにすること

8-1 酸と塩基

キーワード ブレンステッドの酸と塩基(Brønsted acid and base)，プロトン(proton)，ルイスの酸と塩基(Lewis acid and base)，硬い酸と軟らかい酸(hard acid and soft acid)，酸解離定数(acid dissociation constant)

酸塩基反応の定義は歴史的にもさまざまになされているが，本節ではいわゆるブレンステッドの定義とルイスの定義を取り上げる．

8-1-1 ブレンステッドの酸と塩基

ブレンステッド(Brønsted)とローリー(Lowry)は1923年に独立して現在最も一般的な酸塩基の定義を提唱した．この定義に従う酸または塩基を特にブレンステッドの酸・塩基，またはブレンステッド-ローリーの酸・塩基と呼ぶ．この定義ではブレンステッドの酸とは水素イオン H^+ を放出するもの，ブレンステッドの塩基とは H^+ を受け取るもののことである．H^+ は陽子そのものであることから，しばしば陽子の英語であるプロトン(proton)と呼ばれる．そのため，酸とはプロトン供与体のことであり，塩基とはプロトン受容体のことというような定義もよく見られる．

いくつかの例を見てみよう．

Biography

▶ J. N. Brønsted
1879～1947，デンマークの化学者．ブレーンステズと表記されることもある．触媒分野の大家でもあった．

▶ T. M. Lowry
1874～1936，イギリスの化学者．ケンブリッジ大学の物理化学分野の初代教授．

$$\text{HCl} + \text{NH}_3 \rightarrow \text{NH}_4^+ + \text{Cl}^-$$
　　酸　　塩基　　共役酸　共役塩基

　この反応の場合，塩化水素はプロトンを放出してアンモニアがそれを受け取っているので，塩化水素が酸でアンモニアが塩基ということができる．なお，酸がプロトンを放出した残りの部分を共役塩基と呼び，塩基がプロトンを受け取って生じる化学種を共役酸と呼ぶ．この場合は塩化物イオンが共役塩基であり，アンモニウムイオンが共役酸である．なぜこのようないい方をするかというと，上の逆反応（アンモニウムイオンと塩化物イオンから塩化水素とアンモニアが生成する反応）が生じたとすれば，アンモニウムイオンがプロトンを放出し，塩化物イオンがそれを受け取っていることになるからである．

　ただし，水溶液中では水素イオンは水分子と即座に結合し（水和して）オキソニウムイオン H_3O^+ となるので，水中の水素イオンは単に H^+ と書くよりも H_3O^+ と表記するほうが正確である[*1]．たとえば水がプロトンと水酸化物イオンに解離する過程はしばしば

$$H_2O \rightleftharpoons H^+ + OH^-$$

と書かれるが，もう少し正確には両辺に水1分子を加えて

$$2\,H_2O \rightleftharpoons H_3O^+ + OH^-$$

となる．酸がプロトンを放出する反応式は

$$AH \rightleftharpoons H^+ + A^-$$

のように表すことができるが，オキソニウムイオンを用いて表すと

$$AH + H_2O \rightleftharpoons H_3O^+ + A^- \quad\quad (a)$$

と書ける．具体的な例で示すと

$$HCl \rightleftharpoons H^+ + Cl^- \quad と \quad HCl + H_2O \rightleftharpoons H_3O^+ + Cl^-$$

が上の二つの反応式に相当する．ここで Cl^- はプロトンを受け取るともとの酸になるので，この塩化物イオンが HCl に対応する共役塩基であると考えることができる．

　またアンモニウムイオンのような陽イオンも酸とみなすことができ，その場合は以下のように書くことができる．

$$NH_4^+ + H_2O \rightleftharpoons H_3O^+ + NH_3 \quad\quad (b)$$

[*1] H_3O^+ は一部がさらに水和して $H_5O_2^+$ イオンや $H_7O_3^+$ にもなっているが，すべて H_3O^+ になっているとして扱うことが多い．

8-1-2 酸解離定数

いわゆる強酸は(中性の)水に溶解したとき式(a)の平衡がほとんど右側に偏っているものである．それに対して弱酸は左側に偏っていて，解離している割合はきわめて少ない．このような酸の強さを数値で表すにはどうすればよいだろうか．それには，酸解離定数が用いられる．これは酸 HA が解離して H^+ と A^- を与える反応式(a)の平衡定数 K_a のことである．AH のモル濃度を [AH] のように表すとすれば

$$K_a = \frac{[H_3O^+][A^-]}{[AH][H_2O]}$$

となる．H_2O のモル濃度 $[H_2O]$ は一定値とみなせるので，これも定数 K_a に含まれると考え

$$K_a = \frac{[H_3O^+][A^-]}{[AH]} \quad \text{(またはもっと簡単に } K_a = \frac{[H^+][A^-]}{[AH]}\text{)}$$

と書かれることも多い．溶液の pH がプロトンのモル濃度 $[H^+]$ の対数に -1 をかけたものであるのと同じように，平衡定数 K_a の対数に -1 をかけたものが pK_a と呼ばれる値である[*2]．

$$\text{酸が強い} \rightarrow K_a \text{ は大} \rightarrow pK_a \text{ は小}$$

という関係にあり，いわゆる強酸($K_a > 1$)は pK_a が負であり，弱酸($K_a < 1$)は pK_a が正である．酸が強ければ式(a)が右にいきやすいので，共役塩基 A^- または A は水素イオンを受け取りにくいことになり，共役塩基の塩基としての性質は弱いことになる．

水はそれ自身がきわめて弱い酸であり，きわめて弱い塩基である．水がプロトンと水酸化物イオンに解離する反応の平衡定数はよく知られているように $K_w = 10^{-14}\,M^2$ である．

$$H_2O \rightleftharpoons H^+ + OH^- \qquad K_w = [H^+] \times [OH^-]$$

オキソニウムイオンを用いる表記の仕方では

$$2\,H_2O \rightleftharpoons H_3O^+ + OH^- \qquad K_w = [H_3O^+] \times [OH^-]$$

この K_w は水のイオン積と呼ばれる．中性の水中ではプロトン(またはオキソニウムイオン)と水酸化物イオンがそれぞれ $10^{-7}\,M$ の濃度ずつ存在することになる．なお水溶液中の場合，酸の pK_a とその溶液の pH に関して，$pK_a <$ pH ならその酸はほとんど解離しており，逆に $pK_a >$ pH ならほとんど解離していない．$pK_a =$ pH のときには酸 AH と共役塩基 A^- の濃度は等しくなっていることは覚えておくと便利である．

一般に多価の酸(硫酸やリン酸のように複数のプロトンを放出しうる酸)では，最初の水素イオンを放出する反応の K_a が，さらに 2 個目の水素イ

[*2] ここでは K_a も pH もモル濃度を用いて表している．熱力学的な観点では，平衡定数や pH はモル濃度の代わりに活量という値を用いて表すべきであるが，実用的にはモル濃度を用いて表すことがしばしば行われ，本書でもそれに従う．

オンを放出する反応の K_a より大きい．たとえば硫酸について見てみると

$$H_2SO_4 + H_2O \rightleftharpoons H_3O^+ + HSO_4^- \qquad K_a = 100 \quad (pK_a = -2)$$

$$HSO_4^- + H_2O \rightleftharpoons H_3O^+ + SO_4^{2-} \qquad K_a = 0.013 \quad (pK_a = 1.9)$$

となっており，硫酸のほうが硫酸水素イオンよりもはるかに強い酸であることがわかる．炭酸やリン酸などの他のオキソ酸についても，同様の傾向が読み取れる（表8-1）．さらにこの表から，一般に，同じ元素のオキソ酸でも酸素の数が多いほうが強い酸であることもわかる．

さて，pK_a の一つの応用について考えてみよう．ここで AH と BH の二つの酸があるとする．

$$AH \rightleftharpoons H^+ + A^- \qquad K_{a1} = \frac{([H^+] \times [A^-])}{[AH]}$$

$$BH \rightleftharpoons H^+ + B^- \qquad K_{a2} = \frac{([H^+] \times [B^-])}{[BH]}$$

もし AH が強酸なら K_{a1} は大きく，BH が弱酸なら K_{a2} は小さい．ここで，上の式から下の式を引くと

$$AH + B^- \rightleftharpoons A^- + BH \qquad (c)$$

となり，このときの平衡定数 K は

$$K = \frac{([A^-][BH])}{([AH][B^-])} = \frac{K_{a1}}{K_{a2}}$$

となる．よって上記のように AH が強酸，BH が弱酸なら $K > 1$ であり，反応式(c)は右に進みやすい．つまり，「弱酸の塩の溶液に強酸を入れると弱酸が遊離する」ことになる．

表8-1 いくつかの酸の pK_a
測定法によって数値が異なる場合がある．

AH	pK_a	AH	pK_a	AH	pK_a	AH	pK_a
H_2SO_4	−2	HSO_4^-	1.9	HNO_3	−2	HNO_2	3.4
H_3PO_4	2.1	$H_2PO_4^-$	7.2	HPO_4^{2-}	12.7		
H_2CO_3	6.4	HCO_3^-	10.3			CH_3COOH	4.8
$HClO_4$	−10	$HClO_3$	−2	$HClO_2$	2.0	$HClO$	7.5
HF	3.5	HCl	−7	HBr	−9	HI	−11

例題8-1 塩酸水溶液中に酢酸ナトリウムを加えたときの反応式を書き，その平衡定数を求めよ．なお，酢酸ナトリウムは水中で完全に電離していると考えてよい．

解答 式(c)において A^- が塩化物イオン，B^- が酢酸イオンであるとして

表 8-1 から酸解離定数は以下のようになる．

$$\text{HCl} \rightleftharpoons \text{H}^+ + \text{Cl}^- \qquad K_{a1} = 1 \times 10^7 \text{ M}$$

$$\text{CH}_3\text{COOH} \rightleftharpoons \text{H}^+ + \text{CH}_3\text{COO}^- \qquad K_{a2} = 1.6 \times 10^{-5} \text{ M}$$

これらの値から，以下のように平衡定数を求めることができる．

$$\text{HCl} + \text{CH}_3\text{COO}^- \rightleftharpoons \text{Cl}^- + \text{CH}_3\text{COOH} \qquad K = K_{a1} / K_{a2} = 6 \times 10^{11}$$

求められた平衡定数はきわめて大きな値であり，この反応式の平衡は完全に右に偏っていることがわかる．最後の反応式が完全に右に偏っていることは「強酸に弱酸の塩を加えると弱酸が遊離する」ことを表している．このように K_a を使うことによって酸塩基反応がどのように進みやすいかを予測することができる．

強酸である硝酸は水溶液中で以下のような反応によりオキソニウムイオンを生成する．

$$\text{HNO}_3 + \text{H}_2\text{O} \rightleftharpoons \text{H}_3\text{O}^+ + \text{NO}_3^- \qquad K_a = 100 \ (\text{p}K_a = -2)$$

濃度にもよるが，酸解離定数が大きいことから水溶液中ではこの平衡はほとんど完全に右に偏っており，硝酸のプロトンはほぼ完全にオキソニウムイオンとなっている．表 8.1 から，塩酸はさらに強い酸である．

$$\text{HCl} + \text{H}_2\text{O} \rightleftharpoons \text{H}_3\text{O}^+ + \text{Cl}^- \qquad K_a = 10^7 \ (\text{p}K_a = -7)$$

硝酸と同様にこの平衡も右に偏っており，塩酸は水中ではほぼ完全にオキソニウムイオンとなっている．つまり pK_a が負の酸では，酸の中のプロトンはほぼ完全に水分子に移行してオキソニウムイオンになっている．そのため硝酸よりも塩酸のほうが酸性が強い（すなわちプロトンを相手に与える能力が高い）にもかかわらず，水中では実質的にオキソニウムイオンが酸として働くために同じ酸性度となる[*3]．オキソニウムイオンの pK_a は形式的に 0 であり，これよりも酸性度の強い（pK_a が負の）酸は，水中では強弱の差がつかない．これは，水がプロトンを受け取って酸となることができるためである．このような効果を水平化効果という．したがって水とは異なる溶媒中では，酸性度の差が生じる場合がある．

*3 pK_a が負の場合は水中では測定できず，水より H$^+$ を受けとりにくい，つまり塩基性の低い溶媒を用いる必要がある．

8-1-3 ルイスの酸・塩基

1923 年にルイス（Lewis, p.35 参照）はブレンステッド酸の概念を拡張して，新たな酸塩基反応の概念を確立した．現在ではルイス酸，ルイス塩基と呼ばれているものである．この定義では，非共有電子対を受け入れる物質をルイス酸，非共有電子対を供与する物質をルイス塩基とする．電子

対を「供与する」とは，電子対を一方が他方に「あげる」のではなく「一緒に使わせてあげる」程度の感じである．ルイス酸 A とルイス塩基 B：の反応を式で表すと次のようになる（：は非共有電子対を表す）．

$$A + :B \rightarrow A:B$$

たとえば，金属イオンと配位子（下の例ではアンモニア）が錯体を作る反応においては，金属イオンがルイス酸でアンモニアがルイス塩基となり，両者が以下のように結合する．これは配位結合の形成と考えることもできる．

$$M^{n+} + :NH_3 \rightarrow [M:NH_3]^{n+}$$

一般に金属塩の水溶液においては，金属イオンは水との配位結合によって錯イオンとなっており，そのときの化学種もルイス酸とルイス塩基の反応生成物と考えることもできる．

$$M^{n+} + i(:OH_2) \rightarrow [M(:OH_2)_i]^{n+}$$

13 族の元素は価電子が三つしかないため，化合物の状態でも電子対を受け入れやすいもの，すなわちルイス酸としての性質を示すものがある．たとえば三フッ化ホウ素は代表的なルイス酸である．下はその三フッ化ホウ素とルイス塩基であるアミン類（R はアルキル基を表す）の反応の例である．

$$BF_3 + :NR_3 \rightarrow F_3B:NR_3$$

ブレンステッドの酸，塩基はルイスの定義に含まれる（たとえば最も単純なブレンステッド酸とブレンステッド塩基の反応 $H^+ + :OH^- \rightarrow H:OH$ を考えるとわかるであろう）．すなわち，ルイスの酸，塩基の定義はブレンステッドの定義を拡張したものであるといえる．

8-1-4 ルイスの酸・塩基の硬さ，軟らかさ

ルイスの酸には硬い酸と軟らかい酸があり，塩基も同様に硬い塩基と軟らかい塩基があるという考え方をピアソン（Pearson）が 1963 年に提唱した．おおざっぱに考えて，酸または塩基の原子やイオンの周りで電子があまり広がっていないものを「硬い」と称し，大きく広がっている（電子の軌道がフワフワしている）のを「軟らかい」という．したがって，周期表で上のほうの周期の元素の原子が電子を受容または供与する場合に硬い酸・塩基となりやすく，逆に下のほうの元素ほど軟らかい酸・塩基となりやすい．また，同一周期であれば左側の元素のほう硬い酸・塩基となりやすく，右側のほうが軟らかい酸・塩基となりやすい．陽イオンの場合は一般に電荷が大きいほどイオンのサイズはコンパクトになり，硬くなる．

ピアソンは，硬い酸は硬い塩基と反応しやすく，逆（すなわち軟らかい

○ *Biography*

▶ R. G. Pearson
1919 生まれ，アメリカの無機化学者．カリフォルニア大学サンタバーバラ校名誉教授．1989 年に引退して名誉教授となってからも，理論無機化学の分野で研究を続けた．

(a) ● + ● → ●● 硬い酸と塩基の結合（イオン性が強い）
(b) ● + ● → ●● 軟らかい酸と塩基の軌道の重なり（共有結合性が大きい）

図 8-1　HSAB 則
(a)硬い酸と硬い塩基の結合イメージ，(b)軟らかい酸と軟らかい塩基の結合イメージ．

酸は軟らかい塩基と反応しやすい）もまた成り立つことを示した．たとえばアルカリ金属イオンは硬い酸なので，水酸化物イオンや水などと結合しやすく，また周期表の右側の金属イオンは逆に CO やヨウ化物イオンなどの軟らかい塩基と結合しやすい．この考え方は現在広く受け入れられており，HSAB (hard and soft acid and base)則として知られている．

硬いもの(図 8-1 では小さな軌道)どうしの結合ではあまり軌道が重ならず，主に静電的な（＋と－の引力による）結合の性質が強くなる．一方，軟らかいもの(大きな軌道)どうしが結合すると，電子の軌道の重なりが大きくなって共有結合の割合が増える．硬い軌道と軟らかい軌道ではうまく結合ができないことも理解できるだろう．

例題 8-2　表 8-2 から硬い酸と塩基，軟らかい酸と塩基の組を 1 組ずつ選び，ルイス酸とルイス塩基の反応で電子対が供与される様子を示せ．

解答例

《硬い酸と塩基の組合せ》

$BF_3 + :NH_3 \rightarrow F_3B:NH_3$

ホウ素は価電子が三つであり，フッ素と一つずつ電子を出しあい共有結合を作るが，BF_3 分子となってもホウ素原子の周りは価電子が六つでオクテット則を満たしていない．NH_3 は非共有電子対を 1 組もつ．この電子対をホウ素に供与することで配位結合が生じる．

《軟らかい酸と塩基の組合せ》

$Ag^+ + :CN^- \rightarrow Ag:CN$

このときも非共有電子対をもっているシアン化物イオンが銀(I)イオンに配位結合することによってシアン化銀が生成する（シアン化銀の構造は実は単純ではないがここではこのように単純に考えておく）．

表 8-2　硬い酸と軟らかい酸
ルイス酸とルイス塩基を硬いものと軟らかいものに分類．R はアルキル基を表す．酸，塩基ともに硬いものと軟らかいものの中間的な性質とされるものが多く報告されている．ここでは代表的な硬いものと軟らかいものを示した．

	硬い	軟らかい
酸	H^+, Na^+, K^+, Ca^{2+}, Al^{3+}, BF_3	Cu^+, Ag^+, Pd^{2+}, Cd^{2+}, Pd^0
塩基	F^-, OH^-, H_2O, NH_3, SO_4^{2-}	I^-, CN^-, CO, PR_3

8-2 酸化還元反応

キーワード 酸化還元反応の定義（definition of redox reaction），酸化数（oxidation number），標準還元電位（standard reduction potential）

8-2-1 酸化還元反応の定義と酸化数

酸化還元反応は電子の授受が行われる反応である．ルイスの酸，塩基と違って，完全に電子を放出する（または受け取る）と考える．電子を放出しやすい物質が還元剤であり，電子を受け取りやすい物質が酸化剤である．酸化還元反応の典型例を以下に示す．

$$Na + (1/2)\, Cl_2 \rightarrow NaCl$$

NaCl はナトリウムイオン Na^+ と塩化物イオン Cl^- から成り立っている．単体のナトリウムが電子を放出してナトリウムイオンになり，逆に単体の塩素は電子を受け取って塩化物イオンになり，この二つが結合して塩化ナトリウムができる．このとき，ナトリウムは塩素を還元させる還元剤として働き，塩素は酸化剤として働いたことになる．

酸化還元の状況はしばしば酸化数によって判断される．酸化数は「電気陰性度の大きなほうの元素が共有結合の電子をすべて所有していると仮定したときの各原子の見かけの電荷」を表したものであり，実際の電荷を表しているとは限らない．しかし，「酸化数の変化で酸化されたか還元されたかを見積もることができる」，「同じ酸化数をもつ元素は同じような性質をもつと類推できる」など，きわめて有用である．先の例に当てはめて考えると，Na 単体と塩素分子 Cl_2 中の各原子の酸化数は 0 であるが，NaCl 中の Na イオンの酸化数は +1，塩化物イオンの酸化数は −1 である．よって，ナトリウムの酸化数は 0 → +1 と変化したので，酸化されたことがわかる．一方，塩素の酸化数は 0 → −1 と変化したので，還元されたことがわかる．

例題 8-3 以下の化合物中の下線のついた元素の酸化数を求めよ．

N$\underline{H}_4$Cl　　H$\underline{Cl}$O$_4$　　H$\underline{N}$O$_3$　　H$_2$$\underline{O}_2$　　Na$\underline{H}$

解答 塩化アンモニウム（NH_4Cl）はアンモニウムイオン NH_4^+ と塩化物イオン Cl^- からなり，塩素の酸化数はイオンの酸化数の通りで −1．過塩素酸（$HClO_4$）においては，通常のように O が −2，H は +1 と考えると，全体が中性になるためには Cl は +7 でなければならない．このような高酸化数のハロゲン元素はしばしば見られる．硝酸（HNO_3）は過塩素酸と同様に計算して窒素原子の酸化数は +5．

---

one point

酸化数の定義

酸化数は以下の規則に従って決定される．①分子を構成する原子の酸化数の合計は 0，イオンの場合は酸化数の合計はイオンの価数と一致する．②単純な化合物では，ルイス構造式において共有結合を作っている電子対はすべて電気陰性度の大きな原子に所属すると考えたときに本来の価電子の数との差によって各原子の酸化数を決定する．たとえば H_2O では H と O の間の共有結合の電子はすべて O に帰属すると，O 原子の周りには価電子が 8 個あることになる．本来 O の価電子は 6 個であるため，水分子中の酸素は −2 の酸化数をもつことになる．化合物やイオン中でハロゲンや酸素の酸化数はそれぞれ −1，−2 であることが多い．この規則で厳密に考えると，化合物中に同じ元素が複数ある場合でもそれぞれの原子に別の酸化数を割り当てることになる（たとえばチオ硫酸イオン $S_2O_3^{2-}$ では化学式は S=SO$_3$ であり，S の酸化数は 0 と +4 となる）が，通常は同じ種類の原子には同じ酸化数を割り当てることが多い．チオ硫酸イオンの例では二つの硫黄原子はどちらも +2 の酸化数をもつと考える．

過酸化水素では，H を +1 と考えると，O は –1 でないと全体が中性にならない．

NaH（水素化ナトリウム）は特殊な化合物である．水素よりもナトリウムのほうがはるかに電気陰性度が小さいので，水素が電子を受け取り陰イオンになると考える．よって水素の酸化数はここでは –1 である．

8-2-2　半反応式と標準還元電位

酸化還元反応の起こりやすさを見積もるときには半反応式に分けて考えることがよく行われる．半反応式とは，酸化または還元される物質ごとに，電子との反応を書いた反応式のことである．先の例を半反応式に分けると次のようになる．

$Na^+ + e^- \rightarrow Na$
$(1/2) Cl_2 + e^- \rightarrow Cl^-$

なぜ最初の式を $Na \rightarrow Na^+ + e^-$ と書かないかというと，半反応式は「右に進行すると還元反応が進むように書く」ことが国際的な習わしとなっているからである．

さて，$A + ne^- \rightarrow A^{n-}$ の反応を考えると，A は電子を受け取って還元されたことになる．この反応が進みやすいかどうかを考える物差しが，標準還元電位（標準酸化還元電位ともいう）である．つまり，酸塩基反応の進みやすさは酸解離定数で議論できたように，酸化還元反応の進みやすさは標準還元電位 $E°$ で予測できる．

この標準還元電位は，半反応が左右どちらに進みやすいかを数値で表したものである．標準還元電位 $E°$ が（たとえば +1.5 V のように）大きければ反応が右へ進みやすく，（たとえば –2 V のように）小さければ左に進みやすいことを示している[*3]．

標準還元電位は，反応式とセットで定義されるものであり，たとえば「鉄の標準還元電位」のようないい方は意味がない．「鉄(II)イオンが鉄に還元される反応の標準還元電位」と表現する必要がある．

半反応式の種類を無視しておおざっぱな議論をすれば，表 8-3 からわかるように，周期表の左側の元素は標準還元電位が低く，単体は電子を放出して陽イオンになりやすい．逆に右側の元素は標準還元電位が高く，電子を受け取って陰イオンになりやすい．最も標準還元電位の高い元素はフッ素であり，フッ素は電子を引き寄せる能力がきわめて高く，反応しやすいことがわかる．遷移金属イオン（希土類を除く）では，おおむね左側の元素ほど陽イオンになりやすく，周期表の右側，特に 10, 11 族の下のほうの元素が標準還元電位が高い，いい換えれば酸化されにくいことを示して

*3　熱力学では $\Delta G° = -nFE°$ のような式を習うであろう．$\Delta G°$ は標準ギブズエネルギー変化と呼ばれ，反応が生じるときの系の（ある条件下での）エネルギー変化を表している．$E°$ はこの式で定義される．$E°$ が正であれば $\Delta G°$ は負であり，おおざっぱにいってエネルギーが減少することを示しており，すなわちその方向（反応式の右方向）に反応が進めばエネルギーが減少することを表している．

表 8-3 標準還元電位の表

元素記号右側の①〜④は以下のタイプの式であることを表す．① $M^+ + e^- \to M$，② $M^{2+} + 2e^- \to M$，③ $M^{3+} + 3e^- \to M$，④ $X_2 + 2e^- \to 2X^-$．たとえば Li の場合は半反応式が①のタイプ，すなわち $Li^+ + e^- \to Li$ と表されるとき，その標準還元電位は $-3.0\,V$ である．また，Cl の場合は④のタイプ，すなわち $Cl_2 + 2e^- \to 2Cl^-$ の式で表される半反応式について標準還元電位は $+1.4\,V$ である．

1	2	3	4	5	6	7	8	9	10	11	12	13	14	15	16	17	18
H①																	He
Li① -3.0	Be② -1.7											B	C	N	O	F④ +2.7	Ne
Na① -2.7	Mg② -2.3											Al② -2.4	Si	P	S	Cl④ +1.4	Ar
K① -2.9	Ca② -2.9	Sc③ -2.1	Ti② -1.8	V② -1.2	Cr② -0.9	Mn② -1.1	Fe② -0.4	Co② -0.3	Ni② -0.3	Cu② +0.4	Zn② -0.8	Ga③ -0.5	Ge	As	Se	Br④ +1.1	Kr
Rb① -3.0	Sr② -2.9	Y③ -2.4	Zr	Nb③ -1.1	Mo③ -0.2	Tc	Ru	Rh③ +0.8	Pd② +1.0	Ag① +0.8	Cd② -0.4	In③ -0.3	Sn② -0.1	Sb	Te	I④ +0.5	Xe
Cs① -3.0	Ba② -2.9		Hf	Ta	W	Re	Os② +0.9	Ir	Pt② +1.2	Au③ +1.5	Hg② +0.9	Tl① -0.3	Pb② -0.1	Bi	Po	At	Rn
Fr	Ra																
		La③ -2.4	Ce③ -2.5	Pr③ -2.5	Nd③ -2.4	Pm③ -2.4	Sm③ -2.4	Eu③ -2.4	Gd③ -2.4	Tb③ -2.4	Dy③ -2.4	Ho③ -2.3	Er③ -2.3	Tm③ -2.3	Yb③ -2.3	Lu③ -2.2	
		Ac③ -2.6	Th	Pa③ -2.0	U③ -1.8	Np	Pu③ -2.1	Am									

いる．11族の銅，銀，金が古来貨幣として用いられてきたのはこのため，つまり錆びにくいことによっている．中でも金は最も酸化されにくい．金がいつまでもぴかぴかで美しいことはこの性質ためである．

　標準還元電位を使うと酸化還元反応の予測ができる．たとえば，二つの金属 M1 と M2 があり，どちらも＋2価の陽イオンになりうるとする．それらの金属の陽イオンが単体に還元される場合の半反応式と標準還元電位が下記のようになっていると仮定する．

$$M1^{2+} + 2e^- \to M1 \qquad E° = E1$$
$$M2^{2+} + 2e^- \to M2 \qquad E° = E2$$

このとき，この反応式を引き算すると（2番目の反応式の左右を入れ替えて，最初の式と左右両辺で加えればよい）

$$M1^{2+} + M2 \to M1 + M2^{2+} \qquad (d)$$

という反応式を得る．この反応の標準還元電位を求めるには

$$E° = E1 - E2$$

のように二つの半反応式の標準還元電位を単純に差し引けばよい．二つの化学反応式とそれに対する平衡定数がわかっているときは，両化学反応式の左右両方の辺どうしを引き算して求めた化学反応式の平衡定数は，元の二つの化学反応式の平衡定数の割り算で求められたが，標準還元電位の場合は引き算でよい．こうして得られた標準還元電位が正であれば式 (d) は右に進みやすく，負であれば左に進みやすいと考えればよい．

例題8-4 表8-3を使い，銅イオンが溶けている水溶液に亜鉛板を入れたときどのような反応が起きるかを考えよ．

解答

$$Cu^{2+} + 2e^- \rightarrow Cu \quad E° = +0.4 \text{ V}$$
$$Zn^{2+} + 2e^- \rightarrow Zn \quad E° = -0.8 \text{ V}$$

よって，銅より亜鉛のほうが酸化されやすい，すなわち陽イオンになりやすいことがわかる．このとき，これらの反応式を引き算して

$$Cu^{2+} + Zn \rightarrow Cu + Zn^{2+} \quad E° = +0.4 \text{ V} - (-0.8 \text{ V}) = +1.2 \text{ V}$$

標準還元電位から判断すると，この反応式は非常に右に進みやすいことがわかる．つまり，Cu^{2+} に Zn を反応させるとすみやかに電子が移動し，Cu と Zn^{2+} が生じる．いい換えれば，銅イオンに亜鉛を反応させるとよりイオン化傾向の大きな亜鉛がイオンとなり，銅イオンは単体になる．逆に銅に亜鉛イオンを反応させようとしても何も起こらない．

このように，酸化還元反応を半反応式に分解して，それぞれの半反応式の標準還元電位がわかっていれば，酸化還元反応がどちらに進みやすいのかを予測でき，非常に便利である．

章 末 問 題

1. ブレンステッド酸とルイス酸の定義を述べ，それぞれ実例を示せ．
2. リン酸が三段階に解離する反応式を書き，それぞれの酸解離定数 K_a を表8-1から求めよ．
3. アンモニアが塩基として働く場合の以下の反応式の平衡定数は 2×10^{-5} である．

$$NH_3 + H_2O \rightleftharpoons NH_4^+ + OH^- \quad K = 2 \times 10^{-5}$$

水のイオン積の式を用いて，アンモニウムイオンの酸解離定数（p.76 の式(b)の K_a）を求めよ．

4 中性の分子でルイス酸となるものとして本文では BF_3 をあげた．それ以外の例を調べよ．また，なぜそれらはルイス酸として働くかも説明せよ．

5 アルカリ金属とハロゲン元素それぞれの中で酸化剤，還元剤としての性質は周期表の中の元素の占める位置とどのような関係があるかを表8-3を見て考えよ．

6 以下の化合物中で下線を引いた原子の酸化数を求めよ．

   $H_2\underline{S}$ $H_2\underline{S}O_3$ $H_2\underline{S}O_4$ $K_2\underline{S}_2O_8$ $Ca\underline{H}_2$

7 いわゆるイオン化傾向の順番を書き，この順番と標準還元電位の大小を比較せよ．

8 Ce^{4+} は強い酸化剤であり，電子を1個失って Ce^{3+} になる反応の標準還元電位は $+1.6\ V$ である．Ce^{4+} と臭化物イオンを加えたときどのような反応が起こるかを予測せよ．

9章 無機化学と環境，資源，産業とのかかわり

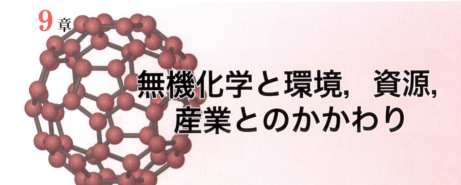

この章で学ぶこと

日常生活では，多くの種類の無機物質（単体と化合物）が使われている．無機化学を勉強するにあたり，無機物質が実生活でどのように使われているのか，また資源や環境問題とどのようにかかわっているのかを知っておくことは重要であろう．高校の教科書にも出てくるような重要な無機化学製品はあるプロセスの製品が別の製品を製造するための原料になっていることがあり，多くの物質の製造法は相互に結びついた関係にある．本章では，下記について常識的な知識を得ることが目標である．

- 身の回りの製品に多くの元素が使われている実情を知るとともに，地球上の元素資源には限りがあることを知る
- 代表的な無機化合物の製造法と用途を学ぶ

9-1 身の回りの元素と環境

キーワード 元素の用途（application of elements）・レアメタル（rare metal）・可採年数（reserve-production ratio）・環境（environment）

われわれの生活ではどのような元素や化合物が使われているであろうか．量が多いものとして思いつくものはコンクリート（カルシウム，ケイ素，酸素などからなる）や鉄鋼などの構造体，さまざまなプラスチックや合成繊維のもとになっている有機化合物（炭素，水素主体で酸素，窒素などを含む）であろうか．この他にも非常に多くの種類の元素がさまざまなかたちで利用されている．これは前世紀半ば以降の重化学工業の発展によってなしえたものであるが，同時に環境や資源の問題が顕在化した．

9-1-1 資源の枯渇問題

現代の製品，たとえば自動車には，図9-1に示すようにさまざまな元素が用いられている．自動車のような大型製品のみならず，携帯電話をはじめとする小型電子機器にも多くの種類の元素を含む材料が使われている．

(a) 自動車に使われている元素の例

Fe+Mn など　ボディー鋼板	S　タイヤの加硫剤
Fe　Cr　Ni　ステンレス部品	Al 合金　ホイール
Zn　ボディー下地めっき	Mo　潤滑剤
W　ライトのフィラメント	Ar, Kr　ヘッドライト
Pb　蓄電池	Pd, Pt, Rh　触媒コンバータ

(b) 携帯電話やパソコンに使われている元素の例

C,H,O　筐体など合成樹脂	Sn+In　液晶
Li　電池	Ba+Ti, Ta　コンデンサ材料
Fe, Mg　筐体など	Au　接点
Si　半導体基剤　+B,As など	Ir　表示材料
Cu　配線	Nd+B, Al　ハードディスク

図 9-1　身の回りの元素

そのお陰で高燃費の自動車や高性能な小型機器が実現しているのであるが，一方でさまざまな問題も生じている．

一つは資源の枯渇問題である．1972 年にローマクラブ（ヨーロッパで活動している民間のシンクタンク）が，人口増加や環境破壊が現在のまま続けば，資源の枯渇（あと 20 年で石油が枯渇するなど）や環境の悪化によって 100 年以内に人類の成長は限界に達すると警鐘を鳴らし，世界中に衝撃を与えた．

元素によっては枯渇が心配されているものもあり，価格が上昇している元素も多い．貴金属類や，レアメタル（希土類をはじめ，コバルト，クロムなど）と呼ばれる比較的希少な金属の価格は需給バランスだけでなく，経済や政治の情勢によっても大きく左右される．これもまた問題である．価格の推移の例を見れば状況の一端がわかるであろう（図 9-2）．たとえば希土類元素は，その大部分を算出する国が輸出を制限したためといわれているが，一時的に価格が高騰した．またリーマンショック後は多くの金属の価格が低下したが，最近はまた落ち着いている．

その他の無機資源も枯渇の危険性にさらされている．たとえばクロムは 2011 年の単純な試算によれば，当時のペースで生産すると 15 年で枯渇することになっている（表 9-1）．液晶表示に用いられるインジウムは 18 年である．可採年数はおそらく実際にはこれより延びるだろうし，リサイクルが進み代替品が開発されるなど，必要以上に心配することはないと思

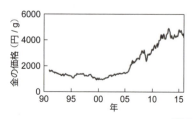
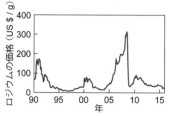
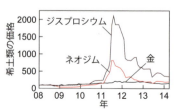

図 9-2　貴金属や希土類金属の価格の推移

表 9-1　地球上の資源と可採年数
環境省による『平成 23 年版 環境・循環型社会・生物多様性白書』
http://www.env.go.jp/policy/hakusyo/h23/pdf/1-1.pdf

大項目							
項目	鉄鉱石	銅鉱石	亜鉛鉱	鉛	スズ	銀	金
可採年数[*1]	70	35	18	20	18	19	20
可採掘資源量	160,000	540	200	79,000	5,600	400,000	47,000
生産量	2,300	15.8	11	3,900	307	21,400	2,350
単位	百万トン	百万トン	百万トン	千トン	千トン	トン	トン
備考	酸化物	酸化物	酸化物	純分	酸化物	純分	純分

大項目	レアメタル									
項目	チタン	マンガン	クロム	ニッケル	コバルト	ニオブ	タングステン	モリブデン	タンタル	インジウム[*2]
可採年数[*1]	128	56	15	50	106	47	48	44	95	18
可採掘資源量	730,000	540,000	350	71,000	6,600	2,900	2,800	8,700	110,000	11,000
生産量	5,720	9,600	23	1,430	62	62	58	200	1,160	600
単位	千トン	千トン	百万トン	千トン	千トン	千トン	千トン	千トン	トン	トン
備考	酸化物	酸化物	純分	純分	純分	純分	純分	純分	純分	純分

大項目	化石燃料		
項目	天然ガス	石油	石炭
可採年数[*1]	63	46	119
可採掘資源量	187,490	1,333	826,000
生産量	2,990	29	6,940
単位	10 億m³	10 億バレル	百万トン
備考			

[*1] 可採年数は，確認可採埋蔵量を 2009 年の生産量で割った値．確認可採埋蔵量や生産量の変動により可採年数は変動する．
[*2] インジウムの確認可採埋蔵量のみ 2007 年の数値．
資料：U. S. Geological Survey「MINERAL COMMODITY 2010」より環境省作成
※ 2024 年現在のデータを化学同人 HP に掲載

われるが，資源が無限ではないことは人類が肝に銘じておくべき事柄である．近年では廃棄物から多くの貴金属やレアメタルを回収することがビジネスとして成立しており，都市から得られる資源という意味で都市鉱山などともいわれている．

　化石エネルギーの状況はどうだろうか．1973 年に中東の産油国が石油価格の 70 % 引き上げを発表したことをきっかけに第一次オイルショックが起こり，日本ではトイレットペーパー騒動にまで発展した．その後，採掘技術の向上などにより石油の可採年数は延びており，さらに近年ではアメリカで特に注目されている採掘技術の進歩（いわゆるオイルシェールガス）によって化石エネルギー資源の寿命は延びていると思われている．しかし石油に代わる材料・エネルギーはまだなく，石油に頼る状況がこれからも続いていくであろう．

9-1-2　これからの資源有効利用について

　動植物を形成している主要な元素は CHNO であることはいうまでもないが，それ以外にも多くの元素でできている．ごく微量しか含まれていない重金属類も，生体内で重要な働きをしている．自然が生命体を作りあげ

ていくうえで，通常の有機物のみではなし得なかった機能をもたせるために金属元素を利用したのであろう．

われわれは自然が普通には利用できないと思われるような元素（たとえば白金や金などの貴金属）まで自由に使うことができ，それらの希少な元素に頼って生活をしている．これからも科学者・技術者の手によって，思いもしなかった機能をもつ物質がさまざまな元素を用いて作られていくであろう．しかし，地球上には希少な元素も少なくない．われわれは後世の人類のためにもそれらの元素を大事に使っていかなければならない．

例題 9-1 レアメタルにはどのような金属が含まれ，どのように活用されているのか調べよ．

解答 レアメタルの明確な定義があるわけではないが，非鉄金属のうち産業に使われているものを指す．金，銀は通常は含まない．下記が一般的である．

　リチウム　ベリリウム　ホウ素　チタン　バナジウム　クロム　マンガン　コバルト　ニッケル　ガリウム　ゲルマニウム　セレン　ジルコニウム　ニオブ　モリブデン　ルテニウム　ロジウム　パラジウム　インジウム　アンチモン　テルル　ハフニウム　タンタル　タングステン　レニウム　白金　タリウム　ビスマス

希土類元素
　スカンジウム　イットリウム　ランタン　セリウム　プラセオジム　ネオジム　サマリウム　ユウロピウム　ガドリニウム　テルビウム　ジスプロシウム　ホルミウム　エルビウム　ツリウム　イッテルビウム　ルテチウム

これらの用途はさまざまである．ごく一部を紹介すると，たとえばベリリウムは原子量が小さく，X線を透過しやすい性質があるためX線機器の透過窓の材料として用いられる他，銅にベリリウムを少量加えた合金は純銅よりはるかに高強度であるためバネ剤などに用いられる．またタンタルは，その酸化物が電気回路に欠かせないコンデンサーの材料として使われており，近年の携帯電話に代表される超小型機器の発展に重要な役割を果たしている．ぜひ自らいくつか調べてみるとよいだろう．

9-1-3 環境問題

もう一つ重要なのは環境問題である．かつて高度経済成長期に，日本の各地で亜硫酸ガスをはじめとする毒性の強い気体の濃度が上昇して問題と

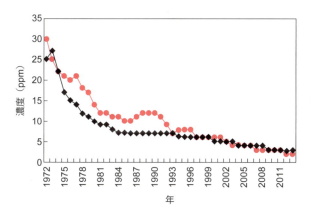

図9-3 日本におけるある地点での二酸化硫黄(●)と一酸化炭素(◆)濃度の変遷
http://www.env.go.jp/press/files/jp/27052.pdf による．いずれも一般局（一般環境大気の汚染状況を常時監視する測定局）のデータ．CO濃度は実際の濃度を10倍した値が表示してある．

なった．その後に日本では，自動車などのエンジンにおいて排ガスの放出前に高度な処理をすることなどの厳しい規制が敷かれ，また企業の意識向上もあり，現在は日本の大気(さらには水質)は以前に比べるとおおむね良好な状態になっている（図9-3）．たとえば二酸化硫黄や一酸化炭素の濃度は，以前に比べると激減している．

近年，微粒子の排出が問題になっている（いわゆるPM2.5問題）が，これらの軽減には技術的な課題もさることながら政治的な問題も重要と思われる．

9-2　産業の基幹となる代表的な無機化合物

高校で製造法を習う無機化合物は産業の基盤となっている物質である．ここでは，それらの代表的な無機化合物の生産の現状を簡単に見た後，それぞれの製造方法とそれらの物質相互の関係を調べる．

9-2-1　代表的な無機化合物の生産量

表9-2に代表的な無機化合物と，比較のための有機化合物の製造量を示す．この他には鉄やセメントなどもあるが，ここでは取りあげない．

日本で最も多く製造されている無機化合物は硫酸で，年間700万トン程度が生産されている．ちなみに2015年の日本におけるコメの生産高は約800万トン[*1]であり，エチレンも同程度である．したがって，無機化合物・有機化合物の最大生産量の物質とコメは，おおざっぱにいって同程度の量が日本では生産されていることになる．硫酸も含め，日本で年間100万トン以上生産されている無機物が5種類あることがわかる．近年は硫酸をはじめとする基幹化合物の生産量は日本やアメリカなどでは横ばいか，むしろ減っている．それに代わって中国などが大量に生産するようになっており，日本の化学工業はより付加価値の高い物質の生産にシフト

*1　政府統計より．http://www.e-stat.go.jp/SG1/estat/List.do?lid=000001145339

表 9-2　代表的な無機化合物と有機化合物の日本とアメリカにおける生産量
単位　千トン.

年	2000	2000	2012	2010	年	2000	2000	2012	2010
製品	日本	アメリカ	日本	アメリカ	製品	日本	アメリカ	日本	アメリカ
硫酸	7059	39584	6711	32511	エチレン	7614	25113	6145	23975
水酸化ナトリウム	4471	10451	3566	7520	プロピレン	5453	14457	5239	14085
塩酸	2494	4278	2250	3556	スチレン	2968	5405	2392	4102
アンモニア	1715	15725 (1999)	1055	9289 (2009)	ベンゼン	4425	9153	4214	6862
硫酸アンモニウム	1749	2357 (1999)	1245	2265 (2009)	二塩化エチレン	3413	9911	2574	8810
塩素	847	12698	443	9735	ポリエチレン	3342	15083 (含カナダ)	2605	16972 (含カナダ)

Chem. Eng. News, 2013, July 1, および 2011, July 4 より引用．2024 年現在のデータを化学同人 HP に掲載．

している．

表 9-2 に見る通り，大量に生産されている無機化合物の代表例には，硫酸，水酸化ナトリウム，塩酸，アンモニア，塩素がある．これらの無機化合物は何から作られ，そして何に使われているのであろうか．以下に代表的な化合物についてその製造方法と用途を簡単に解説する(図 9-4)．

9-2-2　硫酸の製造

硫黄を酸化し二酸化硫黄とし，それを触媒を用いて空気で酸化し三酸化硫黄とする．それに水を反応させればよい(図 9-5)．硫黄は単体が天然にも産出するが，天然ガスの成分(H_2S)として得られる．また特に日本では石油の脱硫過程で得られたものや，銅などの精錬過程で得られたものが工業原料として用いられている．硫黄の 9 割は硫酸の製造に使われるといわれている．

硫酸の製造で最難関の過程は第 2 段階の二酸化硫黄（亜硫酸ガス）の酸化である．ここではいわゆる接触法により，V_2O_5 や白金触媒を用いて酸化を行う．実際の過程はかなり複雑で，多段階の反応で SO_3 の割合を増やしていく．接触法が開発される前は鉛の反応容器で反応が行われ，鉛室法と呼ばれていた．

製造される硫酸の 2/3 程度は肥料関係の化合物の合成に用いられる．硫酸は安価な酸なので，有機合成などの反応に，工業的に多量に用いられている．酸触媒としての用途や脱水剤としての用途もある．

9-2-3　アンモニアの製造

アンモニアは窒素と水素から合成される．化学反応式で書くのは簡単（N_2

one point

接触法

接触法とは硫酸の製造に限った方法ではなく，一般には固体の触媒を用いてその表面で化学反応が進行するような過程をいう．

$(S) \xrightarrow[O_2]{燃焼} SO_2 \xrightarrow[O_2]{接触酸化} SO_3 \xrightarrow{H_2O} H_2SO_4$

one point

硫安

硫酸を含む肥料．硫酸アンモニウム，硫酸カリウムや過リン酸石灰．

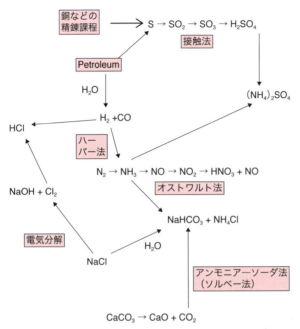

図 9-4　代表的な無機化合物の相互の関係

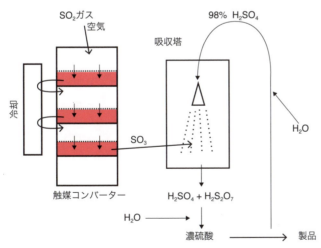

図 9-5　硫酸製造工程の概略図

左側の触媒コンバーター中の赤色で示した部分に触媒があり，そこに二酸化硫黄の気体と空気が導入され，酸化反応が生じる．この反応は発熱反応であり，一度に進行すると温度が上がりすぎるため，生成物を冷却しながら少しずつ反応させる．得られた三酸化硫黄は吸収塔に導入され，そこで硫酸になる．いきなり三酸化硫黄と水を反応させると，これも大量の発熱が伴うため，三酸化硫黄を硫酸に吸収させるかたちで硫酸を増やしてゆく．吸収塔で生成するのは発煙硫酸であり，これは硫酸と二硫酸の平衡混合物とみなされ，水を加えることで濃硫酸を得る．

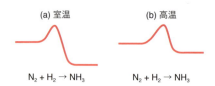

図9-6 アンモニアの合成に伴う系のエネルギー変化
この図の縦軸はギブズエネルギーである．アンモニアの合成に伴う系のギブズエネルギー変化 $\Delta G°$ は 298 K で -16.5 kJ mol^{-1} である．平衡定数は $-RT \ln K = \Delta G°$ で計算できる．高温にするとギブズエネルギー変化が正の値に近づくので平衡が左に偏る（アンモニアの生成量が減る）．しかし，反応速度が上がり（山を越える速度が上がり）平衡になるまでの時間は短くなる．化学反応を考えるうえでは，このように，熱力学的に有利な条件と速度の両方を考慮する必要がある．

$+ 3H_2 \rightarrow 2NH_3$）であるが，この反応を進めるのは簡単ではない．現在は高校の教科書にも載っているハーバー法（ハーバー・ボッシュ法ともいう）で鉄系の触媒を用いて高温高圧下で合成される．このときの反応条件の設定は難しい（図9-6）．発熱反応であり（298 K において，$\Delta H° = -46$ kJ mol^{-1}），分子数が減る反応なので，熱力学的には高圧，低温のほうがアンモニアの生成には有利である．しかし，温度が低いと反応速度が遅くなるため，適当な温度を選ぶ必要がある．また，高圧にするにはコスト面，安全面の問題があり，適当なところで我慢することも必要である．なお，原料の窒素は空気中からいくらでも取れるが，水素は主に天然ガスや石油の水蒸気改質によって作られている．

アンモニアの用途としては，肥料が最大である．硫酸アンモニウム（上述）や硝酸アンモニウムのかたちで肥料に用いる．植物の3大栄養素（窒素，リン酸，カリ）の中で，窒素は最も大量に必要であり，全世界で毎年 10^8 t オーダーが必要とされている．

なお自然界では植物の根などに存在するバクテリアの働きによって，温和な条件下で空気中の窒素と水からアンモニアなどが合成されている．これはニトロゲナーゼと呼ばれる酵素の働きによる．このことは第22章でも取りあげる．自然は簡単に効率のよい窒素固定を行っているが人間はまだそのようなことができない．

9-2-4 硝酸の製造

アンモニアを酸化して NO とし，さらに酸化して NO_2 としてから水と反応させると硝酸が得られる（$3NO_2 + H_2O \rightarrow 2HNO_3 + NO$）．得られた一酸化窒素は繰り返し用いられる．この方法はオストワルト（Ostwald）法としてよく知られており，20世紀はじめに開発された．

硝酸はアンモニアと同様に，大半は肥料として使われる．硝酸をアンモニアと反応させ，硝酸アンモニウムのかたちにして肥料に用いる．他の用途としては芳香族有機物のニトロ化があげられる．その結果生じるニトロ

---

one point

ハーバー–ボッシュ法
ドイツカールスルーエ工科大学の F. Haber（1868～1934）とドイツ BASF 社の C. Bosch（1874～1940）によって開発されたためこう呼ばれている．

one point

水蒸気改質
炭化水素 $+ H_2O \rightarrow CO + H_2$ の反応．工業的には主にこの方法によって天然ガスや石油から水素が製造されている．アンモニアはこうして作られる水素を原料にしているので，水蒸気改質とアンモニア合成の両工場は併設されていることが多い．

one point

窒素固定
光合成による炭水化物合成を炭酸ガス固定というように，窒素分子を利用しやすい分子に変えることを窒素固定という．

one point

オストワルト法
ハーバー法の登場によってアンモニアの大量合成が可能になったのを機に，ライプチヒ大学のオストワルトによって開発された．

ベンゼンは，たとえば還元されてアニリンとなり，染料や医薬品原料として用いられる．また TNT をはじめとする爆薬の製造にも使われる．硝酸塩やニトロ化合物は爆発性のものが多いので，取扱いには注意が必要である．

9-2-5 炭酸ナトリウム

アンモニア，食塩，二酸化炭素からソルベー法（アンモニア・ソーダ法）によって炭酸ナトリウムが作られることも高校で習ったであろう．ソルベー法では，まず炭酸水素ナトリウムを得て，これを高温で処理して炭酸ナトリウムとする．炭酸アンモニウムは安価な塩基として工業的にもよく用いられている．

$$NH_3 + NaCl + CO_2 + H_2O \rightarrow NaHCO_3 + NH_4Cl$$
$$NaHCO_3 \rightarrow Na_2CO_3 + H_2O + CO_2$$

9-2-6 水酸化ナトリウム（苛性ソーダ）と塩素

食塩水（海水）を電気分解すると，水酸化ナトリウムと塩素が得られる．最近は，ナフィオン（デュポン製の膜の商品名）などの陽イオン交換膜を用いる電解装置が使われている（図 9-7）．ナトリウムイオンはこの膜を自由に通り抜けられるが，塩化物イオンや水酸化物イオンは通り抜けられないので，図 9-7 のような電解装置を用いると陰極側（右側）で純度の高い水酸化ナトリウム溶液が得られる[*2]．

水酸化ナトリウムは製紙業でパルプを作るのに用いられたり，各種産業で中和の目的に用いられたりするなど，大量に使用されている．塩素は水道水の殺菌，さまざまな物質の漂白，ポリ塩化ビニルの製造などに用いられている．ただ近年は，ダイオキシンなどの含塩素有機化合物が悪者扱いされており，使用量は減る傾向にある．水酸化ナトリウムを製造すると必ず塩素もできてしまうため，両方のバランスをどのようにとるかは常に課題になっている．

9-2-7 塩化水素

天然ガスなどから得た水素と，上記のように海水の電気分解で得た塩素を反応させることで塩化水素（無水）を得ることができる．これを水に溶解した酸が塩酸である．

> **Biography**
>
> ▶ F. W. Ostwald
> 1853〜1932，ドイツの化学者．1909 年，ノーベル化学賞受賞．触媒，反応速度，化学平衡の研究で成果を上げた．物理化学の創始者の一人といえる存在である．

*2 図 9-7 で陽極（左側）では $2Cl^- \rightarrow Cl_2 + 2e^-$ の反応により塩素が発生する．余った Na^+ イオンが右側の電解槽に移動する．陰極（右側）では $2H^+ + 2e^- \rightarrow H_2$ の反応により水素が発生し OH^- が余っていく．これらにより，右側の溶液中で NaOH が生成していく．

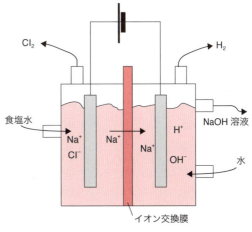

図 9-7 海水の電気分解による塩素ガスと水酸化ナトリウムの製造

例題9-2 実生活ではさまざまな電池が使われている．そのなかの二次電池(充電可能な電池)について，どのような種類があるかを調べよ．

解答例 **鉛蓄電池**：正極に酸化鉛，負極に鉛を用い，硫酸中で電池として動作させる．安価で起電力(約 2 V)が安定していることから自動車のエンジンの始動や電装品用の電源として広く用いられている．

ニッケル・水素電池：正極にニッケル化合物，負極に水素（実際には水素吸蔵合金，第 15 章参照）を用いる．起電力は 1.2 V と低いが，近年は高容量で貯蔵中の放電が抑えられた製品が出回り，乾電池の代わりやハイブリッド自動車のバッテリーとして用いられている．

リチウムイオン電池：正極にリチウム化合物，負極に黒鉛を用い，電解質中をリチウムイオンが移動することで放電と充電を行う．起電力が 3 V 以上と高く，重量あたりの貯蔵エネルギーが大きいため，スマートホンなどの携帯電子機器や一部の電気自動車や航空機に用いられるようになってきた．

章 末 問 題

1. 表 9-2 に示す無機化合物のうち，四つが石油を何らかの原料として生産されている．それぞれの物質の製造において，石油がどのように用いられているか，化学反応式を含めて説明せよ．
2. 図 9-2 においてロジウムの価格は 2008 年末に急落し，希土類の価格は 2011 年に急騰している．これらはなぜか．
3. 図 9-6 から，298 K におけるアンモニアが生成する反応の平衡定数を求めよ．
4. 図 9-7 においてイオン交換膜を用いる利点は何か考えよ．
5. インジウムは可採年数が数字上はきわめて短いことを紹介した．インジウムの用途と代替物質について調べよ．

10章 単体の構造と性質

この章で学ぶこと

世の中の元素単体は 100 以上が知られているが，それらは大きく三つに分類でき，その大まかな性質もその分類によって大きく異なる．本章では代表的な典型元素の単体を分子，共有結合結晶，金属に分類し，その構造と性質を見ていく．遷移元素については第 12 章に示す．
- 分子を作るものにはどのような元素があるかを学ぶことによって，分子性物質の特徴を学ぶ
- 共有結合結晶の例を調べ，その特徴を理解する
- 典型元素の金属についてその構造から主に物理的な性質を考える

10-1 単体の構造：分子

キーワード 元素の性質と構造 (property and structure of elements)，分子の特徴 (character of molecules)

元素の単体は，構造面を考えると分子（原子が数十個まで），共有結合結晶，そして金属に分類できる（表 10-1）．ただしこの分類は絶対的なものではないことに注意してほしい．たとえばセレンはある合成法では Se_8 分子からなる結晶が得られ，別の合成法ではセレン原子が無限に続く一次元

表 10-1 元素単体の構造による分類
■分子，■共有結合結晶，■金属．
この分類は絶対的なものではないことに注意．同じ元素単体でも同素体によっては異なる分類に属することもある．

鎖状構造となる．後者のほうが安定であるため，表 10-1 では共有結合結晶としてある．またスズは通常は金属であるが，低温ではダイヤモンド構造の絶縁体に変化する．このように温度などの条件によって結晶構造が変わることを相転移という．

10-1-1 分子となるものの特徴

共有結合結晶や金属は，通常は固体の固まり中の原子がすべて強固に結びついているので融点や沸点が高い．一方，分子の場合は分子と分子を結びつけている力（分子間力またはファンデルワールス力）は弱いので，少し加熱するだけでその力が断ち切られ，液体や気体になる（表 10-2）．

分子となるものは一般には分子量が小さければ気体であり，大きくなるに従い液体，固体となる．ここでは単原子分子である貴ガス（希ガスと書くことが多いようだが，本書では「貴ガス」と表記する），二原子分子である酸素，窒素，ヨウ素，三原子分子のオゾン，四原子分子の白リン（黄リン），八原子分子の硫黄，十二原子分子のホウ素，その他の C_{60} などの例を見ていく．単体は同素体によって性質がかなり異なる．たとえば白リンは反応しやすく毒性が強いが，黒リンはそうではない．これは構造が違うためである．それぞれの構造と性質を見ていこう．

10-1-2 貴ガス

貴ガスはほとんど化合物を作らないことから「気高いガス」という意味で貴ガスと呼ばれている．ヘリウムは主にアメリカの天然ガスから産出し，

■ **one point**
分子間力
中性の分子どうしの場合でも，極性のある分子では電荷の偏りがあるために分子間に弱い静電引力が働く．極性のない分子でも，電荷の一時的な偏りは常に起こっていると考えると分子間に非常に弱い引力が働いていることが説明できる．後者をロンドンの分散力という．

表 10-2 単体の沸点と融点（単位 K）
各元素上段の数値が融点，下段が沸点．

1	2	3	4	5	6	7	8	9	10	11	12	13	14	15	16	17	18
H 14 20																	He 0.95 4.2
Li 453 1615	Be 1551 3243											B 2573 2823	C 3905 5100	N 63 77	O 55 90	F 54 85	Ne 24 27
Na 371 1156	Mg 922 1380											Al 934 2740	Si 1683 2628	P 317 553	S 386 718	Cl 172 239	Ar 84 88
K 336 1033	Ca 1112 1757	Sc 1814 3104	Ti 1933 3560	V 2163 3653	Cr 2130 2946	Mn 1517 2235	Fe 1808 3023	Co 1768 3143	Ni 1728 3003	Cu 1337 2840	Zn 693 1180	Ga 303 2676	Ge 1211 3103	As 1090 886	Se 490 958	Br 266 332	Kr 117 121
Rb 312 959	Sr 1042 1657	Y 1795 3611	Zr 2125 4650	Nb 2741 5015	Mo 2863 5833	Tc 2445 5150	Ru 2583 4173	Rh 2239 4000	Pd 1827 3243	Ag 1235 2485	Cd 594 1038	In 430 2353	Sn 505 2543	Sb 903 2023	Te 723 1263	I 387 458	Xe 161 166
Cs 301 942	Ba 998 1913		Hf 2500 4875	Ta 3269 5696	W 3683 5933	Re 3453 5900	Os 3318 5300	Ir 2683 4403	Pt 2045 3560	Au 1337 3353	Hg 234 629	Tl 577 1730	Pb 601 2013	Bi 544 1833	Po 527 1235	At 575 610	Rn 202 211
Fr 294 930	Ra 973 1413																

※ヒ素は 1 気圧では，加熱しても液化せず昇華するのでその温度を下段に示し，
　上段には三重点（1090 K，3.6 MPa）を示した．

沸点 4.2 K と最も低温の液体となる．低温の研究に欠かせない物質であり，現在超伝導[*1]磁石は液体ヘリウムを使うものが実用化されている．超伝導磁石は NMR をはじめとした多くの研究機器や，JR が開業を予定しているリニアモーターカーで用いられている．ヘリウムは近年価格が上昇しており，多くの分野に影響を与えている．

　ネオンは空気中に約 20 ppm 含まれ，空気を分留して得られる．ネオンサインなどに用いられている．アルゴンは空気中に約 1 ％含まれ，最もありふれた貴ガスである．白熱電球などに封入されている．これは空気中で電流を流すと酸素によってフィラメントがすみやかに酸化され，フィラメントが切れてしまうのを防止するためである．クリプトンは空気中に約 1 ppm 含まれ，これも空気を分留することによって得られる．アルゴンと同様に電球用の封入ガスとして用いられ，これが入った電球はクリプトン球と呼ばれており，懐中電灯用などの小型電球にしばしば使われている．キセノンは他の多くの貴ガスと同様に空気から得られるが，空気中の存在割合がきわめて少ないので（約 0.1 ppm）他のガスに比べて高価である．カメラなどのフラッシュランプによく用いられている．ヘリウムのところでも書いたが，貴ガス類は生産量が少ないこともあって，その供給は社会情勢の影響を受けやすい．

[*1] 超伝導は、特に電気の分野では超電導と書くことが多い．

10-1-3　二原子分子

(1) 水素

　最も簡単な二原子分子は水素 H_2 である．水素の共有結合の考え方はこれまでに何度も取りあげてきた．H–H 間距離は 0.75 Å 程度，水素の結合エネルギーは 436 kJ mol^{-1} であり，単結合としては比較的大きい[*2]．これは，比較的強い結合で結ばれていて安定な分子であることを意味している．しかし，酸素存在下で点火すると爆発的に反応して危険なことは周知の通りである．工事現場などで赤いガスボンベを見かけたらそれは水素ガスのボンベである．水素は，一部は電気分解でも製造されているが，現在は主に天然ガスや石油の水蒸気改質で製造されている．

$$(HC) + H_2O \rightarrow H_2 + CO$$

この反応式で（HC）は炭化水素一般を指す．つまり天然ガスや石油である．この反応は高温でニッケルなどの触媒を用いて行われている．得られた一酸化炭素はさらに下記の水性ガスシフト反応に使われ，水素が得られる．

$$CO + H_2O \rightarrow CO_2 + H_2$$

[*2] 有機化合物中の C–C や C–O 結合は 370 kJ mol^{-1} 程度である．

one point
水素の爆発限界
水素の空気中での爆発限界（爆発反応を起こす濃度の範囲）は 4 ～ 74 ％ときわめて広い．

(2) 窒素と酸素

次に，代表的な二原子分子である窒素と酸素を対比して見てみよう．これらは分子量，沸点などは似ているが大きく異なる点がある．酸素は反応しやすいのに対し，窒素は非常に反応しにくいということである．窒素は三重結合であり，窒素原子間がしっかり結びついていることが反応しにくい原因である．窒素のルイス構造式は図 10-1(a) のように表され，窒素原子の両側に非共有電子対が一組ずつ存在する．酸素は二重結合であるが，実は不対電子が 2 個存在する．不対電子が 2 個存在してかつ左右対称な形にルイス構造式を書くのは無理である（4-1-1 項参照）．電子数が奇数ならば，電子を 2 個ずつ軌道に入れていくと最後の軌道は電子が 1 個になるが，電子数が偶数の分子で不対電子が存在するのは珍しい．酸素の周りの分子軌道は，下から 2 個ずつ電子を入れていって，最後の 2 個の電子を入れる段階で，エネルギーの等しい軌道が 2 個あることがその原因である（図 10-1e）．われわれの身の回りの単純な分子には，たいてい不対電子はない．不対電子があると磁石にわずかに引かれる（常磁性という），反応しやすいなどの性質が表れる．

(3) ハロゲン

ハロゲンも二原子分子である．常温でフッ素，塩素は気体，臭素は液体，ヨウ素は固体であり分子量の増加とともに融点や沸点が高くなっている

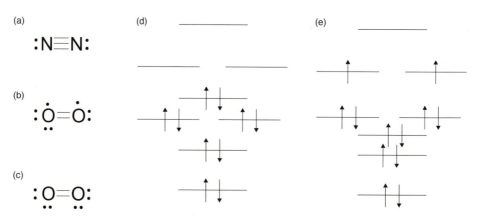

図 10-1　窒素と酸素の比較

(a) 窒素分子のルイス構造式．窒素原子は価電子が 5 個でそのうち 3 個が相手の原子と共有結合を作り，三重結合となる．(b)，(c) 酸素のルイス構造式．これに対し，酸素分子では不対電子が 2 個存在するがそれを表そうとすると (b) のように非対称なルイス構造式になってしまい，対称にしようとすると (c) のように不対電子の存在を表すことができない．(d) 窒素分子の分子軌道のエネルギー図．窒素分子は価電子が 10 個（1 個の原子あたり価電子 5 個）あり，それをエネルギーの低い軌道から 2 個ずつ入れていくとこのようになる．(e) 酸素分子の分子軌道のエネルギー図．酸素の場合もエネルギーの低いほうから 2 個ずつ，合計 12 個の価電子を入れていくが，たまたま最後の 2 個の電子を入れるときに同じエネルギーの軌道が 2 個あるため，不対電子が 2 個できる．

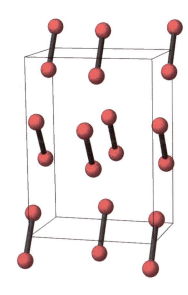

図 10-2 ヨウ素の単位格子
ヨウ素原子間は（結合エネルギーは 149 kJ mol^{-1} で H–H や C–C 結合と比べると弱いものの）共有結合でかなり強く結びついているが，分子間の引力は 5 kJ mol^{-1} 以下であり，共有結合に比べるときわめて弱い．

（表 10-2）．フッ素，塩素はそれぞれ黄色，黄緑色の刺激性の強い気体である．臭素は褐色の液体である．いずれも刺激性・毒性が強くきわめて危険である．特にフッ素は非常に反応しやすくまた毒性が高いので，特別な環境でなければ扱えない．ヨウ素の固体は図 10-2 に示した通り，二原子分子の I_2 が結晶内に規則正しく配列した構造となっている．ヨウ素は黒紫色の固体であるが，ヨウ素分子間の分子間力は弱いので，分子が容易に飛び出し，紫色のヨウ素蒸気が昇華する．

one point
フッ素の危険性
フッ素の単離をめぐっては，クノックス，ニクレなど多くの化学者が死亡もしくは重病になっており，最終的にはモアッサン（H. Moissan）が単離に成功した．

例題 10-1 窒素と酸素の反応性の違いを述べ，その理由を考えよ．

解答 窒素は非常に反応しにくい気体であり，アンモニア合成は過酷な条件で行われることはよく知られている．これに対して，酸素は多くの元素と反応して酸化物を与えることもよく知られている．この理由として，まず窒素は三重結合で非常に結合が強いのに対して，酸素は二重結合であり窒素に比べて結合が弱いことがあげられる．さらに酸素には不対電子があり，ラジカルとしての性質をもっていることが，反応しやすさにつながっている．

10-1-4 その他の分子
(1) オゾン
　オゾンは三原子分子の単体である（図 10-3）．特有な臭気のする気体で，有毒であり，不対電子をもたない反磁性化合物である．家庭用のミキサーを回すと独特なにおいを感じるだろう．あれがオゾンのにおいである．上

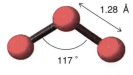

図 10-3 オゾンの構造

空でオゾン層を形成して紫外線を遮っているのは周知の通り．

(2) リン

リンはさまざまな同素体として存在する．白リンと黄リンは化学的には同じもので，黄リンの純粋なものが白リンである．正四面体の四原子分子であり，融点が低く（43℃），揮発性もありニンニクのようなにおいがするともいわれる（図10-4）．きわめて毒性が高く，毒物に指定されている．また，非常に発火しやすいため水中に保存する．

白リンは次第に化学変化を起こし赤リンに変化する．赤リンは白リンの四面体構造の結合が一部切れ，隣接する白リン分子とつながって鎖状構造となったもので，安定な結晶ではない．黒リンは図10-5に示すようにジグザグ構造となっている高分子であり，化学反応性も低い．以上からわかるように，白リンのような低分子量の分子は，融点・沸点が低く，反応しやすく毒性が高いものが多い．一方，黒リンのような共有結合結晶は一般に融点が高く，反応しにくく，溶解性も低く，揮発することはない．黒リンは毒性もはるかに弱く，半導体の性質を示す．

(3) 硫黄

硫黄には斜方硫黄と単斜硫黄があると高校で習った人もいるだろうが，その違いを理解していたであろうか．斜方硫黄と単斜硫黄はいずれも分子としては S_8 で環状の構造であるが，結晶を作るときの分子の並び具合が少し異なるため，密度などの固体の性質は異なる．図10-6に斜方硫黄を示した．S_8 以外にも S_{18} など，多くの環状分子の同素体が知られている．条件によっては環状構造が崩れてポリマー状になったものも生成する．

---

one point

斜方硫黄と単斜硫黄の違い

単斜硫黄は単位格子の長さが 11.0，11.0，10.9 Å，角度が 90，96.7，90°である．それに対して斜方硫黄は単位格子の長さが 10.5，12.9，24.5 Å，角度はすべて 90°である．

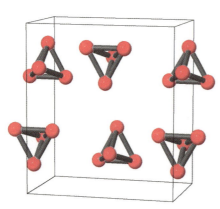

図 10-4　白リンの構造
単位格子内の P_4 分子の配置を示す．

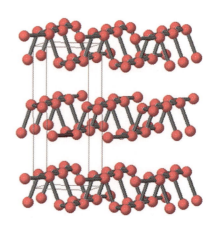

図 10-5　黒リンの構造
リン原子がジグザグに面状に並び層を作っている．

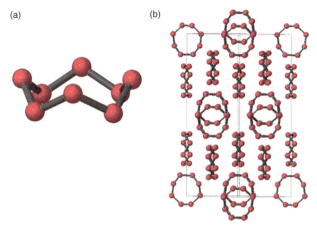

図 10-6 硫黄の構造
(a) 硫黄の分子構造．硫黄は八つの原子で王冠状の分子を作る．
(b) 硫黄の結晶構造(斜方イオウの場合)．結晶内ではその王冠状の分子が 90°向きを変えて交互に並んでいる．

図 10-7 ホウ素単体によく見られる 12 面体構造

この硫黄分子のように同じ元素が(共有結合で)鎖状につながっていくことをカテネーションという．カテネーションが見られるのはごく限られた元素だけである．代表例は炭素で，有機化合物の構造を考えればわかるであろう．炭素がカテネーションを起こしやすいのは，C–C 共有結合が非常に安定であること，価電子が 4 個で最外殻に入りうる電子数の半分でうまく共有結合を作っていけることが理由であろう．

(4) ホウ素

ホウ素は単体では硬く半導体の性質を示す固体である．図 10-2 に示す B_{12} の構造をもつ同素体が多く知られている．この構造(B_{12})がさらに共有結合によって無限につながっており，非常に硬く融点も高い．

(5) フラーレン

C_{60} はいわゆるサッカーボール型をしており，炭素の作る六角形と五角形が交互に並んだ球形の分子である．1985 年にクロトー(Kroto)らによって C_{60} 分子とその構造がはじめて確認された．長い間，炭素の明確な構造の同位体はダイヤモンドと黒鉛しか知られていなかったため，この発見は世界中に驚きをもたらした．発見者らはこの分子の構造が建築家バックミンスター・フラー(R. B. Fuller)の作った球形の建造物に似ていたことからバックミンスターフラーレンまたは単にフラーレンと呼び，この名が定着した．

> **Biography**
> ▶ Sir H. W. Kroto (1939 〜 2016), R. E. Smalley (1943 〜 2005), R. F. Curl, Jr. (1933〜)
> 1985 年，ライス大学のハロルド・クロトー，ジェームズ・ヒース，ショーン・オブライエン，ロバート・カール，リチャード・スモーリーによって初めて C_{60} 分子が確認された．クロトー，スモーリー，カールの 3 名は，この業績によって 1996 年にノーベル化学賞を受賞した．

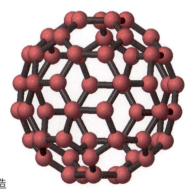

図 10-8 C_{60} の構造

10-2 共有結合結晶

キーワード ダイヤモンド構造(diamond structure)，黒鉛(graphite)，カーボンナノチューブ(carbon nanotube)

ここでは，代表的な共有結合結晶を紹介する．なお，上述の黒リンは共有結合結晶である．

10-2-1 ダイヤモンド，黒鉛，CNT

ダイヤモンドは共有結合性結晶の代表例として知られる（図10-9a，b）．比較的短く強固なC-C結合でがんじがらめに結合しており，模型を手に

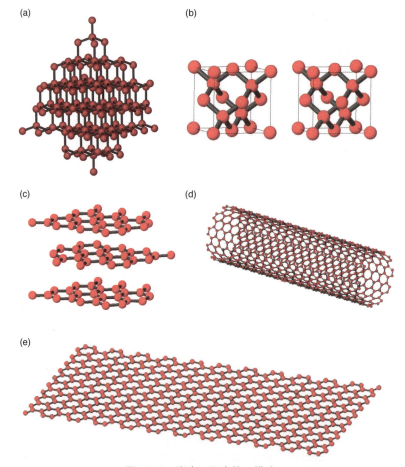

図 10-9 炭素の同素体の構造
(a) ダイヤモンドの構造，(b) ダイヤモンドの単位格子(ステレオ図)，(c) 黒鉛の構造，(d) カーボンナノチューブの構造，(e) グラフェンの構造．いずれも共有結合結晶なので，実際にはこの構造の繰り返しが無数に連なっている．(b) で示した単位格子は立方晶系すなわち立方体の形であり，この立方体が縦，横，奥行き方向に積み上がると (a) に示した構造となる．

取って見ればいかにも丈夫そうなのがわかるだろう．それぞれの炭素原子はsp^3混成軌道でつながっている．

黒鉛も共有結合結晶に分類される．平面上のシートが重なった構造をしており，シート内の炭素原子間はsp^2混成軌道に基づく共有結合で結びついている（図10-9c）．炭素の四つある価電子のうち一つが余るため，それはシートの垂直方向の軌道として存在する．その電子によってシート間に弱い結合が生じるが，通常のC–Cの共有結合より弱い．そのため比較的軟らかく，このシート間の電子が動きやすいために多少の電気伝導性があり，この点でも典型的な共有結合結晶とは異なる．

C_{60}に引き続き発見された同素体がカーボンナノチューブ（CNT）と呼ばれる物質群である（図10-9d）．これは字の通りチューブ状の構造をしており，平面状のグラフェン（図10-9e）とともに先端研究材料として多くの分野の化学者の注目を集めている．

10-2-2　ケイ素，ゲルマニウム，セレン

ケイ素やゲルマニウムは通常の条件下ではダイヤモンド構造をとっている．これらは半導体としてよく用いられていることは第7章にも記した．

またセレンはいくつかの結晶形があり，最も安定な構造はセレン原子が一次元状に連続して結合したポリマー構造であり，これは半導体の性質を示す．一方，硫黄と同じくSe_8分子を基本とする絶縁体の固体も存在する．

例題10-2　ケイ素，ゲルマニウムの単体はいずれもダイヤモンドと同じ構造であり，C–C，Si–Si，Ge–Ge結合の結合エネルギーはそれぞれ346，226，186 kJ mol^{-1}である．このことからこの三つの単体の化学的，物理的な性質を考察せよ．

解答　ケイ素とゲルマニウムは，炭素よりも結合エネルギーが小さいので，機械的強度が弱いことが推量される．これは結合距離が長くなっていることも関係している．また，化学反応性にも差が見られ，ダイヤモンドは1000 °C以上の高温にしないと酸素とも反応しないが，ケイ素やゲルマニウムはより低い温度でも反応する．なお，C–C結合の結合エネルギーが非常に大きいことは，炭素がカテネーションしやすい原因でもある．

10-3 金属

キーワード アルカリ金属（alkali metal），アルカリ土類金属（alkali-earth metal），インジウムとスズ（indium and tin）

　典型元素の中で，1族のアルカリ金属，2族のアルカリ土類金属，そして13～16族の原子番号の大きな元素は金属であり，電気伝導性や金属光沢などを示す．ほとんどの金属は融点や沸点が高く，常温では固体である．例外的に水銀は室温で液体であり，ガリウムは融点が30℃で手で暖めれば溶ける．以下，典型元素の代表的な金属を紹介する．

10-3-1　アルカリ金属

　アルカリ金属類は常温常圧ではもちろん固体であるが，融点は比較的低い．表10-2に示すように融点，沸点はリチウムが最も高く，原子番号が大きいほど（周期表の下にいくほど）低くなっていく．これは原子が大きくなるにつれ，原子間の引力が低下するためである．なお，合金にすると融点が下がるものも多く知られており，たとえばナトリウムとカリウムの合金には融点が0℃以下のものもある．

　アルカリ金属は価電子が各原子に1個ずつしかないために結合に預かる自由電子が少ない．そのためにアルカリ金属は軟らかく（ナイフで簡単に切れる），融点も低い．またアルカリ金属単体はすべて体心立方格子である．

　アルカリ金属の気体は二原子分子となりうることが知られている．たとえば金属リチウムの蒸気は一部が実際に二原子分子になっている．その原子は水素と同じくs軌道に電子が1個入った状態であり，それらの軌道が重なって共有結合の分子を作る．

　リチウムはアルカリ金属の中で最も原子半径が小さいので結合は強く，そのためアルカリ金属の中では比較的硬く，融点も高い．リチウムは電池（充電式のものとそうでないもの）として繁用されている．

10-3-2　アルカリ土類金属

　アルカリ土類金属は，一般にはアルカリ金属より融点，沸点が高く化学的にも安定である．

　ベリリウムは機械的な強度はかなり強く，X線をよく透過させるためX線管球などに使われる．また，合金としてばねなどに用いられる．ただしベリリウムは毒性が強いため，一般的な用途では用いられない．

　マグネシウムは軽量で，合金にした場合の強度も強いため，高級なノートパソコンやカメラの筐体などに汎用されている．次章で述べるように還

元力が強い，すなわち酸化されやすく，特に粒子が細かくなると発火しやすいため，加工の際は注意が必要である．日本でも工場で火災が起きたことは記憶に新しい．

ストロンチウムは赤，バリウムは緑など，典型的な炎色反応を示すので，古くから花火などに用いられている．これは高温で原子の周りの電子が高エネルギーの軌道に移動し，そこからもとの軌道に戻ってくる際に特定の

コラム　　　日本で多くとれる元素

日本は資源に乏しい国であり，石油を含むほとんどの鉱業製品は輸入に頼っていると習ったであろう．しかし，日本で多く産出する元素もいくつかはある．

ヨウ素は世界生産量（年間 29000 t）のうち，日本が世界2位の約1万 t を占めている（1位はチリの 18000 t）珍しい元素である．通常は海水中に 0.05 ppm 含まれるが，千葉県のある地域の地下水中には 100ppm ほど含まれ，この水から天然ガスとともに製造されている．用途は造影剤（20 %），医薬用（13 %），液晶材料（13 %），などである．

万が一，原子力災害が起きたときのために，ヨウ素を配布するという報道を耳にした人も多いだろう．その理由は以下の通りである．

甲状腺で作られる甲状腺ホルモンはヨウ素を含んでいる（下図）．甲状腺では常に甲状腺ホルモンが作られており，ヨウ素が消費されているため，新しく摂取したヨウ素は甲状腺に運ばれる．よって放射性のヨウ素 131 が新たに体内に取り込まれると甲状腺に蓄積する．そこで放射性でないヨウ素を含むヨウ素製剤（ヨウ化カリウムなど）をあらかじめ多量に摂取しておけば，それらが甲状腺に溜まるので，放射性ヨウ素の甲状腺への蓄積を減らすことができる．

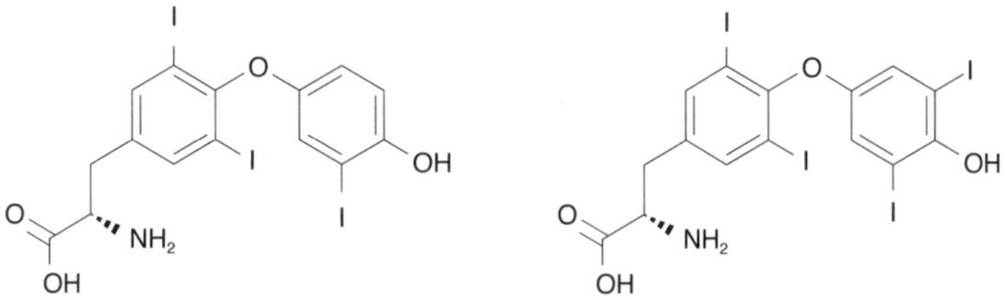

甲状腺ホルモンの構造

セレンは銅鉱石から銅を取り出す精錬の過程での副産物として得られ，日本が（鉱石は 100 % 輸入であるにもかかわらず）生産量は世界一で，シェアは 28 % である（日本化学会編『化学便覧 応用化学編 第7版』，丸善出版（2014））．セレンは硫黄の同族であり，銅の鉱石は多くが硫化物として算出されるため，セレンも一緒に算出される．セレンはコピー機の感光体やガラスの着色剤として使われているが，毒性の問題から近年は使用量が減少している．

波長の(すなわち特定の色の)光を放出するからである．

10-3-3 その他の金属

その他の典型元素の金属としては，インジウム，スズ，鉛，アンチモン，ビスマスなどがあり，古くから合金や化合物に用いられている．

インジウムは，ITO（インジウムとスズの混合酸化物）として液晶ディスプレイや太陽電池などの透明電極に用いられてきたが，資源量が需要に対してきわめて乏しいため，近年価格が上昇しており，代替品の開発が進められている．

スズは常温では金属であるが，低温（13 ℃以下）では半導体相が安定となるためもろくなるという性質がある．スズは鉛との合金が「はんだ」として電気回路や電気製品に多量に用いられる[*3]他，ブリキ（鉄の表面へスズをメッキしたもの）が缶詰の缶などに使われている．

10-3-4 同位体

ここで同位体について触れておこう．第1章でも簡単に触れたが，表10-3に代表的な同位体を示す．同位体は同じ原子番号をもつ原子でも中性子の数が異なるものであり，同位体による化学的な性質の差は少ないとされる．例外は水素で，水素と重水素では質量が2倍違うため，水素が入った化合物と重水素が入った化合物では沸点などの物理的な性質のみならず化学的な性質(たとえば反応速度)もかなり異なる場合が知られている．たとえば通常の水素分子（^{1}H）$_2$は沸点が20.6 Kであるが，重水素からなる水素分子(^{2}H)$_2$＝D$_2$は沸点が23.8 Kであり，10 % 以上異なる．

> **one point**
> **インジウムの産地**
> 2000年頃まで日本はインジウムの世界最大の産出国であったが，北海道にあった鉱山が閉山し，現在は中国が最大の生産国となっている．

[*3] 現在は鉛フリーはんだと呼ばれる鉛の含有量が非常に少ないものが用いられるようになってきている．
鉛は水道管や銃弾などに，アンチモンは活字用合金などに多く使われてきたが，これらの金属はその毒性が問題となり，あまり用いられなくなってきている．

表10-3 代表的な同位元素と自然界における存在比（%）

元素	H	C	N	O	Si	S	Cl	K	Br
質量数	1 (99.99)	12 (98.9)	14 (99.64)	16 (99.76)	28 (92.22)	32 (95.9)	35 (75.8)	39 (93.26)	79 (50.7)
質量数	2 (0.01)	13 (1.1)	15 (0.36)	17 (0.04)	29 (4.69)	33 (0.7)	36 (24.2)	40 (0.01)	81 (49.3)
質量数				18 (0.20)	30 (3.09)	34 (4.2)		41 (6.73)	

章末問題

1. ヨウ素は黒紫色の固体，黒鉛は黒色の固体である．前者は容易に昇華するのに，後者はきわめて融点が高い．この性質の違いを構造から説明せよ．

2. 酸素分子のルイス構造式を以下の条件を守って書いても，うまく書けないことを確認せよ．① それぞれの酸素原子の周りに価電子が8個配置されるようにする．②電子配置が左右対称になるようにする．また，オゾンのルイス構造式は共鳴構造を採り入れ，片方が二重結合，片方が配位結合のようにすれば構造式を書くことができる．この共鳴構造式を書け．

3. 一般に似た構造を示す一連の分子では分子量が大きいほど沸点や融点は高いとされる．しかしアルカリ金属は周期表の下のほうの元素の単体ほど融点が低い．この理由を説明せよ．

4. カテネーションしやすい元素にはどのようなものがあるかを列挙し，カテネーションによって生成する化学種を答えよ．

5. カーボンナノチューブやグラフェンは先端材料として期待されている．どのような研究が行われているか調べよ．

11章 単体の化学

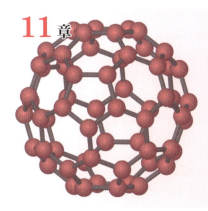

前章では主に単体の構造と物理的な性質について学んだ．本章では化学的な性質，すなわち単体の反応について族ごとにまとめながら見ていこう．単体はそのままのかたちで得られるものは少ない．どのようにして単体を得るのかは単体の化学的な性質に密接に関係していることを学ぶ．

- 無機化合物の命名法の基本規則を理解する
- 単体の化学反応を学ぶ
- 各元素の作る化合物はどのような性質をもつか，概略を理解する
- 族ごとに単体の合成法を含めた化学反応性を学ぶ

11-1 無機化合物の命名法

キーワード 命名法(nomenclature)，酸化数(oxidation number)

本章では化合物が登場し，それぞれには名前がつけられている．単純な無機化合物には慣用的な名前も多いが(たとえば水やアンモニア)，一般には以下で示す規則に沿って命名する．命名法の詳細はきわめて複雑であり，無機化学を専門にする研究者でも完全に理解している人はおそらくほとんどいないであろう．ここではごく初歩的な規則を示す．

AとBが結合した無機物質は，Aのほうが陽性（陽イオンになりやすい）とすると，ABと書かれ，日本語では「B化A」または，「B酸A」のように後ろから呼ばれる[*1]（例：塩化ナトリウム NaCl，塩化水素 HCl，水素化カルシウム CaH_2）．陰イオンが単原子イオンなど単純な場合は，陰イオン自体は〇〇化物イオンと呼ばれる（例：塩化物イオン，水素化物イオン）．いくつかの原子からなる陰イオンの場合は〇〇酸イオンと呼ばれ，それらと陽イオンの組み合わせの塩は〇〇酸△△のように呼ばれる（例：硫酸カリウム K_2SO_4，過マンガン酸カリウム $KMnO_4$，テトラフルオロホウ酸ナトリウム $NaBF_4$）．遷移金属の場合は酸化数を明示的に示すためにカッコ書きで酸化数を添えることが多い（例：ヘキサシアノ鉄(III)酸カリウム $K[Fe(CN)_6]$）．

[*1] 英語ではABのそのままの語順で呼ばれる．たとえば Sodium Chloride (NaCl)，Potassium Bromide (KBr)．

同じ元素の組合せの化合物であるが，元素の比率が違う場合は以下のように名づける．たとえばPF_5とPF_3の場合は，五フッ化リンと三フッ化リンと呼ばれることが多い．しかし正式には中心原子の酸化数をローマ数字で示す．つまり，フッ化リン(V)，フッ化リン(III)のように表す．

結晶溶媒（結晶ができる場合に水などの溶媒分子も一緒に取り込んだもの）は「・」の後に示す(例：炭酸ナトリウム十水和物 $Na_2CO_3 \cdot 10H_2O$)．

11-2　単体の化学的な性質の概略

キーワード 元素の性質の傾向（tendency of elements' property），標準還元電位（standard reduction potential），酸化還元のされやすさ（redox propenties）

元素の性質の一つの指標が，元素ごとの酸化還元のされやすさであろう．第8章では標準還元電位について学んだ．標準還元電位とは，電子を受けとって還元反応が進むように半反応式を書いたとき，反応が右に進みやすいかどうかの平衡の目安を与える数値であった．別のいい方をすれば，反応にかかわる物質の濃度や圧力などが標準の状態にあるときの半反応式の平衡定数の大小を別の表し方で示したものということもできる．たとえば

$Na^+ + e^- \rightarrow Na$

$Cl_2 + 2e^- \rightarrow 2Cl^-$

の二つの半反応式の標準還元電位はそれぞれ-2.7 Vと$+1.4$ Vであり，この値から，ナトリウムは電子を放出してナトリウムイオンになりやすい（そのほうが圧倒的にエネルギーが低い）ことがわかる．周期表の大半は金属元素であり，金属の多くは標準還元電位が低く陽イオンになりやすく，金属原子が単独で陰イオンになることはまずない．一方の塩素は電子を受けとって塩化物イオンになりやすい（そのほうがエネルギーが低い）ことを表している．つまりナトリウムは還元剤としての性質が強く，塩素は酸化剤としての性質が強いことがわかる．ナトリウムと塩素に限らず，水素を除くアルカリ金属（第1族）とハロゲン（第17族）の元素はほぼこのような性質を示す．これらは周期表の両端なので性質が強いといえる．

おおむね周期表の左側の元素単体は電子を失いやすく，右側は電子を奪いやすい傾向がある．また，同じ族内でもアルカリ金属やアルカリ土類金属の場合は，陽性すなわち電子を放出する性質は周期表の下の元素のほうが一般に強く，逆にハロゲンや16族で電子を引き寄せる性質は周期表の上の元素のほうが高い（図11-1）．このことを頭に入れることが最も重要である．それを確認したうえで次節の各論を学んでほしい．

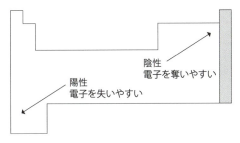

図 11-1　周期表中での元素の性質

11-3　各　論

キーワード　アルカリ金属（alkali metal），アルカリ土類金属（alkali-earth metal），13族元素（group 13 elements），14族元素（group 14 elements），15族元素（group 15 elements），16族元素（group 16 elements），ハロゲン（halogen）

以下では族ごとに元素の化学的な性質を学ぶ．細かいことを記憶するのではなく，大まかな傾向を知ることが重要である．

11-3-1　アルカリ金属の化学

水素は第14章で示すので，ここでは第1族元素のうち，水素を除くアルカリ金属について考える．アルカリ金属単体は溶融塩の電気分解によって得られる．1807年にデイビー（Davy）は水酸化ナトリウムの電気分解によって金属ナトリウム単体をはじめて得た．今日ではナトリウムは塩化ナトリウムの電気分解によって製造される．アルカリ金属は一般にきわめて陽性の高い（電子を放出しやすい）元素であり，水とも容易に反応する．これはすべて最外殻にある電子がs軌道に1個のみであることに起因している．たとえばナトリウムは水と激しく反応するが，その際の化学反応式は

$$2Na + 2H_2O \rightarrow 2NaOH + H_2$$

となる．アルコールとも同様に反応し，たとえばエタノールと反応するとナトリウムエトキシド $Na(C_2H_5O)$ を与える．酸素とも容易に反応し，酸化物を与える．空気中でも発火する恐れがあるため一般に石油中に保存する．ハロゲンとも激しく反応し，ハロゲン化物となる．たとえばナトリウムと塩素の反応式は下記のようになる．

$$2Na + Cl_2 \rightarrow 2NaCl$$

アルカリ金属は，原子番号の大きな元素のほうが化学反応性が高い．た

Biography
▶ H. Davy
1778〜1829，イギリスの化学者．ナトリウム，カリウム，マグネシウムなど多くの元素の単離にはじめて成功した．

one point
水酸化ナトリウム
水酸化ナトリウム NaOH は苛性ソーダと呼ばれ，非常に吸湿性の高いペレット状の固体で，塩基として広く利用されている．ただし皮膚を強く腐食するので取扱いは注意すべきである．特に目に入った場合に与えるダメージは酸よりも強いので，防護メガネなど十分な対策をして用いる必要がある．

表11-1 アルカリ金属とアルカリ土類金属の性質

元素	最外殻電子配置	原子半径(Å)	イオン半径(Å)	元素	最外殻電子配置	原子半径(Å)	イオン半径(Å)
Li	$2s^1$	1.57	0.59(4)	Be	$2s^2$	1.12	0.27(4)
Na	$3s^1$	1.91	1.02(6)	Mg	$3s^2$	1.60	0.72(6)
K	$4s^1$	2.35	1.38(6)	Ca	$4s^2$	1.97	1.00(6)
Rb	$5s^1$	2.50	1.49(6)	Sr	$5s^2$	2.15	1.16(6)
Cs	$6s^1$	2.72	1.67(6)	Ba	$6s^2$	2.24	1.49(6)

イオン半径のカッコ内の数字は配位数を示す．原子半径は A. F. Wells, "Stuctural inorganic Chemistry, 5th ed.," Clarendon Press (1984)，イオン半径は R. D. Shannon, Acta Cryst., A32, 751 (1976) より．実際の参照はどちらも D. F. Shrver and P. W. Atkins " Inorganic Chemistry 3rd ed.," Oxford University Press (1999).

とえば水にリチウムを加えたときの反応は比較的穏やかで，ゆっくり水素が発生する．リチウムは標準還元電位が他のアルカリ金属より高く，熱力学的に反応が起こりにくいことが反応が穏やかなことの一因である．ナトリウムの場合は水と激しく反応し，飛び散ったり発火することも多い．カリウムは水に入れると瞬時に発火して紫色の炎を出す．原子番号の大きな元素のほうが単体の融点が低いことは前章で示したが，これは原子間の結合が弱いためであり，このために化学反応性も高い．

表11-1にアルカリ金属とアルカリ土類金属の性質を示した．原子半径は原子番号が大きくなるにつて大きくなること，イオン半径は原子半径より小さいこと，アルカリ土類金属は原子半径，イオン半径ともにアルカリ金属より小さいことがわかる．原子半径の大きな原子ほど原子間の結合が弱くなると考えればアルカリ金属のほうがアルカリ土類金属よりも，そして同じ属なら周期表の下の元素ほど原子間の結合が弱く，反応しやすいことがわかる．

リチウムは標準還元電位が低く軽いため，電池の電極として用いた場合に重量あたりのエネルギーが高く，起電力も大きい．このためリチウム電池は特にボタン型電池としてよく用いられている．リチウム電池はリチウムを負極として用いる．なお，充放電可能な二次電池であるリチウムイオン電池はこれとは全く異なるものである．第21章で述べるように，リチウムは炭素と結合を作り有機金属化合物となる．

アルカリ金属イオンは水中では水分子が配位した錯イオンとなっている．リチウム，ナトリウム，カリウムでは4配位の錯体（たとえば$[\mathrm{Li}(\mathrm{H}_2\mathrm{O})_4]^+$）が生成する．アルカリ金属の原子半径，そして陽イオンのイオン半径は原子番号の増大とともに大きくなるため，ルビジウムやセシウムでは6配位の錯体（たとえば$[\mathrm{Rb}(\mathrm{H}_2\mathrm{O})_6]^+$）が主に生じると考えられている（図11-2）．

図11-2 リチウムとルビジウムの場合の水和イオンの構造

11-3-2 アルカリ土類金属

アルカリ土類金属は，アルカリ金属と同様に陽性の強い元素である．マ

グネシウム，カルシウム，ストロンチウムなどはいずれも標準還元電位は $-2\,\mathrm{V}$ 以下と非常に低いが，ベリリウムは $-1.7\,\mathrm{V}$ とそれほどでもない．ベリリウムは他のアルカリ土類元素とかなり性質が異なる(後述)．

マグネシウムおよびそれより原子番号の大きなアルカリ土類金属の元素はアルカリ金属と似た化学反応性を示すが，マグネシウムの空気中の酸素や水との反応は遅い．マグネシウムは室温では水とはほとんど反応しないが，$100\,°\mathrm{C}$ 近くに熱した水とはゆっくり反応する．また，空気中でも発火することは通常はないが，加熱すると発火する．また細かい粒子状にした場合は容易に着火し，激しく燃えるので注意が必要である．マグネシウムを主体とする合金は，近年パソコンやカメラなどのうち高級な製品に用いられているが，加工の際は発火に十分注意する必要がある．火災になった場合は水をかけても消えないばかりか，水が使えない場合にしばしば用いられる二酸化炭素消火器でも火を消すことはできない．なぜなら以下の反応が起こってかえって発熱するからである．

$$2Mg + CO_2 \rightarrow 2MgO + C$$

マグネシウムは強力な還元剤としての性質をもつため，チタンなど非常に還元しにくい金属の還元にも用いられている．そこで生じた酸化マグネシウムは，高温では以下の反応は右に平衡が偏っていることを利用して，一酸化炭素で還元する．

$$MgO + C \rightleftharpoons Mg + CO$$

このように炭素と金属酸化物の反応の平衡が温度によって偏りが異なることは，遷移金属酸化物の還元の際にもよく見られる．

マグネシウムをはじめカルシウム，ストロンチウム，バリウムは，多くの場合はイオン結合の化合物を作るが，これらの中でマグネシウムだけは比較的共有結合の化合物を作りやすい．特に炭素と結合し有機金属化合物を作りやすいことは昔から知られており，グリニャール試薬を生成する(第21章参照)．

カルシウム，ストロンチウム，バリウムは単体で使用されることは少ないが，たとえば還元剤の水素化カルシウムの合成にカルシウム単体が用いられる．これらの単体の化学反応性，化合物の性質はいずれも比較的類似している．酸化物は水と反応しやすく，水酸化物となる．硫酸塩や炭酸塩はいずれも水に不溶である．特に硫酸バリウムは原子量の大きなバリウムの存在のために X 線を吸収する性質が強く，ペースト状に分散させた状態で胃の検査に用いられている．

ベリリウムは非常に軽く(密度 $1.9\,\mathrm{g\,cm^{-3}}$)，硬い金属であるが，その化学的性質は他のアルカリ土類金属とはかなり異なっている．このため，狭義

のアルカリ土類金属にはベリリウムは含まれない．ベリリウムの標準還元電位はすでに記した通り–1.7 Vであり，かなり負側に偏っているため，水とも容易に反応することが予想されるが，不動態を作るため実際には空気中で非常に安定である．ベリリウムは酸，塩基ともに反応する両性元素であり，化学反応性の点ではアルミニウムに似ている．ハロゲン化物や酸化物も共有結合性であり，この点で他のアルカリ土類金属元素とは全く異なっている．

例題 11-1 アルカリ金属元素とアルカリ土類元素の化合物中の特徴をまとめよ．

解答 両族の元素は一般に陽性が非常に強く，電子を放出しやすいため，周期表の右側の元素（15～17族）とイオン結合の化合物を作る．これらは一般に水に溶けやすいが，アルカリ土類金属の一部の塩は不溶性である．マグネシウムは共有結合性の化合物を作ることもあり，またベリリウムは共有結合の化合物が一般的である．

11-3-3　13族元素

(1) ホウ素

ホウ素はホウ酸塩化合物から得られる．ホウ素単体は化学的には非常に安定で希酸や塩基とは反応しない．ホウ素は酸化物やハロゲン化物をマグネシウムなどの金属を用いて還元して作るが，半導体産業向けなどに高純度が必要とされる場合は水素で還元される．

ホウ素の重要な化合物にはホウ酸がある．これは H_3BO_3 とよく書かれるが，化学的には $B(OH)_3$ と書くほうが適当である．この化合物はきわめて弱い酸であり（$pK_a = 9.2$），次の反応式のように電離する．

$$B(OH)_3 + H_2O \rightarrow [B(OH)_4]^- + H^+$$

ホウ酸は動物にとってはほとんど毒性がないが，昆虫には毒であるため，ゴキブリ駆虫薬などにも用いられている．かつては洗眼薬として一般家庭でもよく用いられていた．

ホウ素はガラスの成分として重要である．いわゆるソーダガラスはナトリウムイオンとカルシウムイオンを含むケイ酸塩であるが，これにホウ砂（$Na_2B_4O_5(OH)_4 \cdot 8H_2O$）を加えるとホウケイ酸ガラスと呼ばれるガラスになり，耐衝撃性が増加し，また熱膨張率が小さいため耐熱性にすぐれる．このガラスは一般にパイレックス®やHario®などの商品名で知られる耐熱ガラスとしてよく知られており，ティーサーバー，耐熱皿，実験用ガラス器具など，広範囲に使われている．

(2) アルミニウム

アルミニウムは地球上に広く分布しており，ボーキサイトなどのアルミニウムを主成分とする鉱物のみならず，長石など多くの鉱物中に存在する．アルミニウムは両性元素であり，単体や水酸化物は酸，塩基いずれの水溶液にも溶解する．この性質を利用し，ボーキサイトからアルミニウムを得る際には，ボーキサイトを水酸化ナトリウム水溶液に溶かし，そこに水を加えて水酸化アルミニウムを析出させ，それを加熱して酸化アルミニウム（アルミナ）をまず得る．酸化アルミニウムは非常に融点が高い（>2000 °C）が，これに氷晶石（$Na[AlF_6]$）を加えると 950 °C 程度に融点が下がるので，この融解した状態で電気分解を行ってアルミニウム単体を得る．アルミニウムは本来陽性の強い金属であり，空気中の酸素と素早く反応するが，表面にアルミナの薄膜ができるとこれがきわめて丈夫な防護膜の働きをしてそれ以上酸化が進行しないため，見かけ上は錆びることがない[*2]．このため建材や弁当箱をはじめ，身の回りの製品に広く用いられている．

[*2] このような状態を不動態という．

アルミニウムの化合物はイオン性とみなされるものと共有結合のものの両方がある．酸化物はイオン結晶とみなされており，いくつかのかたちがある（第 13 章参照）．ハロゲン化物のうちフッ化物はイオン性であるが，それ以外のハロゲン化物は共有結合の分子を作る（第 17 章参照）．

11-3-4　14 族元素

14 族元素の化合物の特徴はごく一部の例外を除いて共有結合の化合物を作ることである．有機化合物はその典型例である．14 族元素どうしの化合物も知られており，たとえば炭化ケイ素はダイヤモンド構造でありきわめて硬く反応しにくく，切削具や研磨剤として用いられている．

(1) 炭素

炭素の単体として古くから知られている黒鉛とダイヤモンドを比較する

表 11-2　第 13, 14 族元素の性質
融点，還元電位はそれぞれ表 10-2 と表 8-3 参照．

元素	最外殻電子配置	原子半径(Å)	イオン半径(Å)	元素	最外殻電子配置	原子半径(Å)
B	$2s^2 2p^1$	0.88	0.12(4)	C	$2s^2 2p^2$	0.77
Al	$3s^2 3p^1$	1.43	0.39(6)	Si	$3s^2 3p^2$	1.18
Ga	$4s^2 4p^1$	1.53	0.62(6)	Ge	$4s^2 4p^2$	1.22
In	$5s^2 5p^1$	1.67	0.79(6)	Sn	$5s^2 5p^2$	1.58
Tl	$6s^2 6p^1$	1.71	0.88(6)	Pb	$6s^2 6p^2$	1.75

原子半径は金属原子については金属中の原子半径を，共有結合性の元素についていは単結合の場合の共有結合を示している．イオン半径のカッコ内の数字は配位数を示す．原子半径は A. F. Wells, "Stuctural inorganic Chemistry, 5th ed.," Clarendon Press (1984)，イオン半径は R. D. Shannon, Acta Cryst., A32, 751 (1976) より．実際の参照はどちらも D. F. Shrver and P. W. Atkins "Inorganic Chemistry 3rd ed.," Oxford University Press (1999).

と，常温常圧では黒鉛のほうが若干安定である．ダイヤモンドと黒鉛の密度はそれぞれ $3.5\ \text{g cm}^{-3}$ と $2.2\ \text{g cm}^{-3}$ とかなり異なり，ダイヤモンドのほうがかなり密につまった構造になっていることがわかる．高圧にすると前者のほうに平衡が傾くことが予想される．実際，微粒子状の工業用ダイヤモンドの多くは高温高圧下で製造されている．ダイヤモンドは $600\ ℃$ 以上に加熱すれば燃焼するが，黒鉛に比べると化学反応性は非常に低い．

無定形炭素と呼ばれるもの（すす，カーボンブラックなど）は主成分は黒鉛であるが，表面には多くの官能基が結合していることも多い．黒鉛はその層状構造のため層間に多くの分子やイオンを挿入させることができる（13-3 節参照）．

炭素の化学的な特徴はなんといってもカテネーション，すなわち炭素原子どうしが結合してきわめて多くの種類の化合物を作る性質である．炭素がそのような性質をもつ理由は C–C 結合が大きな結合エネルギー（$356\ \text{kJ mol}^{-1}$）をもつことによる．Si–Si の $226\ \text{kJ mol}^{-1}$ と比較するとその大きさがわかるであろう．炭素は多くの化合物と安定な共有結合を形成する．金属原子とも結合し，有機金属化合物を作る．

フラーレンは黒鉛を電極としてアーク放電を行う方法や，炭素にレーザーを照射する方法などによっても合成されているが，主には炭化水素を不完全燃焼させる方法で大量に製造されている．フラーレンは炭素間に不飽和結合があるため，さまざまな元素が付加することが可能であり，フラーレンに金属原子が結合した化合物も存在する．

(2) ケイ素，ゲルマニウム

ケイ素，ゲルマニウムは炭素と同様に四つの単結合を原子の周りに作ることができ，炭素を中心とする有機化合物に相当する化合物を合成することができる．ただし炭素との大きな違いとしては，それらの化合物が炭素化合物に比べて安定でないものが多いことや，炭素が二重結合や三重結合の化合物を容易に作るのに対して，ケイ素やゲルマニウムでは多重結合の化合物は少ないことがあげられる．炭素や窒素原子が二重結合を作る場合は p 軌道を用いて π 結合を作っているが，ケイ素の場合は d 軌道を用いることが多いとされている．さらにケイ素の酸化物（シリカ）はアルミニウムの酸化物と違って共有結合性が強い．

ケイ素は酸化物のかたちで広く地球上に分布しており，ポルトランドセメントとして多量に利用されている．また，鉄やアルミニウムに添加して合金とすることで，それらの金属の強度を向上させることができる．この用途のためにはケイ素単体を単離することなく，たとえばケイ素と鉄の合金（フェロシリコン）として精製されて用いられている．

半導体製造用のケイ素にはきわめて純度の高いものが必要である（図

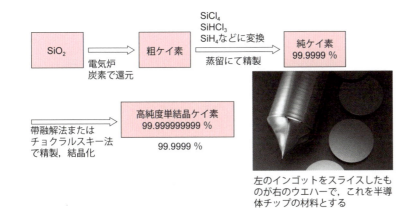

図 11-3 ケイ素単体の製造法フロー
写真提供：信越化学工業株式会社．

11-3）．このためには，まず二酸化ケイ素鉱石を木炭，石炭などの炭素源と混合し炭素電極を用いて電気アーク炉で過熱することで還元してケイ素単体とする．

$$SiO_2 + 2C \rightarrow Si + 2CO$$

現在，高純度ケイ素を作る方法として，気化可能な化合物（トリクロロシラン $SiHCl_3$ や四塩化ケイ素 $SiCl_4$，あるいはシラン SiH_4）にいったん変換して精製することが行われている．これらは蒸留によって精製が可能である．これらを熱分解することで単体の高純度ケイ素（99.9999 %以上）が得られる．半導体に用いるにはこれでもまだ不足であるため，電気炉でケイ素を溶融し，種結晶を入れて回転しながら引き上げるチョクラルスキー法によって棒状の単結晶として超高純度（99.9999999 %以上）の製品を得ている．以前は直径10 cm程度の製品を用いていたが，最近では30 cm程度の直径のケイ素単結晶を得て，これを薄くスライスして半導体チップ製造の材料とする．

(3) スズ，鉛

スズ，鉛は金属としての性質が強くなり，鉛は単独で電荷−2の陰イオンとなりうる．スズと鉄の合金はブリキとして缶詰の缶などに使われているの．それに対して，鉛はイオンとして溶け出すと毒性が強いため，最近は鉛を含有する物質は使用を規制している国が多い．以前は水道管にも用いられたが，今は使われていない．

両者の元素とも共有結合の化合物が多く知られており，いずれも酸化数が+2のものと+4のものがある．スズの化合物の酸化数が+2のものは酸化されやすく，還元剤としてしばしば使われる．酸化数+2の鉛の塩には，たとえば鉛蓄電池に使われる $PbSO_4$ などのようにしばしば不溶性のもの

が見られる．

11-3-5　15族元素

(1) 窒素

窒素分子 N_2 は強固な三重結合をもつため，他の物質ときわめて反応しにくい．ほとんどの元素単体とは容易には反応しないことが知られている．触媒を用いても室温では非常に反応が遅いので，水素と反応させてアンモニアを製造するためには高温，高圧で反応させることはよく知られている（ハーバー・ボッシュ法，第9章参照）．植物に寄生するある種の微生物は室温，大気圧下で窒素と水素の反応を進めることのできる酵素をもつ．人類は何十年もこの「窒素固定」を人工的に起こす触媒について研究を続けているが，実用化されるのはまだずいぶん先のことであろう．

窒素は単体のリチウムとは加熱すると例外的に比較的簡単に反応し，暗赤色の窒化リチウム Li_3N を生じる．これは N^{3-} イオンを含むイオン結晶である．通常の窒素化合物の多くは共有結合の化合物である．15族の元素はその化合物において単純な3⁻電荷の陰イオンとなることはまれであるが，表11-3にはイオン半径も示した．陰イオンのイオン半径は電子間の反発が生じるために原子半径より大きくなることが通常であるが，特に3価の陰イオンとなる場合はイオン半径が大きくなることがわかる．

(2) リン

リンは多くの共有結合の化合物を作る．結合数が3, 5, あるいは6の化学種を作ることが特徴である．結合数が5以上の化学種を作ることができる理由は価電子の軌道にd軌道が含まれ，共有結合の生成にd軌道が使えるというのが一つの説明である．混成軌道のところで学んだように（第5章），結合数5の三方両錐構造は dsp^3 混成軌道を使い，また結合数6の八面体構造は d^2sp^3 混成軌道を使う．

表11-3　第15, 16, 17族元素の性質

元素	最外殻電子配置	原子半径 (Å)	イオン半径 (3⁻イオン) (Å)	元素	最外殻電子配置	原子半径 (Å)	イオン半径 (2⁻イオン) (Å)	元素	最外殻電子配置	原子半径 (Å)	イオン半径 (1⁻イオン) (Å)
N	$2s^22p^3$	0.74	1.71	O	$2s^22p^4$	0.66	1.40(6)	F	$2s^22p^5$	0.54	1.33(6)
P	$3s^23p^3$	1.10	2.12	S	$3s^23p^4$	1.04	1.70(6)	Cl	$3s^23p^5$	0.97	1.67(6)
As	$4s^24p^3$	1.21	2.22	Se	$4s^24p^4$	1.04	1.84(6)	Br	$4s^24p^5$	1.14	1.96(6)
Sb	$5s^25p^3$	1.41		Te	$5s^25p^4$	1.37	2.07(6)	I	$5s^25p^5$	1.33	2.06(6)
Bi	$6s^26p^3$	1.82		Po	$6s^26p^4$			At	$6s^26p^5$		

原子半径は金属原子については金属中の原子半径を，共有結合性の元素についていは単結合の場合の共有結合を示している．イオン半径のカッコ内の数字は配位数を示す．原子半径は A. F. Wells, "Stuctural inorganic Chemistry, 5th ed.," Clarendon Press (1984)，イオン半径は R. D. Shannon, Acta Cryst., A32, 751 (1976) より．実際の参照はどちらも D. F. Shrver and P. W. Atkins "Inorganic Chemistry 3rd ed.," Oxford University Press (1999)．

分子軌道法の考え方を用いると，d 軌道を使わなくても結合数 5 以上の共有結合を説明することができる．すなわち，リンが 5 以上の結合をもつことができる理由はリン原子が窒素原子より大きく多くの原子を周りに受け入れることができるからである．詳しくは本書の範囲を超えるので，これ以上は述べない．当然であるが原子半径もイオン半径も同族元素では原子番号の増大とともに大きくなっている．

　リンは同素体によって化学的な性質は全く異なる．白リン（P_4 分子）は反応しやすく，発火点が 60 °C なので小さなエネルギーで室温でも発火する．燃えると青白く光ることがリン光の語源となっている．白リンは放置するとすぐに固体の表面が変化し赤リンとなるため全体が黄色く見えるので，黄リンとも呼ばれている．有機溶媒に溶けて非常に有毒であり，日本では毒物および劇物取締法によって毒物に指定されている．これに対し，黒リンはジグザグ構造のポリマーであるが，白リンに比べて化学反応性もきわめて低く，空気中で加熱しても発火しにくい．毒性もないとされる．

11-3-6　16 族元素

(1) 酸素とオゾン

　すでに述べたように酸素分子は二重結合で結びついており，不対電子を 2 個もつ．そのため，三重結合で不対電子をもたない窒素分子に比べて化学反応性が非常に高く，ほとんどすべての元素と反応して酸化物を作る．酸化物にはイオン性のものと共有結合性のものがあり，第 13 章で詳述する．

　オゾンは酸素中で放電することによって作られる．酸素とオゾンの水溶液中での酸化力の強さは下記の半反応式で表される．なお，下記は [H^+] = 10^{-7} M つまり中性の水中での値である．

$$O_2 + 4H^+ + 4e^- \rightarrow 2H_2O \qquad E° = +0.82 \text{ V}$$

$$O_3 + 2H^+ + 2e^- \rightarrow O_2 + H_2O \qquad E° = +1.65 \text{ V}$$

　オゾンの標準還元電位 + 1.65 V は非常に高い値であり，これはオゾンが非常に強い酸化剤であることを表している．この性質を利用して，近年，一部の自治体ではオゾンで水道水を殺菌している[*3]．

　オゾンを含め，酸素から派生した酸化力の高い化学種は活性酸素と呼ばれている．活性酸素には過酸化物（peroxide）イオン O_2^{2-}，超酸化物（superoxide）イオン O_2^-，ヒドロキシルラジカル OH· などがよく知られているが，一重項酸素もその仲間である．通常の酸素は三重項酸素と呼ばれ，二つの不対電子のスピンの向きが同じ方向を向いているが，一重項酸素は二つの電子のスピンが逆向きとなっているものでエネルギーが高く，したがって反応性が高い．イオン性の過酸化物や超酸化物にはアルカリ金属やアルカリ土類金属の化合物があり，たとえば Na_2O_2，KO_2 があ

[*3] たとえば東京都水道局がその例である．
https://www.waterworks.metro.tokyo.jp/suigen/topic/13.html を参照．

る．これらはすべて強力な酸化剤である．分子中に O–O 結合をもつ化合物はその名前の中に「ペルオキソ」あるいは「○○ペルオキシド」という言葉が入っている．最もよく知られたものは過酸化水素 H_2O_2 であるが，有機物に過酸化水素を作用させると有機過酸化物（R–O–O–R'）ができる場合がある．これらも酸化力の強い化合物であり，また場合によっては爆発性のものもあるので注意が必要である．

(2) 硫黄

硫黄は酸素よりも電気陰性度が小さく，そのため化合物のイオン性が小さくなっている．単体の硫黄が S_8 などの構造をもつことからわかるようにカテネーションする傾向があり，炭素や窒素など多くの 14 〜 16 族元素と共有結合を作る．

温泉地などで黄色い硫黄が見られることからわかるように，かつては天然にあるものから単体が採掘されていた．現在はその多くを原油の脱硫過程から得ている．また，銅などの鉱石の製錬の副産物としても得られている．

セレン，テルル，ポロニウムと周期表の下の元素になるにつれ，共有結合の化合物を作る性質は薄れ，金属的な性質に変化していく．

例題 11-2 硫黄と酸素は同族であるが，化学的な性質はかなり異なる．具体的にどのような点が異なっているか，またその理由を列挙せよ．

解答

①酸素に比べるとイオン性の化合物は少ない．電気陰性度が小さいことがその理由．
②酸素は二重結合によって二原子分子を作るが，硫黄は単結合の連続，すなわちカテネーションが見られる．硫黄は p 軌道どうしの単結合が酸素より安定で，同時に π 結合は不安定であるため．
③酸素と異なり，硫黄は結合数が 4, 6 のような化学種を作る（SO_4^{2-} や SF_6 のように）．硫黄原子が酸素原子に比べて大きいことが第一の理由である．（d 軌道を結合に用いることができるからと書いてある本もあるが，最近の解釈では，それは理由としてはあまり適当ではないことになっている）．

11-3-7　17 族元素（ハロゲン）

フッ素はホタル石 CaF_2，フッ素リン灰石 $Ca_5(PO_4)_3F$ などから製造される．塩素は海水の電気分解により製造される（第 9 章参照）．臭化物イオンは海水に 65 ppm 含まれ，海水を塩素で酸化することで臭素を得てい

る．塩素のほうが臭素より酸化力が高いため下記の反応が右に進むことを利用している．

$$2Br^- + Cl_2 \rightarrow Br_2 + 2Cl^-$$

ヨウ素単体は，ヨウ化物イオンを多く含む地下水を同様に塩素で酸化して得る．

ハロゲン単体はいずれも酸化力が高い．その中でも最も酸化力の高いのはフッ素であり，以下の式の標準還元電位は＋2.7 V にも及ぶ．

$$2F^- + 2e^- \rightarrow F_2$$

したがってフッ素はきわめて強い酸化剤であり，酸素，たいていの貴ガス以外のほとんどの単体にフッ素を作用させると激しく反応する．水とも反応してフッ化水素と酸素を与える．フッ素が反応しやすいのは F–F 結合エネルギーが 150 kJ mol^{-1} 程度と非常に小さいことがその一因である．しかし C-F 結合のエネルギーは 485 kJ mol^{-1} とかなり大きく，フッ素を含む有機化合物は一般に非常に安定である（第 17 章参照）．

塩素も標準還元電位が +1.4 V であり，かなり強い酸化性を示す．アルカリ金属やアルカリ土類金属などとは激しく反応してイオン性の塩を作る．しかし，遷移金属や 13 族から 18 族の元素とは共有結合の分子を作る．ハロゲン化物については第 17 章で詳しく勉強する．

章末問題

1. 第 8 章に示した表を見ながら，典型元素の標準還元電位が族によってどのように変化するかをまとめよ．
2. 白リンと黒リンの化学的な性質の違いを述べ，それが構造とどのようにかかわっているかを説明せよ．
3. 水と反応する元素単体を 1，2，17 族からそれぞれ一つずつ選び，水との反応を化学反応式で示せ．
4. 14 族，15 族，16 族の元素は原子番号が大きいほど金属的な性質が表れる．金属的な性質を何らかの数値で表すにはどのような数値がよいか．また，その数値を実際に調べてみよ．
5. 単体の酸素，塩素，フッ素の酸化剤としての能力はどのような順になると考えられるか．
6. 以下の化合物をそれぞれ二つの方法で命名せよ．
   (1) SF_4 (2) SF_6

12章 遷移金属元素の性質

> 遷移元素はすべて金属元素であるため，遷移金属元素とも呼ばれる．この章では遷移元素の中でも特に，d軌道に電子が満たされていくd-ブロック元素の単体の性質や製法について学ぶ．なお，遷移元素は中性原子あるいはイオンにおいて不完全なd軌道をもつ元素とも定義され，12族元素の亜鉛，カドミウム，水銀は遷移元素としない場合もあるが，それらもこの章で扱う．遷移元素の単体は酸化物として含まれる鉱物を還元することで取り出される．いずれも硬く，電気伝導性や熱伝導性があり，延性や展性に富むなど金属に特徴的な性質を示すが，元素によってその程度は異なる．また，自然界における存在場所もさまざまであるため，具体的な製法も元素によって異なる．
>
> ・遷移金属元素の電子配置を考え，一般的性質を学ぶ
> ・第4周期の各遷移元素の製法や特徴について学ぶ
> ・第5および第6周期の各遷移元素の特徴と応用例について学ぶ

12-1 遷移金属元素の性質

キーワード 遷移元素 (transition element)，d-ブロック元素 (d-block element)

典型元素では外殻のsおよびp軌道に電子が満たされていくのに対して，遷移元素の外殻のs軌道は1個または2個の電子をもち，内殻の電子軌道が電子で満たされていくため，周期表の隣どうしの元素の性質がよく似ている(表12-1)．

12-1-1 物理的性質

表12-2に遷移金属元素の物理的性質を示した．遷移金属元素は一般に金属光沢をもち，延性や展性が大きく，高密度で硬く，融点も高い．融点について見てみると，周期表の中央付近がおおむね高くなっていて左右両側では低くなっていることがわかる．これはなぜだろうか．

表 12-1 第 4 周期元素の原子の電子配置と酸化状態
赤字は代表的な酸化状態.

元素名		元素記号	原子番号	電子配置	酸化状態(酸化数)
スカンジウム	scandium	Sc	21	$[Ar]3d^14s^2$	+3
チタン	titanium	Ti	22	$[Ar]3d^24s^2$	+2, +3, +4
バナジウム	vanadium	V	23	$[Ar]3d^34s^2$	+1, +2, +3, +4, +5
クロム	chromium	Cr	24	$[Ar]3d^54s^1$	+1, +2, +3, +4, +5, +6
マンガン	manganese	Mn	25	$[Ar]3d^54s^2$	+1, +2, +3, +4, +5, +6, +7
鉄	iron	Fe	26	$[Ar]3d^64s^2$	+2, +3, +4, +5, +6
コバルト	cobalt	Co	27	$[Ar]3d^74s^2$	+1, +2, +3, +4
ニッケル	nickel	Ni	28	$[Ar]3d^84s^2$	+1, +2, +3, +4
銅	copper	Cu	29	$[Ar]3d^{10}4s^1$	+1, +2, +3
亜鉛	zinc	Zn	30	$[Ar]3d^{10}4s^2$	+2

表 12-2 遷移金属元素の物理的性質

第 4 周期	Sc	Ti	V	Cr	Mn	Fe	Co	Ni	Cu	Zn
密度 (g cm^{-3})	3.0	4.50	6.11	7.14	7.43	7.87	8.90	8.91	8.95	7.14
融点 (℃)	1539	1667	1915	1900	1244	1535	1495	1452	1083	420
沸点 (℃)	2748	3285	3350	2960	2060	2750	3100	2920	2570	907
原子半径 (r / pm)	164	147	135	129	137	126	125	125	128	137
第一イオン化エネルギー (eV)	6.54	6.82	6.74	6.76	7.44	7.87	7.88	7.64	7.73	9.39
第 5 周期	Y	Zr	Nb	Mo	Tc	Ru	Rh	Pd	Ag	Cd
密度 (g cm^{-3})	4.5	6.51	8.57	10.28	11.5	12.41	12.39	11.99	10.49	8.65
融点 (℃)	1530	1857	2468	2620	2200	2282	1960	1552	961	321
沸点 (℃)	3264	4200	4758	4650	4567	ca.4050	3760	2940	2155	765
原子半径 (r / pm)	182	160	147	140	135	134	134	137	144	152
第一イオン化エネルギー (eV)	6.38	6.84	6.88	7.10	7.28	7.37	7.46	8.34	7.58	8.99
第 6 周期	La	Hf	Ta	W	Re	Os	Ir	Pt	Au	Hg
密度 (g cm^{-3})	6.17	13.28	16.65	19.3	21.0	22.57	22.61	21.41	19.32	13.53
融点 (℃)	920	2222	2980	3380	3180	3045	2443	1769	1064	-39
沸点 (℃)	3420	4450	5534	5500	5650	ca.5025	ca.4550	4170	2808	357
原子半径 (r / pm)	172	159	147	141	137	135	136	139	144	155
第一イオン化エネルギー (eV)	5.58	6.65	7.89	7.89	7.88	8.71	9.12	9.02	9.22	10.44

d-ブロック元素の金属結合をバンド理論 (7-3 節参照) で考えると，$(n+1)s$ 軌道と nd 軌道から生成するバンドに価電子が収容される．周期表を左から右に移動するにつれて結合性軌道に基づく価電子帯が満たされ，7 族付近までは結合が強くなる．しかしその後，反結合性軌道に基づく伝導帯を電子が占めるようになるために結合は弱くなる．この傾向はそのまま融点に反映され，3 族から 7 族くらいまで融点は高くなり，その後は 12 族まで低くなる．

d-ブロック元素の原子半径は，それぞれの周

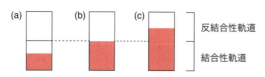

図 12-1 遷移金属原子のバンド構造
赤く塗りつぶした部分に電子が収容されている．
(a) Sc など周期表の左側に位置する元素，(b) Cr など周期表の中央に位置する元素，(c) Cu など周期表の右側に位置する元素の場合．

期の 7 族および 8 族付近の中央の元素が小さいが，大きな差はない．3d 軌道に電子が満たされていく第一（第 4 周期）遷移元素の原子半径は，4d および 5d 軌道に電子が満たされていく第二（第 5 周期）および第三（第 6 周期）遷移元素のものより小さい(2-2-3 項参照)．

d- ブロック元素の第一イオン化エネルギーは，d- ブロック元素内の変化はあまりなく，おおよそ s- ブロック元素より大きく，p- ブロック元素より小さい．また，電気陰性度は比較的低い．

12-1-2　化学的性質

d- ブロック元素が酸化されると，まず外殻の s 軌道の電子を失う．このため，第一遷移元素の周期表の右側の元素は +2 の酸化状態をとりやすい（Mn^{2+}, Fe^{2+}, Co^{2+}, Ni^{2+}, Cu^{2+}, Zn^{2+}）．それに対して周期表の左側の元素は +3 の酸化状態をとりやすく(Sc^{3+}, Ti^{3+}, V^{3+}, Cr^{3+})，また同じ元素で複数の酸化状態をとるものも多い．d- ブロック元素の金属イオンは容易に錯体を形成し，多くは可視部分の光を吸収するために色を呈する．また，不対電子の存在により，常磁性を示すものも多い．

例題 12-1　Cr 原子および Cr^{3+} イオンの電子配置を書け．

解答　Cr 原子　[Ar]$3d^5 4s^1$　　Cr^{3+} イオン　[Ar]$3d^3$

Cr 原子の電子配置は [Ar]$3d^4 4s^2$ ではない．4s と 3d のエネルギーは接近しており，フントの規則に従って d 軌道が半分(Cr の場合)または全部満たされた（Cu の場合）平行スピンの数が多い配置をとる．また，Cr^{3+} イオンでは 4s の電子よりも 3d の電子が先に出ていきそうだが，そうはならない．

12-2　第一(第 4 周期)遷移元素

キーワード　第一遷移元素（first row transition element），第 4 周期（fourth-period）

第一（第 4 周期）遷移元素のうち，周期表の左側にあるものは主に金属酸化物として，右側にあるものは硫化物およびヒ化物として産出する．第二，第三遷移元素と比較して，第一遷移元素の化学はよく理解されている．

これらの元素の単体は，酸化物を還元して得られることが多い．各元素の還元に用いる還元剤を図 12-2 に示した．

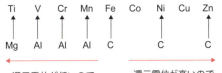

Ti V Cr Mn Fe Co Ni Cu Zn
Mg Al Al Al C C C
還元電位が低いので
より強い還元剤が必要
還元電位が高いので
C(炭素)で還元される

図 12-2　単体を得るときの還元剤
各金属単体の還元剤としてあげられているものを並べた．

12-2-1　スカンジウム

スカンジウムの原料鉱石は希少鉱物のトルトベイト石 $(Sc, Y)_2Si_2O_7$ であり，用途もメタルハライドランプの封入物などに限られている．化合物中では唯一の安定酸化状態の Sc^{3+} として存在する．

12-2-2　チタン

チタンの原料鉱石はチタン鉄鉱 $(FeTiO_3)$ やルチル（金紅石，TiO_2）であり，それらをコークスと塩素とともに加熱して塩化チタン(IV) $(TiCl_4)$ を作り，それをマグネシウムで還元することで単体が得られる．これをクロール法と呼ぶ．

$$TiO_2 + C + 2Cl_2 \rightarrow TiCl_4 + CO_2$$
$$TiCl_4 + 2Mg \rightarrow Ti + 2MgCl_2$$

チタンは比較的軽量で強度に優れ，耐腐食性であることから，航空機やロケットには欠かせない金属材料として用いられている．化合物中では +4，+3，+2 の酸化数をとり，とりわけ酸化チタン(IV) (TiO_2) は白色顔料として用いられてきたが，最近では光触媒としても注目されている．

12-2-3　バナジウム

バナジウムの原料鉱石にはパトロン石（複雑な硫化物）やカルノー石 $(K_2(UO_2)_2(VO_4)_2 \cdot 3H_2O)$ などがあり，バナジウムはそこから抽出・分離して得られた酸化バナジウム(V) (V_2O_5) をカルシウムまたはアルミニウムで還元することで得られる．

$$V_2O_5 + 5Ca \rightarrow 2V + 5CaO$$

強靭な鋼であるフェロバナジウムは V_2O_5 と酸化鉄(III) (Fe_2O_3) の混合物をアルミニウムで還元することで作られ，バナジウム鋼としてばねや切削工具として用いられている．一般的に化合物中では +5 から +2 までの酸化数をとり，とりわけ +5 価の V_2O_5 は工業的触媒として重要であり，接触式硫酸製造法（9-2-2 項参照）などで使われている．

12-2-4　クロム

クロムの原料鉱石はクロム鉄鉱 $(FeCr_2O_4)$ であり，鉄との合金でよい場合には，電気炉の中でコークスにより還元することでフェロクロムにする．

$$FeCr_2O_4 + 4C \rightarrow Fe + 2Cr + 4CO$$

クロムの製錬では，クロム鉄鉱を融剤と酸素で酸化して二クロム酸ナトリウム $(Na_2Cr_2O_7)$ とし，それを炭素で還元して Cr_2O_3 とする．さらに，

それをアルミニウムで還元する(テルミット反応)ことでクロムを得る．

$Na_2Cr_2O_7 + 2C \rightarrow Cr_2O_3 + Na_2CO_3 + CO$

$Cr_2O_3 + 2Al \rightarrow Al_2O_3 + 2Cr$

クロムは融点が高く，非常に丈夫で耐腐食性でもあることから，保護膜のクロムメッキとして使用されている．化学工業では，顔料（クロムイエロー）や皮革のなめし剤などに利用されている．一般的に化合物中では +6 から +2 までの酸化数をとるが，+3 価の化合物が最も安定である．特に八面体型の Cr^{3+} 錯体は数多く知られている．

12-2-5　マンガン

マンガンの原料鉱石は軟マンガン鉱（MnO_2）であり，アルミニウムと加熱して還元させる(テルミット反応)ことで得られる．

$3MnO_2 + 4Al \rightarrow 3Mn + 2Al_2O_3$

また，軟マンガン鉱を Fe_2O_3 とともにコークスで還元すると合金のフェロマンガンが得られる．マンガンは鉄に似た性質をもつが，鉄より硬くてもろい．単体で用いられることはあまりなく，合金の添加成分に用いる．化合物中では第一遷移元素の中で最も幅広い +7 から +1 までの酸化数をとる．その中でも Mn^{7+} を含む過マンガン酸カリウム（$KMnO_4$）は強力な酸化剤として，酸化マンガン(IV)（MnO_2）は酸化剤や過酸化水素の分解反応の触媒としてよく知られている．

12-2-6　鉄

鉄の主な原料鉱石は赤鉄鉱（Fe_2O_3）と磁鉄鉱（Fe_3O_4）と菱鉄鉱（$FeCO_3$）であり，石灰石（$CaCO_3$）とともにコークスで還元することで炭素を含む銑鉄として得られる．石灰石の働きは不純物を取り除くことである．純粋な鉄は反応性が高く，すみやかに腐食されるため工業的重要性は低い[*1]．

$Fe_2O_3 + 3C \rightarrow 2Fe + 3CO$

$Fe_2O_3 + 3CO \rightarrow 2Fe + 3CO_2$

Fe_2O_3 を加熱することで得られる Fe_3O_4（$Fe^{II}Fe^{III}{}_2O_4$）や磁鉄鉱は，フェリ磁性（第 14 章参照）を示し，コピー機の磁性トナーなどに用いられている．また，Fe_2O_3 から合成されるフェライト系合金（MFe_2O_4；M = Zn, Cd, Ni）はデータを記録する磁性物質として使われている．化合物中では +6 から +2 までの酸化数をとるが，+2 価と +3 価が代表的な酸化数である．濃青色のプルシャンブルーは，Fe^{2+} と Fe^{3+} をシアン化物イオン（CN^-）が架橋した構造をもち，濃青色は Fe^{2+} と Fe^{3+} との間での電荷移動による．

[*1] 超高純度（純度 99.999％級）の鉄はほとんどさびず，柔らかくて加工しやすいなど，きわめて特徴的な性質を示すことが報告されている．

12-2-7　コバルト

コバルトは輝コバルト鉱（CoAsS）などの硫化物やヒ化物鉱石として産出するが，ニッケルや銅などの鉱石にも含まれており，それらの製錬の残留物から得られる．コバルトは合金材料として用いられ，クロムやタングステンとの合金は強靱で耐腐食性に優れており，航空機部品として使われている．化合物中では +4 から +1 までの酸化数をとるが，+2 価と +3 価が代表的な酸化数である．

酸化コバルト（II）（CoO）そのものはオリーブ色の不溶性固体であるが，いわゆるコバルトブルーの発色源であり，ガラスや陶器の顔料として用いられている．もう一つのコバルト酸化物である黒色の Co_3O_4 は薄膜として太陽熱温水器の被膜に利用されている．

12-2-8　ニッケル

ニッケルは，ペントランド鉱（$(Ni,Fe)_9S_8$）のような硫化物あるいはヒ化物鉱石として産出し，空気中で焙焼して酸化ニッケル NiO とした後，それを炭素で還元することで得られる．さらに，CO との反応により一度 $Ni(CO)_4$ を生成し，それを熱分解するモンド法や電解法にて精錬する．

$$Ni + 4CO \underset{\text{高温}}{\rightleftarrows} Ni(CO)_4$$

ニッケルは他の金属を保護するためのメッキや合金材料が代表的な用途である．ニッケルは水素を吸着するので，水素化反応の触媒や，最近ではニッケル・水素充電池にも用いられている．化合物中では +4 から +1 までの酸化数をとるが，+2 価の化合物を形成することが多い．Ni（II）塩の水溶液を酸化することで得られる黒色の NiO(OH) は，ニッケル・カドミウム充電池の正極に使われている．

正極：$NiO(OH) + H_2O + e^- \rightleftarrows Ni(OH)_2 + OH^-$
負極：$Cd + 2OH^- \rightleftarrows Cd(OH)_2 + 2e^-$

12-2-9　銅

銅は第一遷移金属の中でも特に反応性に乏しく，そのため天然に単体として産する数少ない金属の一つである．主要な鉱石は黄銅鉱（$CuFeS_2$）であり，従来はそれを焙焼して Cu_2S と FeO に変え，生じた Cu_2S を還元することで製錬してきた（溶融製錬法）．

$$2CuFeS_2 + 2SiO_2 + 5O_2 \rightarrow 2Cu + 2FeSiO_3 + 4SO_2$$

しかし，この方法は大量の SO_2 を副生するため，最近では溶融製錬から発生する硫酸を用いて Cu^{2+} として取り出し，その水溶液を電気分解す

ることで金属銅として得ている（湿式製錬法）．このようにして得た銅は主に電線に用いられる．

また，銅の用途には合金材料がある．たとえば，真鍮は銅と亜鉛の合金であり，ブロンズ（青銅）は銅とスズの合金である．化合物中では +3 から +1 までの酸化数をとるが，+1 価と +2 価の化合物が重要である．固体の $Cu(OH)_2$ に過剰のアンモニア水を加えると深青色の $[Cu(NH_3)_4]^{2+}$ の溶液になるが，この溶液はセルロースを溶かす性質をもつ．このセルロースを溶かした溶液をノズルから酸の中に噴出させ，析出したセルロースを紡糸することで合成繊維のレーヨンが得られる．

$$Cu(OH)_2 + 4NH_3 \rightarrow [Cu(NH_3)_4]^{2+} + 2OH^-$$

また，銅は生体中のヘモシアニン（22-3-3 項参照）などにも含まれ，生化学的にも重要な金属イオンである．

12-2-10　亜鉛

亜鉛の主な鉱石は閃亜鉛鉱（ZnS）であり，空気中で焙焼して ZnO に変え，それをコークスで還元することで製錬する．亜鉛はメッキや合金材料として広く利用され，最近では乾電池や空気電池の負極として使われている．

正極：$O_2 + 2H_2O + 4e^- \rightarrow 4OH^-$
負極：$Zn + 4OH^- \rightarrow [Zn(OH)_4]^{2-} + 2e^-$
$[Zn(OH)_4]^{2-} \rightarrow ZnO + 2OH^- + H_2O$

化合物中では通常は +2 価の酸化数をとる．工業的にも重要な ZnO は両性物質であり，酸にもアルカリにも溶け，$[Zn(OH_2)_6]^{2+}$ や $[Zn(OH)_4]^{2-}$ などを生成する．

12-3　第二，第三（第 5，第 6 周期）遷移元素

キーワード　第二，第三遷移元素（second, third row transition element），第 5，第 6 周期（fifth, sixth-period）

第二および第三遷移元素は，第一遷移元素と比較して存在量の少ないものが多い．とりわけ第 7〜10 族の元素（Ru, Rh, Pd, Re, Os, Ir, Pt）は特に少なく，第 7 族の第二遷移金属であるテクネチウム Tc は放射性同位元素しかないため天然には存在しない．第二遷移元素の Ru, Rh, Pd と第三遷移元素の Os, Ir, Pt をまとめて白金族と呼び，希少で高価な金属として知られている．また，貨幣として使われてきた第 11 族の第一遷移元素銅 Cu，第二遷移元素銀 Ag，第三遷移元素金 Au をまとめて貨幣金属と呼ぶ．

12-3-1 イットリウムとランタン

　イットリウムとランタンは天然にはランタノイドとともに産出する．スカンジウムとイットリウムは 4f 電子をもたないが，ランタンを含めたランタノイド (La～Lu) とよく似た性質を示し，これら 17 元素を希土類元素と呼ぶ．イットリウムとランタンは水溶液中では酸化数 +3 の状態しかとらず[*2]，これは外殻の電子 $((nd)^1((n+1)s)^2)$ をすべて失うことに相当する．また，錯体中の酸化状態もほとんど +3 価である．

*2 これは希土類元素の特徴である．

12-3-2 ジルコニウムとハフニウム

　ジルコニウムは地殻中に比較的多く存在する元素であり，耐腐食性，耐熱性に優れ，中性子を吸収しにくい特性をもつため，原子炉の材料として用いられている．ジルコニウムとハフニウムの外殻の電子配置は $(nd)^2((n+1)s)^2$ であることから，酸化数 +4 の化合物がほとんどであり，+2 価あるいは +3 価の化合物は +4 価の化合物を還元することで得られるが，かなり不安定である．

12-3-3 ニオブとタンタル

　ニオブとタンタルは混ざって産出する場合が多い．ニオブは単体で最高の転移温度をもつ超伝導体であり，医療用 MRI などには NbTi 伝導体が用いられている．

　ニオブ $(nd)^4((n+1)s)^1$ とタンタル $(nd)^3((n+1)s)^2$ は互いに異なる電子配置をもつが，単体としても化合物としてもよく似た性質を示す．ニオブもタンタルも酸化数 +5 の化合物が安定である．低原子価のものは不安定であり，+5～+2 価の安定な化合物が知られている同族のバナジウムの場合とは異なる．

12-3-4 モリブデンとタングステン

　モリブデンとタングステンの単体の性質は互いに似通っているが，両者は個別に産出する．両者の融点は非常に高く，特にタングステンはすべての金属の中で最も高い（3380 ℃）．モリブデンはクロムと同様な $(nd)^5((n+1)s)^1$ の電子配置をとり，タングステンは $(nd)^4((n+1)s)^2$ の電子配置をとる．クロムが酸化数 +3 がもっとも安定な酸化状態であるのに対して，モリブデンとタングステンはともに +6 価が安定な酸化数である．酸化物（MoO_3, WO_3）およびモリブデン酸（$[MoO_4]^{2-}$）とタングステン酸（$[WO_4]^{2-}$）陰イオンが最も重要な +6 価の化合物である．また，モリブデンはヒトの必須元素でもある．

12-3-5 テクネチウムとレニウム

テクネチウムは人工元素であり，すべての同位体が放射性である．一方，レニウムは地殻中にごくわずかではあるが存在する．いずれも $(nd)^5((n+1)s)^2$ の電子配置をとり，同族のマンガン同様に +7 までの酸化数をとる．過テクネチウム酸（$[TcO_4]^-$）および過レニウム酸（$[ReO_4]^-$）陰イオンからなる塩が一般的な出発化合物である．最近では，テクネチウムの化合物が核医学の分野において造影剤として用いられており，高い関心を集めている．

12-3-6 ルテニウムとオスミウム

ルテニウムとオスミウムは希少な白金族の元素である．それぞれ外殻は $(nd)^7((n+1)s)^1$ と $(nd)^6((n+1)s)^2$ の電子配置をとるが，それらはいずれも化学的にきわめて安定であり，他の白金族元素同様，常温での反応性に乏しい．

鉄と比べてより高酸化な +8 までの酸化数をとり，ルテニウムは +2, +3, +4，オスミウムは +3, +4, +6 が代表的な酸化数である．Ru^{2+} と Ru^{3+} からなる混合原子価錯体は広く研究されており，また，$[Ru(bpy)_3]^{2+}$ (bpy = 2,2'-ビピリジン) は光増感剤として知られている．

12-3-7 ロジウムとイリジウム

ロジウムとイリジウムは希少な白金族の元素であり，常温では反応性に乏しい．ロジウムとイリジウムの外殻はそれぞれ $(nd)^8((n+1)s)^1$ と $(nd)^9$ の電子配置をとる．いずれも +6 が最高酸化数であるが，最も重要な酸化状態は +3 価である．Rh^{3+} と Ir^{3+} は，八面体構造の速度論的に安定な錯体（置換不活性な錯体）を形成する．また，$[RhCl(PPh_3)_3]$ と trans-$[IrCl(CO)(PPh_3)_2]$ は，それぞれウィルキンソン錯体およびバスカ錯体として知られている．

12-3-8 パラジウムと白金

白金はパラジウムとともに自然白金として得られる．パラジウムは白金族の中では最も融点が低く（1552 ℃），反応性も白金より高い．パラジウムと白金は重要な不均一系触媒の成分であり，パラジウムは水素化反応の触媒として，白金は自動車排気ガス浄化の触媒として利用されている．近年では燃料電池の構成材料として重要視されている．

外殻の電子配置は，パラジウムが $(nd)^{10}$ であり，白金が $(nd)^9((n+1)s)^1$ と異なる．パラジウムは +4，白金は +6 までの酸化数をとるが，パラジウムでは +2 価，白金では +2 価と +4 価が重要な酸化状態である．Pt^{2+} の錯体であるシスプラチン（22-6-1 項参照）は代表的な抗がん剤である．

12-3-9 銀と金

銀と金は単体金属として産出する他，硫化物鉱石などとしても得られる．

銀と金は，酸素や酸化作用のない酸とも反応しない不活性な金属である．特に金は王水には溶けるが，他の酸には溶けない．

　銀と金の外殻電子の配置は $(nd)^{10}((n+1)s)^1$ である．銀では +3 価，金では +5 価までの酸化状態をとるが，銀では +1 価，金では +1 価と +3 価が代表的な酸化数である．Ag^+ の化合物であるハロゲン化銀に光をあてると還元され黒くなる．この現象が写真に利用されてきた．また，銀イオンは強い殺菌作用を示す．金は一般的には不活性であるが，微粒子(ナノ粒子)にすることで触媒作用を示すことが発見され，注目されている．

12-3-10　カドミウムと水銀

　カドミウムのほとんどは亜鉛鉱石から得られ，また，水銀はシン砂(HgS)として産出し，それを空気中で焙焼することで得られる．カドミウムと水銀の外殻の電子配置は $(nd)^{10}((n+1)s)^2$ であり，d 軌道が電子で満たされている．カドミウムの性質は亜鉛と似ているが，亜鉛とは異なりアルカリ性水溶液には溶解せず，両性を示さない．水銀は全元素の中で唯一常温で液体の金属であり，多くの種類の金属を溶かすことでアマルガムを生成する．

　カドミウムと水銀は +2 までの酸化数をとるが，+2 価の酸化状態がもっとも重要である．$HgCl_2$ と Hg を加熱することで得られる Hg_2Cl_2 は，見かけ上 +1 価の水銀イオンを含むが，金属間結合をもつ$(Hg-Hg)^{2+}$ ユニットからなる．カドミウムは充電可能な二次電池のニッケル―カドミウム電池の負極として広く用いられてきたが，カドミウムの有害性などの理由からニッケル―水素電池に多くが置き換わっている．水銀には温度計などさまざまな用途があるが，蒸気が体内に取り込まれると重大な健康障害を引き起こすため，その取扱いには十分な注意を要する．2017 年に，一般用途の水銀を用いた製品の製造や輸出入が一部例外を除いて禁止される条約(水俣条約)が発効された．

章末問題

1. 次の原子またはイオンの電子配置を書け．
   (1) Fe　　(2) Cu　　(3) Ti^{3+}　　(4) Co^{3+}
2. テルミット反応について説明せよ．
3. マンガンは酸化物として，ニッケルは硫化物およびヒ化物として主に産出するが，その理由を述べよ．
4. なぜ，第 11 族の銅，銀，金が古くから貨幣金属として人類に利用されてきたか，考えられる理由を述べよ．
5. Sc が他の第一遷移金属と異なり，Zn と共通する点は何か．

13章 固体化合物の構造

この章で学ぶこと

さまざまな固体化合物を学ぶことを通して，固体化合物の構造とその性質が密接にかかわっていることを理解する．
- イオン結晶の代表的な構造を見て，結晶の成り立ちを理解する．二元系，三元系，錯イオンを含む塩について代表的な構造を知る
- 共有結合結晶の代表例としてシリカの構造を調べる．窒化ホウ素を例に等電子構造についても考える
- 層状構造をもつ化合物の構造と性質の関連を知る

13-1 イオン結晶

キーワード イオン結晶（ionic crystal），閃亜鉛鉱型（zinc blende type），ウルツ鉱型（wurtzite type），蛍石型（fluorite type），アルミナ（alimina），ペロブスカイト（perovskite），ミョウバン（alum）

イオン結晶については第7章で簡単に紹介した．イオン結晶は陽イオンになりやすい元素と陰イオンになりやすい元素の組合せからなる．ここでは代表的な例をさらにいくつか紹介し，イオン結晶の性質を考える．

13-1-1 二元系イオン結晶の例と特徴

イオン結晶は通常融点は高く，水溶性のものも不溶性のものもある．最近融点が室温以下のイオン性液体というものが知られるようになったがこれはたいてい有機物である．

2種類の元素が1：1の比で含まれるイオン結晶には，代表例としてNaCl型（岩塩型），塩化セシウム型，閃亜鉛鉱型がある．前者二つはすでに紹介したが，閃亜鉛鉱型も含めてまとめたのが，表13-1である．表に見るように，たとえば塩化セシウムと同様な結晶構造をもつイオン結晶は他にもあり，これらの構造を一般的「塩化セシウム型」と呼んでいる．岩塩

---

one point

水に溶けるか溶けないか

水に溶けるか溶けないかはどのように決まるのであろうか．これは，結晶の状態と水に溶けた状態（つまり陽イオンと陰イオンに分かれ，それぞれを水分子が取り囲んだ状態）とのどちらがエネルギーが低いかでおおむね決まる．結晶状態では，一般的に大きなイオン（たとえばミョウバン［$Al(H_2O)_6$］$^{3+}$）は小さなイオンに比べてイオン結合の力は減少するし，価数が大きいほうがイオン結合の力が強い．イオン結合の力が強いということは，結晶状態のエネルギーはより安定に（つまり低く）なっていることなので，溶けにくいことになる．詳細は参考書を見てほしい（たとえば小村照寿著，『基本的な考え方を学ぶ無機化学』，三共出版(2013)）．

表13-1　三つの代表的な1:1イオン結晶の構造
すべてのイオン半径は6配位の場合の大きさに統一して表示した（R. D. Shanonの報告による）.

結晶構造	代表物質	陽イオン イオン半径	陰イオン イオン半径	イオン半径比 陰イオン／陽イオン	最近接イオン数
塩化セシウム型	CsCl	1.67	1.67	1.0	8
岩塩型	NaCl	1.02	1.67	1.6	6
閃亜鉛鉱型	ZnS	0.88	1.84	2.1	4

表13-2　イオン結晶の例一覧

結晶構造	陽イオン：陰イオン比	例
岩塩型	1:1	NaCl LiCl, KBr, AgCl, MgO, CaO, FeO, [CaC_2]
塩化セシウム型	1:1	CsCl, CaS, CsCN
閃亜鉛鉱型	1:1	ZnS, CuCl, CdS, HgS, InAs, GaP
ウルツ鉱型	1:1	ZnS, ZnO, BeO, MnS, AgI, SiC, NH_4F
蛍石型	1:2	CaF_2, $BaCl_2$, PbO_2, UO_2
逆蛍石型	2:1	K_2O, Na_2O, Na_2S
コランダム型	2:3	Al_2O_3, Cr_2O_3
ルチル型	1:2	TiO_2, MnO_2, MgF_2, WO_2
ペロブスカイト型	1:1:3	$CaTiO_3$, $BaTiO_3$, $SrTiO_3$
スピネル型	1:2:4	$MgAl_2O_4$, $NiFe_2O_4$, $LiMn_2O_4$

型，閃亜鉛鉱型も同様である．

　同じ陽イオンと陰イオンの比が1:1のイオン結晶でも，イオンの組み合わせによって複数の型が生じる理由については7-2節で述べたので，本章では具体的ないくつかの結晶の型について化合物を見ていきたい．なお下記では(1)，(2)は水溶性，(3)〜(7)は水に不溶である．

(1) 岩塩型

　岩塩型に食塩NaClの他にKBrなどが含まれるのは理解できるだろう．それに加えて，AgClのような遷移金属のハロゲン化物や，MgOのような酸化物も岩塩型に含まれる（表13-2）．なお注意しておきたいのは，通常は陰イオンのほうが大きいため，大きな球で表しているイオンが塩化物イオンで，小さな球で表しているイオンが陽イオンだと考えるのが自然であるが，岩塩型の場合は逆に考えても全く問題ないということである．

　炭化カルシウム（カルシウムカーバイド CaC_2）の結晶構造も岩塩型の変形タイプとみなすことができる．炭素2個で C_2^{2-} イオンを形成しており，この C_2^{2-} 陰イオンが結晶中に存在することが特徴である．塩化ナトリウムの結晶構造中においてナトリウムイオンのところにカルシウムイオンが入り，塩化物イオンのところに C_2^{2-} 陰イオンが入ると考えればよい．ただし C_2^{2-} 陰イオンは縦に長いので，カルシウムカーバイドの単位格子はもはや立方体ではなく，立方体が縦に延びた構造となっている．

one point

カルシウムカーバイド

単にカーバイドといえばこのカルシウムカーバイドを指す．石炭を乾留してコークスを作り，これと酸化カルシウム（石灰石を加熱して製造）を反応させてカルシウムカーバイドが得られる．これに水を反応させてアセチレンを作り，これが第二次大戦前後までは石炭化学工業の重要な原料となっていた．もちろん現在は石油，特にエチレンなどのオレフィンが石油化学工業の原料となっている．

$CaCO_3 \rightarrow$（加熱）$\rightarrow CaO + CO_2$
$CaO + 3C \rightarrow CaC_2 + CO$
$CaC_2 + 2H_2O$
　　　$\rightarrow C_2H_2 + Ca(OH)_2$

(2) 塩化セシウム型

　塩化セシウム型 (図 7-5) は，セシウムが非常に大きな陽イオンであるために生じる構造である．CsBr, CsI も同様な構造であることが知られている．なお，塩化セシウム型を体心立方格子だと思う人もいるかもしれないが，厳密には間違いである．確かに立方体の頂点に塩化物イオンがあり，中心 (体心の位置) にセシウムイオンがあるので体心立方のように見えるかもしれないが，結晶学でいう体心立方格子の場合は，立方体の八つの角と中心の位置が結晶学的に等価でなければならない．つまり八つの角にある原子がくるとすれば，中心にも同じ原子がなければならないのである．よって塩化セシウムは「体心立方に似た構造」の結晶といえる．なお，この場合も塩化ナトリウムの時と同様に中心のイオンが塩化物イオンで，周りの角の位置がセシウムイオンだと考えても構造としては全く同じことになる．

(3) 閃亜鉛鉱型

　閃亜鉛鉱型は，図 13-1(a) に示すように亜鉛 (小さい球) の周りに硫化物イオンが四つ正四面体の頂点にあたる位置に存在している．硫化物イオンに着目すると，それぞれの硫化物イオンの周りには正四面体状に四つの亜鉛イオンが位置している．このことは，単位格子を平行移動させて積み重ねると結晶構造になることを思い出せば理解できる．つまり，図 13-1(a) に示した単位格子をそのまま横に平行移動させた構造をつなぐと，二つの立方体をつなげた面の中心に位置する硫化物イオンの周りに四つの亜鉛イオンが四面体状に配置していることがわかるであろう．

(4) ウルツ鉱型

　ウルツ鉱型構造 (図 13-1b) は亜鉛や鉄の硫化物に見られるが，閃亜鉛鉱型よりは少ないとされる．これは立方格子ではないが，陽イオンと陰イオンの数の比は 1：1 である．

(5) 蛍石型

　蛍石と呼ばれるフッ化カルシウム (CaF_2) の構造を蛍石型と呼ぶ．図 13-1(c) のように，カルシウムは面心立方を形成し，フッ素は立方格子の内部に八つ存在する．カルシウムは単位格子あたり 4 個 (各頂点にある原子の数が $(1/8) \times 8 = 1$ 個分，そして面心の位置にある原子が $(1/2) \times 6 = 3$ 個分) なので，フッ素とカルシウムの原子数の比は 2：1 となり，組成と一致する．フッ化バリウム，酸化セリウム (IV)，酸化ウラン (IV) なども蛍石型構造をとる．また Li_2O や Na_2S などは，陽イオンと陰イオンが入れ替わって蛍石型と同様な構造をとるので，逆蛍石型構造と呼ばれる．

one point
蛍石の名前の由来
不純物を含むものが紫外線照射下で発光するので蛍石という．

(a) 閃亜鉛鉱型

(b) ウルツ鉱型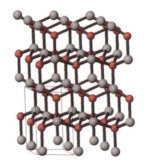

(c) 蛍石型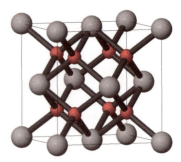

(d) コランダム型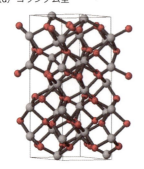

(e) ルチル型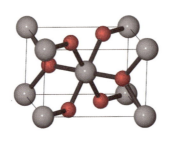

図 13-1　二次元系イオン結晶

(a) 閃亜鉛鉱型はダイヤモンド構造の原子一つおきに亜鉛と硫黄がつながっている構造である．(b) ウルツ鉱型は閃亜鉛鉱型と同じ組成であるが，異なるつながり方をしている．(c) 蛍石型は灰色がカルシウム，赤がフッ素原子を表し，カルシウムは単位格子の角と各面心の位置にある．単位格子内の原子数比は Ca：F = 4:8 = 1:2 である．(d) コランダム型（α- アルミナ）では各アルミニウム原子（灰色）は六つの酸素原子（赤色）に囲まれていることがわかる．(e) ルチル型ではチタン原子が格子の八つの角と中心に位置し，酸素が上限の面の位置に 4 個，格子内に 2 個ある．

(6) コランダム型

　酸化アルミニウム（Al_2O_3）のことをアルミナという．いくつか結晶構造の異なるもの（結晶中での原子の並び方が違うもの）が知られている．α アルミナはサファイアの成分であり非常に硬く，化学反応性も低い（融点 2000 ℃，密度 4.0 g cm^{-3}．α アルミナ中では，酸素原子はやや歪んだ六方最密格子を形成し，八面体の頂点に酸素原子が位置して連なっている（図 13-1d）．この八面体の中心にアルミニウムがある．これをコランダム型構造という．これに対し γ アルミナはコランダム構造ではなく，酸やアルカリと容易に反応するし，吸湿性もある．密度は α アルミナの 80 % 程度である．

　このように，結晶構造によって性質が大きく変わることもあることはぜひ頭に入れておこう．

(7) ルチル型構造

ルチルは二酸化チタン（TiO_2）の結晶の一種であり，二酸化チタンが半導体や光触媒としての性質をもつため近年注目されている化合物である．ルチルは正方晶(底面が正方形で横から見ると長方形の単位格子をもつ)であり，図 13-1(e) のようにチタン(IV)イオンがその八つの角と中心に位置しており，チタンイオンは一つの単位格子あたり 2 個含まれる．酸素は上下の面に 2 個ずつ，さらに単位格子の内部に 2 個あるので，一つの単位格子あたり $(1/2) \times 4 + 2 = 4$ 個含まれる．よってチタン：酸素は $2:4 = 1:2$ となっている．

13-1-2 三元系の結晶構造の例

(1) ペロブスカイト型

チタン酸カルシウム $CaTiO_3$ の結晶をペロブスカイトと呼び，ABO_3 型の構造をとる．他の ABO_3 型結晶で同構造のものをペロブスカイト型構造の結晶と呼ぶ．ペロブスカイトでは，カルシウムが立方体の八つの角に，チタンが中心の位置に，酸素が立方体の面心の位置に置かれている(図 13-2)．同構造のものにはチタン酸ストロンチウムやチタン酸バリウムがあり，後者は誘電体としてコンデンサ材料などに使われる．また，酸化物高温超伝導体として知られるいくつかのセラミックスはこの構造を基本としている．さらにごく最近，有機イオンである四級アンモニウム塩をもつペロブスカイト構造の物質が太陽電池材料としてにわかに脚光を浴びている．

(2) スピネル型

$MgAl_2O_4$ の特定の鉱物をスピネルといい，同様の構造をもつ AB_2O_4 組

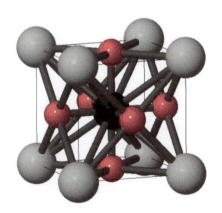

図 13-2 ペロブスカイト型構造
ペロブスカイトではカルシウム(灰色)が格子の角に，チタン(黒色)が格子の中心に，そして酸素(赤色)が各面の中心に位置する．

成の結晶をスピネル型構造と呼ぶ．構造はきわめて複雑なので詳細は避けるが，この構造をもつ化合物には，磁鉄鉱 $Fe^{(II)}Fe^{(III)}_2O_4$ をはじめ，磁性材料のフェライト MFe_2O_4（M は各種の遷移金属），リチウムイオン二次電池の正極材料として用いられるマンガン酸リチウム $LiMn_2O_4$ など，電子材料として重要なものも多い．

例題 13-1 ペロブスカイト型構造 ABO_3 において，単位格子中に含まれる A，B，O 原子の数を求めよ．

[解答]
A 原子は単位格子の八つの頂点にあるので $(1/8) \times 8 = 1$ 個
B 原子は体心の位置にあるので 1 個
酸素原子は面心の位置にあるので $(1/2) \times 6 = 3$ 個

13-1-3 錯イオンを含む塩

遷移金属の塩類は水和物となっているものが多い（たとえば塩化ニッケル 6 水和物）．水和物というのは結晶の中に水分子を含むものであるが，その水分子には大きく分けて二通りある．一つは単に結晶の隙間に水分子が入り込んだものであり，もう一つは金属イオンに水が配位結合して錯イオンとなっているものである．塩化ニッケル六水和物の場合は六つの水分子がニッケルイオンに配位結合した八面体型の錯イオンとなっている．

このような構造は，結晶全体として見れば $[Ni(H_2O)_6]^{2+}$ イオンと Cl^- イオンからなっているイオン結晶と見ることができるが，陽イオンの構造を見るとニッケルイオンに水分子中の酸素が配位結合によって結合しており，陽イオンは共有結合によってできているとみなすことができる．イオン結晶の中には硝酸イオンや硫酸イオンが陰イオンとなっているものも多いが，このような場合は陰イオン自体は共有結合によってできている．このように，イオン結晶といってもイオン自体は共有結合でできているものもあることを頭に入れておこう．ただ，このような結晶は水溶性のものが多い．典型元素の金属を含む化合物でこのような構造になっているものの代表例がミョウバンである．

代表的な複塩（イオン結晶のうち複数の陽イオンまたは陰イオンを含むもの）の結晶ミョウバンがある．通常は $KAl(SO_4)_2 \cdot 12(H_2O)$ のことをミョウバンというが，他にクロムミョウバンなど同様の組成の化合物がいくつか知られている．図 13-3 では構造がわかりにくいが，アルミニウムとカリウムの周りにはそれぞれ水分子が 6 個ずつ八面体型に近い構造で配置しており，結晶内にはその他に正四面体型の硫酸イオンが存在するような

図 13-3 ミョウバンの構造
ミョウバンは $KAl(SO_4)_2 \cdot 12(H_2O)$ のように書かれるが，$[K(H_2O)_6][Al(H_2O)_6](SO_4)_2$ とみなすことができる．灰色がカリウムイオン，黒がアルミニウムイオンでどちらにも水が6分子ずつ結合している．水分子は省略している．赤が硫黄で硫酸イオンを表している．

構造となっている．

図13-3では黒色で示した球には水分子が6個結合しており $[Al(H_2O)_6]^{3+}$ を，灰色の球（やはり水が6個結合している）がカリウムイオンを，そして赤色の四面体が硫酸イオンを表している．古くから，染料の染色をよくするための媒染剤，また水質をよくするための薬剤などとして使われてきた．なすの煮物に入れると色が変化しないなど，食品添加物としての用途もある．

13-2 共有結合性結晶

キーワード シリカ（silica），窒化ホウ素（boron nitride），等電子構造（isoelectronic structure）

単体のところで説明した通り，共有結合性結晶は一般に融点が高く，化学反応性は低い．ここでは化合物の例を若干加える．なお，物質の結合はイオン結合と共有結合に完全に分類できるわけではない．共有結合であっても，多くの場合は若干のイオン結合性をもっており，逆もまたしかりであることをぜひ念頭においておこう．たとえば本章では Al_2O_3 はイオン結晶に，SiO_2 は共有結合性結晶に分類したが，両者の結合様式は完全に異なるというわけではなく，どちらかといえば Al_2O_3 はイオン結合性が強く，SiO_2 は共有結合性が強いというべきものである．

13-2-1 シリカ

シリカ（二酸化ケイ素，SiO_2）には，これもまたいくつかの結晶形が知られている．代表的なものは図 13-4 に示した石英とクリストバライトである．石英のうち，無色透明で結晶形がはっきりしたものが水晶である．石英の結晶（三方晶系）においてはケイ素と酸素が鎖状に Si–O–Si–O– と並んでいて，これがらせん状に連なっていることが特徴である．らせん状なので右回りと左回りが存在する．実際，石英は偏光面を右に回転させる右旋性の結晶と左に回転させる左旋性の結晶があり，光学活性な（キラルな）構造をもつ．石英は圧電性（圧力変化によって電圧を生じる，または逆に電圧の印加によって形状が変化する現象）をもつ．そのため，一定周波数で発振する電気回路に用いる水晶発振子として，時計をはじめ電気製品に広く利用されている．また石英を高温で融解して冷やすと原子配列が無定形のガラス状となり，これを石英ガラスという．これは通常のガラスより紫外線をよく通すので，紫外線を用いる実験用の光学部品材料としてよく用いられる．

SiO_2 の組成で石英と異なる結晶構造のものとして，クリストバライト（クリストバル石）と呼ばれる鉱物があげられる．その構造は（温度によっても変化することが知られているがある温度においては立方晶系で）図 13-4(b) の通りであり，ケイ素（四面体構造）はダイヤモンド中の炭素と同様な配列をなし，ケイ素－ケイ素間に酸素が挟み込まれた構造となっている．クリストバル石のほうが石英より結晶中の隙間が多いため密度が小さく，前者が 2.3 g cm^{-3} 後者は 2.6 g cm^{-3} 程度である．

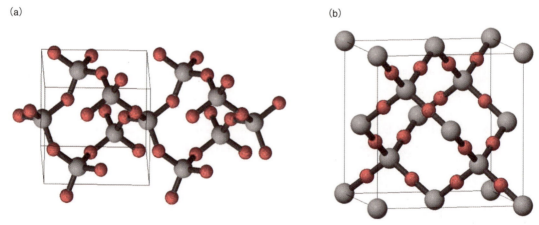

図 13-4　SiO_2 の結晶

(a) 石英，(b) クリストバライトの構造．細い線は単位格子を表す．いずれの結晶でもケイ素原子には四つの酸素原子が結合し，各酸素原子にはケイ素原子が二つずつ結合している．石英ではらせん状に Si–O–Si–O– の鎖がつながっていることがわかる．クリストバライトではダイヤモンドの結晶における炭素の位置にケイ素原子がある．

図 13-5　塩化ベリリウムと塩化白金 (II) の一次元構造
(a) 塩化ベリリウムではベリリウムが直線上に並び，それを二つの塩素が架橋している．ベリリウムの周りはほぼ四面体の構造になっている．(b) 塩化白金では白金が直線上に並び，それを二つの塩素が架橋していることは同様であるが，こちらはすべての原子が同一平面上にある．

13-2-2　一次元構造をもととする固体

固体の中には共有結合の一次元鎖を含むものがある．その一つがベリリウムである．

ベリリウムは変わった性質をもつアルカリ土類金属で，共有結合の化合物を作る．塩化ベリリウムは図 13-5(a) に示したような一次元鎖状構造をとる．また，たとえば塩化白金 (II) は図 13-5(b) のような鎖状構造をもつ．鎖状にせよ，二次元状にせよ，三次元構造にせよ，共有結合で無限につながっている構造のものは一般に高融点で水には溶けにくいことが多い．

13-2-3　チッ化ホウ素固体

窒化ホウ素の固体には 2 種類が知られており，ダイヤモンドと黒鉛の関係に似ている．炭素は価電子が 4 個であり，炭素どうしが結合したときのルイス構造式は図 13-6(a) のようになる．ホウ素は炭素より電子が一つ少なく，窒素は炭素より電子が一つ多いため，ホウ素と窒素を組み合わせると窒素からホウ素への配位結合が生じ，図 13-6(b) のようなルイス構造式となり，炭素二つの組合せと同じ電子配置となる．この例に見られるように，原子の組合せが異っていてもルイス構造式の電子配置が同じように書ける場合，両者は等電子構造であるという（次頁のコラム参照）．したがって，化合物中の C–C 結合は B–N で置き換えることができる．

炭素の単体の代表はダイヤモンドと黒鉛であるが，これらの C–C を B–N で置き換えた化合物はそれぞれダイヤモンドと黒鉛に似た性質となるのであろうか．実際，立方晶系窒化ホウ素はダイヤモンドと同様の構造をもつ（図 13-7a）．これは非常に硬く，その硬さはダイヤモンドよりやや劣る程度である．高温でも硬さを保つので，高温下での研磨剤としてはダイヤモンドより強力である．

一方，六方晶系窒化ホウ素は，B–N を含む黒鉛のような蜂の巣状シート構造となっている（図 13-7b）．黒鉛と異なるのは，チッ化ホウ素では B と N の六角形の真上に N と B の六角形があり，ずれていないことである（黒鉛は六角形がずれて重なっている）．こちらは軟らかい化合物で，潤滑剤となる．黒鉛とは異なり，白色の絶縁体である．

図 13-6　炭素二つと B-N が等電子構造であることを示す図

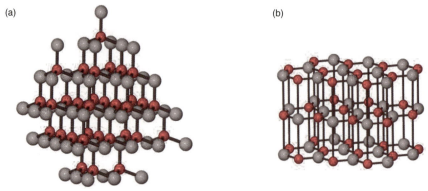

図 13-7　立方晶系窒化ホウ素と六方晶系窒化ホウ素の構造
(a) 立方晶系窒化ホウ素はダイヤモンドの炭素が一つおきに窒素とホウ素に入れ替わった構造である．(b) 六方晶系窒化ホウ素は黒鉛の構造で層内の炭素が一つおきに窒素とホウ素に入れ替わった構造であるが，層の重なり方が黒鉛とは異なる．黒鉛は上下の層で炭素原子がずれて重なっているが窒化ホウ素では窒素の上にホウ素が，さらにその上に窒素が重なっている．

コラム

等電子構造

　物質の物理的，化学的な性質を考察する際には，電子の振る舞いを理解することが重要である．たとえば，すでに第 4 章で等電子分子として取りあげた C≡O と N≡N は，ルイス構造式が同じであるので，等電子構造といえる．この二つの分子は，一方は毒性をもち反応性の高い気体で，一方は反応しにくい無害な気体というようにかなり異なる性質をもってはいるが，両方とも金属と配位結合を作るなど似ている点もある．

　もう少し複雑な分子でも等電子構造の例がある．炭素より電子数の一つ少ないホウ素と炭素より電子数の一つ多い窒素が組み合わさると，電子の数としては炭素 2 個と同じとみなすことができる．実際に，C–C の代わりに B–N をもつ有機化合物が存在する．最も簡単なのはアミンボラン（NH_3BH_3）である．これはエタンの類似体とみなすことができるが，性質はかなり異なり，室温では固体である．

　ベンゼンの類似体とみなせるのはボラジン（$B_3N_3H_6$）である．ボラジンはベンゼンに似た性質をいくつかもち，無機ベンゼンとも呼ばれる．沸点 55 ℃（ベンゼンは 80 ℃）の液体であり，芳香がある．ただし，ベンゼンよりは反応しやすく水中では次第に分解し，ホウ酸，アンモニア，水素を発生する．また付加反応を起こす．たとえば塩化水素と反応して $Cl_3B_3N_3H_9$ を生成する（下図）．

例題 13-2 グラフェンの C–C を B–N に置き換えた化合物はどのような構造か．

解答 図 13-8 の通り．新たな物性材料として研究が行われている．

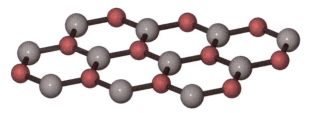

図 13-8 単一層の h-BN

13-3 層状化合物

キーワード 層状化合物（layered compounds），粘土鉱物（clay minerals），雲母（mica）

13-3-1 ヨウ化カドミウム

単体では，黒鉛や黒リンが層状になっていることをすでに紹介した．化合物でも層状になっているものは多い．たとえば図 13-9 に示すヨウ化カドミウム(II)は，八面体のカドミウム原子をヨウ素が架橋して平面上の層を作り，それが何枚も重なっている構造となっている．同じ構造の物質にはヨウ化鉛(II)や硫化チタン(IV)がある．

これらの物質では，層と層の間は緩く結合しているため，層間に他のイオンが入り込むことができる．たとえば硫化チタン (IV) はリチウムイオンが自由にその中を行き来できるリチウムイオン伝導体として知られてい

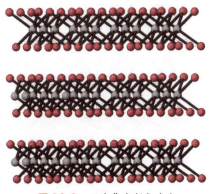

図 13-9 ヨウ化カドミウム
層状化合物の例．

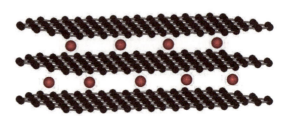

図 13-10 挿入化合物
黒鉛の層間にアルカリ金属が挿入している．

る．こられの物質は層と層の間の結合は非常に弱く，挿入 (intercalation) 化合物と呼ばれている．層間の結合が弱い物質は，全体として軟らかいものが多い．また黒鉛にアルカリ金属やハロゲン元素単体，さらには金属ハロゲン化物などを作用させると黒鉛の蜂の巣状のシート間にそれらの物質が挿入された構造の物質ができることが古くから知られている（図 13-10）．

13-3-2　アルミノケイ酸塩

シリカ SiO_2 の骨格のケイ素 (4+) の一部をアルミニウム (3+) で置き換えると，正電荷が不足するので陰イオンとなる．これを含む化合物をアルミノケイ酸塩という．固体で軟らかいものの代表である粘土は層状のアルミノケイ酸塩からできた物質であり，さまざまな種類があるが，それらをまとめて粘土鉱物と呼んでいる．ここではその代表として雲母について説明する．

雲母は岩石を作る鉱物の一群で，ケイ素とアルミニウムと酸素からなる層状の構造をもつことが特徴である．さらに他の陽イオンも含む．図 13-11 に示したのは白雲母 ($KAl_2(OH)_2Si_3AlO_{10}$) の構造の一部である．小さい赤い球が酸素，大きな赤い球がカリウム，黒がアルミニウム．灰色は

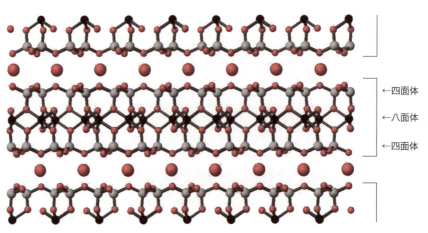

図 13-11　雲母の構造

ケイ素(ただし一部はアルミニウム)である．ケイ素は四面体であり，四つの酸素に結合しており，Al は（図ではわかりにくいが）八面体状に酸素に囲まれている．層と層の間にあるカリウムイオンは層間を比較的ゆるく結合しており，雲母は層状にはがれる性質がある．うすくはがしたものは透明であり，以前は耐熱性の窓剤に使われた．また，コンデンサ材料としても用いられている．

層状化合物はセンサーや環境浄化材料をはじめとするさまざまな機能性材料として研究されており，電子材料として実用化されているもが数多くある．

章　末　問　題

1. 塩化アンモニウムは塩化セシウムのセシウムイオンの代わりにアンモニウムイオンが入ったような構造となっている．塩化アンモニウムの単位格子の構造を書け．なお，その結晶中でアンモニウムイオンの四つの水素は四つの塩化物イオンと水素結合によって弱く結びついていることも考慮せよ．
2. 本文中に示したように，ルチルの単位格子は底面が正方形で側面が長方形である．底面は一辺が 4.6 Å，高さは 3.0 Å であるとして，ルチル結晶の比重を求めよ．
3. ペロブスカイト（$CaTiO_3$）の比重は 4.0 である．ペロブスカイトの単位格子(立方体と仮定する)の一辺の長さを求めよ．
4. ペロブスカイトの構造については，文献によってはチタンが格子の角に位置し，酸素は格子の各辺の中心に位置すると書いてある．この場合の構造を図示し，それと図 13-2 の構造が同等であることを示せ．
5. 半導体のヒ化ガリウムは閃亜鉛鉱型の結晶である．この単位格子を図示せよ．また，この単位格子の一辺の長さが 5.65 Å であることから，ヒ化ガリウムの比重を求めよ．
6. 雲母では層と層を結ぶ引力はカリウムイオンの正電荷と，ケイ素とアルミニウムの酸化物からなる陰イオンの負電荷の静電引力であるが，一般のイオン結晶における陽イオンと陰イオンの引力に比べると弱い．その理由を述べよ．

14章 固体化合物の機能と応用

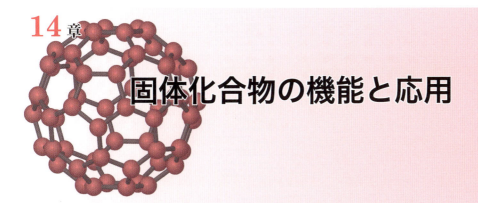

この章で学ぶこと

この章では分子を作る化合物以外の固体化合物の性質とその応用について学ぶ．前章ではイオン結晶や共有結合結晶などの固体の構造を学んだ．ここでは電気伝導性や磁性などの物理的な性質を中心に，固体化合物が現在広く応用されている面を学ぶ．

- 合金の種類と特徴を理解する．
- 格子欠陥とは何かを知り，それによって現れる性質を応用例を含めて学ぶ．
- 超伝導と磁性という固体の性質の基礎を理解する．
- 固体表面と内部の違いを理解し，ゼオライトなどの応用例を知る．

14-1 合 金

キーワード 置換型合金（substitutional alloys），侵入型合金（interstitial alloys），金属間化合物（intermetallic compounds）

合金はいうまでもなく，複数の金属原子，または金属と別の原子からなる固体である．化合物とみなされる場合とそうでない場合があり，おおよそ以下の三つに分類される．

14-1-1 置換型合金

たとえば銅とニッケルは同じ体心立方型の格子を作り，原子半径もニッケルが 1.25 Å，銅が 1.28 Å とわずかしか違わないので，銅にニッケルを混ぜていくと図 14-1(a) に示すように銅の一部がニッケルに置換したような構造の合金（置換型合金）ができる．このような固体は一般に置換型固溶体と呼ばれる．銅とニッケル以外にも，たとえば金と銅や金と銀は同様な固溶体を作る．

A 金属に B 金属を混ぜていくと，その合金の性質は純粋な A の性質から B の性質に連続的に変化していく．

one point
固溶体
固溶体は一般に複数の元素の原子が混ざって均一の固体となっているものであり，構造によりいくつかの種類がある．金属以外の元素を含んでいても固溶体と呼ぶ．

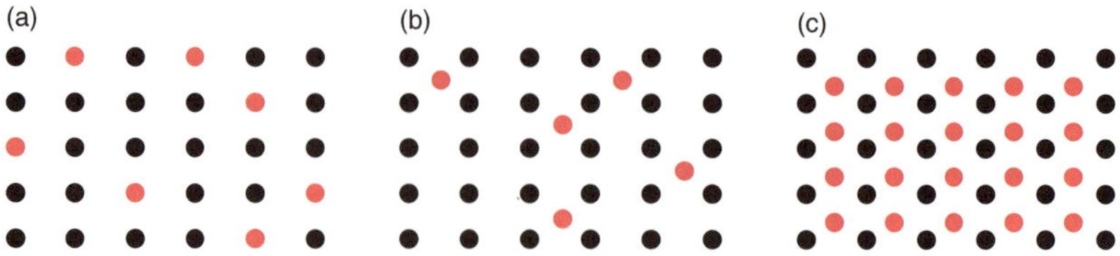

図14-1 置換型と侵入型の合金の構造イメージ
(a) 置換型，(b) 侵入型，(c) 金属間化合物．

14-1-2 侵入型合金

金属原子に比べて小さい原子(水素，炭素，窒素，ホウ素など)は，金属原子からなる格子の構造を保ったままその隙間に入り込む場合がある．このようにして生成した固体を侵入型合金(侵入型固溶体)と呼ぶ(図14-1b)．

鉄鋼は鉄に炭素原子を質量比で最大2％程度含む侵入型合金である．炭素を添加することで剛性が飛躍的に増大する．

14-1-3 金属間化合物

上記の二つは元々の金属の構造をおおむね保ったまま別の原子が入り込んだもので，通常は「化合物」とは呼ばない．複数の金属からなる合金でも，生成した結晶の単位格子が元の金属のそれとはかなり異なり，新たな性質が表れている場合に化合物という表現を用いることが多い．たとえばニッケルとチタンのある組成の合金は形状記憶合金と呼ばれる特殊な性質をもつ(図14-1c)．

> **one point**
> 形状記憶合金
> 高温である形状に加工しておくと，常温下で形を変えても，高温にさらすことで元の形に戻る性質をもつ合金．

14-2 格子欠陥と固体イオン伝導体

キーワード 格子欠陥(lattice defects)，ドーピング(doping)，固体電解質(solid electrolytes)

結晶は単位格子がそのままの構造と組成を保ったまま，三次元の縦，横，奥行き方向に並んだものである．したがって，本来は全く同じ構造が繰り返されている．しかし現実の結晶では，本来あるはずの場所に原子がなかったり，逆に本来原子がないはずの場所に不純物が混入していたりすることがある．これらを格子欠陥という．

格子欠陥によって本来固体がもつ性能が発揮できなくなることも多いが，逆に格子欠陥のために有用な性質が出てくることもある．ここでは簡単に格子欠陥とその応用について紹介する．

14-2-1 格子欠陥の種類

格子欠陥には点欠陥，線欠陥，面欠陥などが知られている．点欠陥は本来原子やイオンがあるべきところに原子やイオンが存在しない場合と，逆

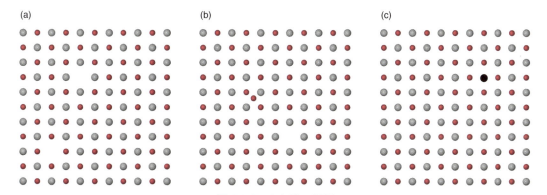

図 14-2　点欠陥の種類
本来は三次元で表すべきだが簡単のためここでは二次元状の結晶を示している．
(a) 空孔型, (b) 侵入型, (c) カラーセンター．

に原子がないはずの場所に原子がある場合，それらが同時に起こる場合などがある．たとえば図 14-2(a) は，岩塩の結晶においてナトリウムイオンと塩化物イオンが 1 個ずつなくなっているイメージを表している．これを点欠陥のうち空孔型という．図 14-2(b) では塩化銀の結晶（岩塩型構造）において銀イオンが立方体の隙間の位置にずれて存在している．これを侵入型という．また図 14-2(c) では，岩塩型結晶において塩化物イオンが欠損しており，電荷を中性に保つためにそこに電子が一つ補足されている．塩化ナトリウムは無色透明であるが，このタイプの欠陥が生じると着色することが知られており，これはカラーセンターと呼ばれる．

線欠陥や面欠陥は結晶内に線状または面状に欠陥が続いているものをいう．

14-2-2　半導体と不純物

ケイ素にわずかにリンを混入させると，リンがケイ素より価電子が一つ多いために電子が余り，その電子が移動することによって電気伝導性が増す．このような半導体は負電荷 (negative charge) が移動するため N 型半導体と呼ばれる．これも一種の欠陥であるが，格子欠陥によって結晶の物性が変化することの一例である．半導体産業などではこのように不純物をわずかに混入させること（ドーピングという）が広く行われている．

例題 14-1　ケイ素にリンではなくある元素をわずかに混入させると今度は価電子が不足し，＋荷電が余ることによって電気伝導性が生まれる．どのような元素を混入させるのであろうか．

解答　ホウ素やアルミニウムなどの 13 族元素が混入される．これらは価電子が 3 個であり，ケイ素に比べて一つ少ない．このようにしてできた半導体は正 (positive) の電荷が輸送されることから p 型半導体と呼ばれる．

14-2-3　格子欠陥の応用

ジルコニア（ZrO_2）に，たとえば酸化イットリウム（Y_2O_3）を 5～10 ％程度ドーピングして得られたものを安定化ジルコニアという．高温での強度が増すだけでなく，イオン伝導体としての性質をもつ．

本来ジルコニウムイオンは +4 価の電荷をもつが，そこに +3 価のイットリウムイオンが入る．その分の負電荷が減っていなければ中性にならないために，酸化物イオンが一部欠損している．その欠陥を伝って酸化物イオンが移動していく．この性質を利用した酸素センサーが実用化されている．図 14-3 で示すように安定化ジルコニアの両側に白金などの電極がつけられている．右側の電極表面と左側の電極表面では以下の半反応式によって白金電極に電圧が生じるが，E_1 と E_2 は酸素分圧によって変化するのでその電位差 $E_1 - E_2$ を測定することで酸素分圧がわかるというものである．たとえば左側は空気に接するようにして，右側は測定したい気体に接触させておくと，左側の電圧は一定なのに対して，右側は酸素分圧によって電位 E_2 が変化する．

左側　　$(1/2)\,O_2\,(左) + 2e^- \rightarrow O^{2-}$　　E_1 (V)

右側　　$(1/2)\,O_2\,(右) + 2e^- \rightarrow O^{2-}$　　E_2 (V)

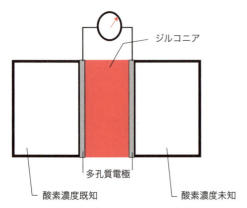

図 14-3　安定化ジルコニアを用いた酸素センサー

安定化ジルコニアのような固体電解質は，たとえば燃料電池の構成成分としても広く研究されている．

14-3　固体物性

キーワード　固体物性 (solid-state physics)，超伝導 (superconductivity)，磁性体 (magnetic material)，常磁性 (paramagnetism)，強磁性 (ferromagnetism)，反磁性 (diamagnetism)

無機固体材料には特別な性質を示すものがある．物性という言葉は固体に特有な性質を表す場合によく用いる．ここでは二つの物性に着目して簡単に解説する．

14-3-1　超伝導体

超伝導とは電気抵抗が 0 になる現象をいう．超伝導は一般的には極低温で生じる現象である．現在実用化されている超伝導材料はニオブとチタンの合金であり，10 K 以下で超伝導体となる．よって，液体ヘリウムで冷却することではじめて超伝導材料となる．電気抵抗が 0 になるという

one point
超伝導の表記
超伝導は超電導とも書かれる．特に電気関係の研究者は後者の漢字を好むようである．

ことは大電流を流しても発熱しないということなので,非常に強い磁場を発生させるための電磁石は超伝導材料で作ったコイルに電気を流す仕組みとなっている.超伝導磁石は NMR(付録のコラム参照)や SQUID と呼ばれる化学や物理の分野でよく用いられる分析機器に使われている他,病院での断層撮影に使われる MRI(磁気共鳴イメージング)にも利用されている.また最近建設が始まった磁気浮上鉄道にも使用されるであろう.

ニオブとスズの合金はより高い 18 K まで超伝導を示すことが知られているが,長らくそれを超える物質は見つからなかった.しかし 1985 年にスイスのベドノルツ(Bednorz)とミュラー(Müller)は La,Ba,Cu を含む酸化物で 30 K 程度まで超伝導性を示す物質を発見し,1987 年にノーベル賞を受賞した.その後世界中で高温超伝導体の研究ブームがわき起こり,いわゆる銅酸化物系伝導体の $YBa_2Cu_3O_7$ や $Bi_2Sr_2Ca_2Cu_3O_{10}$ などが液体ヘリウムを使わない超伝導磁石の実用化に向けて研究されている.

14-3-2 磁性体

不対電子をもっている化合物はたいてい常磁性(磁石にわずかに引かれる性質)を示す.酸素が常磁性をもっていることは第 10 章で述べた.電子は自転している(スピン)と習ったであろう.電荷をもつものが回転すると,コイルに電流を流したのと同じで磁場が発生する.したがって不対電子は小さな方位磁石のようなものと考えることができ(2 個の電子が電子対となると磁石が逆向きに重なったような状態とみなせ,磁石としての振る舞いは相殺されて消える),不対電子が磁場中に入れられると,方位磁石が磁場の方向を向く,あるいは方位磁石が大きな磁石に引き寄せられるのと同じように振る舞う(図 14-4a).

不対電子をもつ原子や分子が多数集まって固体になっている場合,外部磁場がないときは電子スピンの向きはばらばらであるが,外部磁場中では電子スピンがある程度磁場の方向を向くため固体全体として磁石の性質が出てくる.この現象を磁化といい,常磁性の物質は磁化されることによって磁石にひかれる(図 14-4b).ただし不対電子が引かれる力は非常に弱いため人間が簡単に感じられるようなものではなく,精密な器械で測定してはじめてわかる程度である[*1].

それに対して鉄片などの強磁性体は,はるかに強い力で磁石に引かれる.われわれが磁石にくっつく物質といっているのは強磁性体のことである.これらの固体は不対電子をもつ原子または分子が集まってできているが,その不対電子の間に特別な相互作用が生じた場合に強磁性体となる.図 14-4(b) に示す通り,通常の常磁性体中ではそれぞれの電子スピンが磁場の方向に向こうとするが,強磁性体中ではそれぞれが相互作用して一斉に磁場の方向を向く(図 14-4c).このため強く磁石にひかれるし,外部磁

Biography

▶ J. G. Bednorz
1950〜,ドイツの物理学者.1982 年に,スイスのチューリッヒにある IBM 研究所の研究員となり,ミュラーの超伝導の研究に加わった.

▶ K. A. Müller
1927〜,スイスの物理学者.1963 年に IBM 研究所に入所した.固体材料の磁性や相転移現象などの研究を行った.

[*1] なお,不対電子をもたない化合物は通常は磁石にきわめて弱く反発する性質(反磁性)を示す.

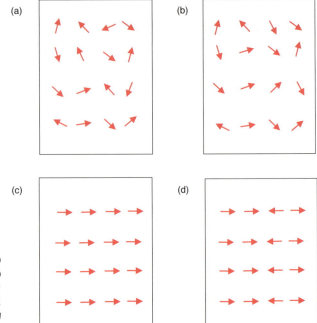

図14-4 左右方向に磁場がかかっているときの物質中の電子スピンの向き
(a) 磁性を示さない場合，(b) 常磁性体の場合，(c) 強磁性体の場合，(d) フェリ磁性体の場合．(b)の場合はランダムな方向を向いているのではなく，ベクトル和は右方向になっている．(d)では規則的に逆向きスピンになっているが，規則的に小さなスピンになっている場合もある．

場を取り去っても電子スピンの向きが揃ったまま残る．

なお，強磁性体に似た性質としてフェリ磁性というものがある．これは強磁性とは異なり，すべての分子のスピンに基づく磁化が全く同じ方向を向くのではなく，規則的に反対向きになったり，規則的に小さくなっているもので，全体で見れば磁場の方向に揃った磁石になっているとみなされるものである．

なお，磁場中で物質が磁化される度合いを磁化率（χで表す）という．常磁性物質の磁化率は通常は絶対温度に反比例し（図14-5a），これをキュリーの法則という．

$$\chi \times T = 一定値$$

強磁性物質の場合は，磁化率はきわめて大きな値となるが，ある決まった温度（キュリー点 T_C という）以上では常磁性物質として振る舞うため，磁化率の温度変化は図14-5(b)のグラフのようになる．

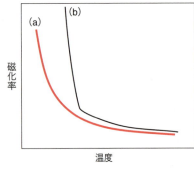

図14-5 磁化率と温度の関係
(a) 常磁性物質，(b) 強磁性物質．

例題14-2 通常の磁石のキュリー点は常温よりも高いか低いか考えよ．

解答 キュリー点以上では常磁性体となり，磁化率は急激に下がる．したがって磁石として用いるためにはキュリー点は常温よりはるかに高い

必要がある．たとえばホワイトボードに紙をとめるためによく用いられるフェライト磁石のキュリー点は約 460 ℃ で，最近よく用いられるようになったネオジム磁石(Nd + Dy + B + Fe)のキュリー点は約 330 ℃ とされる．

14-4 固体表面の性質

キーワード 固体酸・塩基(solid-state acid・bases)，ゼオライト(zeolites)，光触媒(photocatalysts)

固体の表面と内部（バルクという）では，原子のおかれた環境が異なることは想像できよう．たとえば金属単体で最密格子になっている場合，固体の内部ではそれぞれの原子は 12 個の原子に囲まれているが，表面ではそうではないので，物理的な性質は異なってくる．また金属の場合，表面はしばしば酸化物の被膜で覆われているが，もしそうでない場合は，表面の金属原子は本来 12 個の結合ができるはずなのに結合数が少ない（不飽和）なため，反応しやすい状態になっているとも考えられる．したがって固体の表面では，普通は考えにくいような物理的あるいは化学的な性質を示すことがしばしばある．ここでは特に化学的な反応性に注目してその例をいくつか見てみよう．

14-4-1 固体酸・塩基

たとえば酸化アルミニウム（アルミナ）はアルミニウムと酸素からできており，その構造は第 12 章でも解説した．アルミナには非常に硬く，化学反応しにくいものと反応しやすいものがある．後者ではその固体表面で水分との反応が進行しており，表面にはヒドロキシ基（–OH）が多数存在する．この水素はプロトンとして解離する可能性があり，その場合はアルミナは酸としての性質を示すことになる（図 14-6）．逆に，もしヒドロキシ基からプロトンが多数解離した状態になっていれば逆にプロトンを受け入れる性質，すなわち塩基としての性質を示す．アルミナが酸性か塩基性かは表面の状況によって異なる．

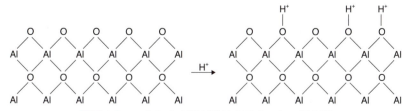

図 14-6　アルミナ表面が酸性を示すことの概念図

14-4-2 ゼオライト

ゼオライトはアルミノケイ酸塩の中の一群の化合物で，アルカリ金属やアルカリ土類金属イオンを含み，特に分子サイズの空孔をもつものの総称である．沸石として天然に産出するが，現在はさまざまなものが合成されている．

ゼオライトのうちいくつかのものはアルミノケイ酸イオン $[(AlO_2)_m (SiO_2)_n]^{m-}$ によってこぶ状の構造体（正八面体の八つの頂点が少し削られた形）が別のアルミノケイ酸イオンからなる柱状の構造体で立体的に接続されたような構造となっており，大きな空孔をもつのが特徴である（図14-7）．たとえばゼオライトAと呼ばれるものでは空孔の入口が400 pmの大きさとなっており，通常はこの空孔の中には水が入っているが，加熱乾燥させることで水を追い出すと，これより小さなサイズの分子が中に入ることができる．空孔内部には水以外にもアルカリ金属やアルカリ土類金属イオンがアルミノケイ酸イオンにイオン結合によって結合している．

モレキュラーシーブは空孔内に水を強く吸着する合成ゼ

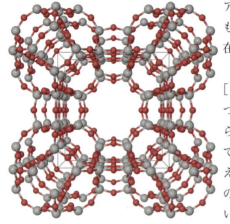

図 14-7 ゼオライトの構造
さまざまな種類のゼオライトがある．ここではLTA型と呼ばれるものの構造を示した．真ん中に空孔があることがわかる．灰色の枠は単位格子を表す．

コラム　配位高分子と MOF

配位高分子，あるいはMOF(metalorganic framework) と呼ばれる有機化合物が現在さかんに研究されている．配位高分子は金属を含む有機化合物で，たとえば下図のように，直角方向に結合が可能な金属種と，両側に金属との結合部分をもつ有機物を四つずつ混合することによって正方形型の分子ができることが見出された(図a)．これを三次元に発展させ，6方向に結合可能な金属種と両側に金属との結合部分をもつ有機物を混合することで，立方体型の空孔をもつジャングルジムのような構造の固体を得ることができる（図b）．構造が面白いだけでなく，空孔の中に有機分子や気体分子を貯蔵したり，空孔の中で特定の化学反応を起こしたりできるため，広く研究されている．

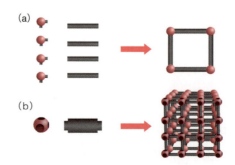

図　配位高分子
(a) 四つの金属イオンと四つの有機分子から正方形型分子が生成．
(b) 6配位型金属イオンと有機分子からジャングルジム型分子が生成．

オライトで，ユニオンカーバイド社が1954年に開発したものである[*2]．空孔サイズの異なるものが何種類か市販されており，実験室や工業的な脱水剤として広く使われている．有機溶媒中の水分子の脱水には，有機溶媒の分子は空孔に入らないが水は入るような空孔サイズのモレキュラーシーブを選ぶと効率的に脱水される．水を吸ったモレキュラーシーブは真空下で加熱することでまた脱水能力を回復できる．

いくつかのゼオライトは触媒としても広く用いられている．空孔内のアルカリ金属イオンまたはアルカリ土類金属イオンを水素イオンに置き換えれば固体酸として働く．ブレンステッド酸が触媒として有効な反応にはこれが触媒となる可能性がある．しかも空孔に入るサイズの分子のみ触媒反応が進行するので，ある分子のみを選択的に反応させるようなことが可能になるため，石油化学や環境浄化用の触媒として広く研究されている[*3]．

[*2] https://www.iupac.org/publications/pac/1980/pdf/5209x2191.pdf
（2016年12月16日閲覧）

[*3] ゼオライト学会HP
http://www.jaz-online.org/
（2016年12月16日閲覧）

14-4-3　光触媒

光触媒とは，ある物質に光を照射させることによって，（その物質は反応の前後で見かけ上変化しないが）化学反応の速度を速めるような物質をいう．究極の光触媒反応は植物が行っている光合成反応である．一方，人工的な光触媒としては特に固体の光触媒が現在脚光を浴びている．

セレンは光伝導性（光が当たることによって電気伝導性が増す現象）をもち，以前は写真の露出計などに広く用いられ，近年では乾式複写機用のドラム材料としても用いられている．また二酸化チタンは特に広く研究されている物質であり，バンドギャップが3 eVと大きな半導体である．やはり光伝導性をもつ他，光を照射した状態で表面がきわめて大きな酸化力をもつので，たとえば壁の塗料に二酸化チタンを含ませると，光が当たることで壁の表面の汚れが分解されて（掃除をしなくても）きれいに保たれる．また本多健一と藤嶋昭によって，二酸化チタンが水の光分解の触媒となることが1968年に見出された．この研究はその後現在に至るまで世界中で行われている水の光分解研究の先駆けとなったものである．

章　末　問　題

1. 合金を構造によって分類し，それぞれどのように異なるかを説明せよ．
2. P型半導体とN型半導体とはどのようなものか述べよ．
3. 磁性体について，キューリーの法則とはどのようなものか説明せよ．
4. 高温超伝導体とは何か，どのような物質が研究されているか調べよ．
5. ゼオライトとはどのような構造の物質か，またどのような応用があるかを説明せよ．

15章 水素の化合物

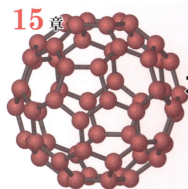

> **この章で学ぶこと**
> 水素は最も構造が単純で軽い原子であるが，その化学は多岐にわたっている．ここでは以下の項目について理解を深める．
> ・水素の性質と製造法の概略を知る
> ・水素の化合物を分類し，それぞれの構造と化学的な特徴を理解する
> ・14〜17族の水素化物について具体例からその性質を学ぶ
> ・ホウ素の化合物の特徴である三中心結合について理解する

15-1 水素の性質と製造法

キーワード 水素の性質 (behavior of hydrogen), 水素の製造法 (process of making hydrogen)

15-1-1 水素の性質

水素は最も軽い原子であり，H_2 は最も軽い分子である．爆発限界が広く，漏れると危険な気体である．1937年に水素を詰めたドイツの飛行船が爆発して大事故になったのは有名．ちなみに現在は，飛行船には水素ではなくヘリウムを詰める．

one point
水素の爆発限界
爆発限界とは，空気中でどれくらいの割合だと爆発するかの範囲．水素の空気中での爆発限界は下限4 %，上限93 %である．この間の割合であると着火によって爆発する．

15-1-2 水素の製造

水素は工業的には多くは天然ガスや石油の水蒸気改質 (steam reforming) によって製造される（その他には，電気分解で作る分もある）．

$$(HC) + H_2O \rightarrow H_2 + CO$$

この反応式で (HC) は炭化水素一般を指す．つまり天然ガスや石油である．この反応は高温でニッケルなどの触媒を用いて行われている．得られた一酸化炭素は下記の水性ガスシフト反応に回され，さらに水素が生成する．

$$CO + H_2O \rightarrow H_2 + CO_2$$

日本では年間に 150 億 m³（1 気圧換算）が製造され利用されている[*1]．最近は水素を用いる燃料電池自動車が注目を浴びており，水しか排出しない究極のエコカーなどと呼ばれている．しかし上述の通り，現在水素を工業的に得る際には天然ガスなどの化石資源を用い，二酸化炭素を排出している．電気自動車はかなり効率がよいことを考えても，ゼロエミッションとはいい難いことを考えるべきである．

*1 資源・エネルギー庁，「水素の製造，輸送，貯蔵について」，2014 年 4 月 14 日．
http://www.meti.go.jp/committee/kenkyukai/energy/suiso_nenryodenchi/suiso_nenryodenchi_wg/pdf/005_02_00.pdf
（2016 年 12 月 16 日閲覧）

15-2　水素化物の分類

キーワード　塩類似水素化物（saline hydride），遷移金属水素化物（transition metal hydride），分子性水素化物（molecular hydride）

　水素の化合物は，一般的に塩類似水素化物，遷移金属水素化物，共有性水素化物の三つに分類される（表 15-1）．共有性水素化物で水素イオンを放出しやすいものはブレンステッド酸となる．

15-2-1　塩類似水素化物

　塩類似水素化物は，アルカリ金属やアルカリ土類金属と水素を反応させて得られる．NaH や CaH_2 はそれぞれ水素化ナトリウム，水素化カルシウムと呼ばれ，灰色の固体であり，水と激しく反応する（下記の反応式を参照）．これらの固体中では水素は水素化物イオン（H^-）となっていると考えてよい．相手の金属が非常に陽性の高い（陽イオンになりやすい）元素であるため，水素原子は電子を受け取って陰イオンとなる．これらは有機合成上脱水剤や水素引き抜きのための試剤としてよく用いられるが，危険性（有機溶媒中の水分と反応して発火など）が高いので取扱いは十分に注意すべきである．

$$NaH + H_2O \rightarrow NaOH + H_2$$

表 15-1　水素化物の分類

1	2	3	4	5	6	7	8	9	10	11	12	13	14	15	16	17
Li	(Be)	\multicolumn{10}{c}{(Be は共有性水素化物となる)}		B	C	N	O	F
Na	Mg											Al	Si	P	S	Cl
K	Ca	Sc	Ti	V	Cr	Mn	Fe	Co	Ni	Cu	Zn	Ga	Ge	As	Se	Br
Rb	Sr	Y	Zr	Nb	Mo	Tc	Ru	Rh	Pd	Ag	Cd	In	Sn	Sb	Te	I
Cs	Ba	La	Hf	Ta	W	Re	Os	Ir	Pt	Au	Hg	Tl	Pb	Bi	Po	At
塩類似水素化物		遷移金属水素化物										分子性水素化物				

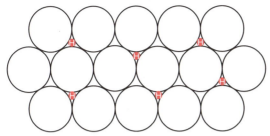

図 15-1　遷移金属水素化物の構造
大きな円は金属原子を表す．その隙間に水素原子が入っている．水素原子と金属原子の数の比は必ずしも整数比にはならない．

15-2-2　遷移金属水素化物

遷移金属の原子は大きいため，水素原子が原子の隙間に容易に入り込む（図 15-1）．このような化合物を遷移金属水素化物といい，金属的な性質を残している．通常の化合物の場合は元素の物質量の比は必ず整数になるが，遷移金属水素化物の場合は水素と金属の比率は整数比とは限らず，半端な数となる．

パラジウムは非常に多数の水素原子を中に取り込むことが知られている．この性質を利用したものが水素吸蔵合金であり，各種の合金組成のものが研究されている．近年，水素を貯蔵する容器として水素吸蔵合金を用いたものが市販されるようになった．たとえば水素吸蔵合金が入った外径 5 cm 長さ 30 cm 弱の金属製容器（内容積は 0.5 L 程度）に大気圧換算で水素を 200 L 以上保管できるものが市販されている[*2]．同容積の水素ボンベに水素ガスを入れた場合は 200 / 0.5 = 400 気圧相当の圧力で水素を封入したことに相当するが，この容器内の水素の圧力は 1 MPa（10 気圧）以下であり，安全性の点からも今後の普及が期待される．

身の回りで最も多く使われている遷移金属水素化物はニッケル水素電池であり，ニッケルカドミウム電池に代わって普及した（図 15-2）．負極に水素吸蔵合金（$LaNi_5$ が代表例）をもつものが広く利用されている．

[*2] たとえば https://www.scitem.co.jp/products/canister/ （2024 年 7 月 17 日閲覧）

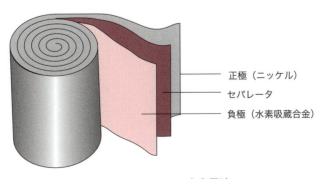

図 15-2　ニッケル水素電池

正極（ニッケル）
セパレータ
負極（水素吸蔵合金）

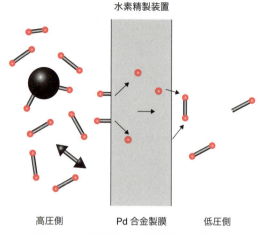

図15-3 簡易型水素精製装置の機構図

　また，図15-3に示したのは水素精製膜を用いる水素分離の仕組みである．合金でできた壁の中では水素分子は原子状態に分かれて進み，壁を通り抜けたところでまた分子となる．このように合金中をすり抜けられるのは水素のみであり，この性質を利用して水素を高純度に精製する（99.9999999％など）ことができる．

15-2-3 分子性水素化物

　pブロック元素の水素化物は水素と共有結合した分子を作る．代表的なものを表15-2にあげる．参考のため，18族の単体もあわせて掲載した．またIUPAC1による系統名称（parent hydride name）を［　］内に示した．このIUPAC系統名は実際にはほとんど使われない場合も多い．このIUPAC系統名は水素との単結合の化合物は語尾が「アン（ane）」で終わるという規則に基づいて作られたものである．シランはしばしばモノシラ

> **one point**
> **IUPAC**
> International Union of Pure and Applied Chemistry（国際純正及び応用化学連合）．命名法，原子量などの国際基準を作っている機関．

表15-2　14～17族の水素化物の名称と沸点(K)

14族	沸点	15族	沸点	16族	沸点	17族	沸点	18族	沸点
[メタン] CH_4	105	[アザン] アンモニア NH_3	240	[オキシダン] 水 H_2O	373	[フルオラン] フッ化水素 HF	290	ネオン Ne	30
[シラン] SiH_4	140	[ホスファン] ホスフィン PH_3	190	[スルファン] 硫化水素 H_2S	240	[クロラン] 塩化水素 HCl	195	アルゴン Ar	80
[ゲルマン] GeH_4	160	[アルサン] アルシン AsH_3	200	[セラン] セレン化水素 H_2Se	250	[ブロマン] 臭化水素 HBr	200	クリプトン Kr	100
[スタンナン] SnH_4	180	[スチバン] スチビン SbH_3	220	[テラン] テルル化水素 H_2Te	275	[ヨーダン] ヨウ化水素 HI	210	キセノン Xe	120

ンと呼ばれる．

表15-2からわかるように，どの族の水素化物も一般的に貴ガス単体と同じく原子番号の大きな元素との水素化物ほど沸点が高いが，15，16，17族の水素化物は第2周期の元素の水素化物のみ第3周期以降の元素の水素化物から予想される沸点より実際の沸点が高いことがわかる．これは次節で説明する水素結合のためである．

15-3　14〜17族の水素化物と水素結合

キーワード 水素結合(hydrogen bond), 氷(ice), シラン(silane), アンモニア(ammonia), ホスフィン(phosphine), 硫化水素(hydrogen sulfide)

分子性水素化物を具体的に見ていこう．まず一部の分子性水素化物の性質に大きな役割を果たす水素結合について理解しよう．

15-3-1　水素結合

水素結合は共有結合の特殊な形の一つである．電気陰性度の大きな酸素や窒素原子と主に水素との間に，たとえば図15-4のように生じる．水などの沸点が分子量のわりに高いのはこの結合のためである．水素結合の強さは表15-3に示した通り，通常の共有結合の数十分の1程度である．このように非常に弱い結合ではあるが，物質の性質を支配する大きな要因となっている．また，タンパク質やDNAなど生物を形作る分子の構造や性質において，水素結合は決定的な役割を果たしている．図15-5に四つの核酸塩基間の水素結合を示した．

表15-3　水素結合の種類と強さ (kJ mol^{-1})

原子の種類	水素結合	共有結合
S⋯H	7	350
N⋯H	17	390
O⋯H	22	460
F⋯H	29	570

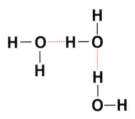

図15-4　水の水素結合

15-3-2　14族の水素化物

14族の水素化物はいずれも発火または引火しやすい気体であり，シラン(モノシラン，SiH$_4$)やスタンナン(SnH$_4$)は空気中で自然発火する危険な化合物である．メタンは都市ガスの主成分であるが，無臭であるため，ガス漏れを検知しやすくするために都市ガスにはあえて有臭の化合物が微量添

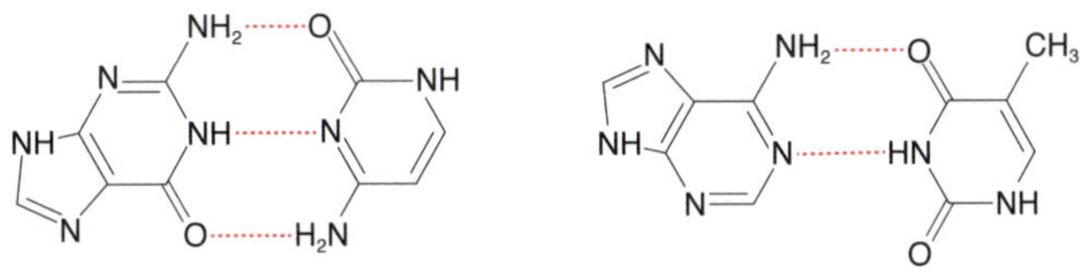

図15-5　核酸塩基間に生じる水素結合
（グアニン　シトシン　アデニン　チミン）

加されている．シランは半導体産業でしばしば使われる気体であるが，かつて大学での研究中に爆発事故を起こし死傷者を出した，危険な気体である．

15-3-3　15族の水素化物

アンモニア(NH_3)は刺激臭の強い気体で水によく溶け，アンモニア水となる．アンモニア水は10重量％濃度のものが医療用に，35重量％濃度のものが試薬として市販されている．後者は刺激性が強く危険な試薬である．アンモニア水中ではごく一部がアンモニウムイオンとなっている．

$$NH_3 + H_2O \rightarrow NH_4^+ + OH^- \qquad \text{(a)}$$

ホスフィン(PH_3)はこれまたきわめて強い毒性をもち，また空気中で自然発火する危険な気体である．半導体産業において添加物としてよく用いられている．スチビン(SbH_3)，アルシン(AsH_3)もともに毒性が高く，空気中で酸化される．

15-3-4　16族の水素化物

水(H_2O)は最もよくある化合物の一つであるが，分子量のわりには沸点が高い．氷の構造[*3]は図15-6のようになっており，酸素には共有結合で二つの水素が，水素結合で二つの水素が結合しており，一つの酸素原子には合わせて四つの結合がある．その四つの結合は（主にsp^3混成軌道によって）四面体の頂点方向を向いた形となっており，この点ではダイヤモンドの炭素の並びと似ている．しかしダイヤモンドとは異なり，結晶には図の

[*3] 氷は通常は隙間の多い六方晶系の結晶となるが，超高圧などの条件下では別のさまざまな結晶構造をとる．

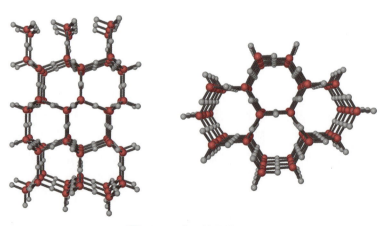

図15-6　氷の結晶構造
2方向の角度から見た図．酸素（赤色）には見かけ上四つの水素（灰色）が結合しているが，このうち二つが本来酸素に共有結合している水素で，残りの二つは隣の水分子の水素が水素結合によってこの酸素に結合しているものである．ある方向から見ると正六角形の空洞が連なっており（右図），別の方向から見ると少しゆがんだ六角形の空洞がつながっていることがわかる（左図）．

ように正六角形の穴があいている．このように氷の結晶は比較的スカスカな構造となっているために，同じ 0 ℃で比べると液体の水よりも比重が小さい．多くの物質は圧力を上げると融点が上昇するのに，水は圧力上昇によって融点が下がることも特異な性質として知られている．この性質と，直前に述べた氷のほうが水よりも比重が小さいことは直接関係しているが，熱力学を勉強すればこの関係を理解することができる．

　硫化水素 (H_2S)，セレン化水素 (H_2Se)，テルル化水素 (H_2Te) は水とは全く異なり，可燃性で非常に毒性の高い気体である．硫化水素は火山ガスや温泉にも含まれる．温泉地の窪地にたまりやすく，これによって中毒死する事故もたびたび起こっている．硫化水素は特有の臭気のために気がつきやすいが，しばらくかいでいると鼻が慣れてしまいにおいを感じなくなるので，そうなると危険性が増すとよくいわれている．

例題 15-1 メタン CH_4，アンモニア NH_3，水 H_2O の性質の特徴を述べよ．

解答 メタンは（もちろん着火すれば燃焼，爆発するが）化学的には比較的不活性である．これは C–H の結合エネルギーが大きい（410 kJ mol^{-1}）ことに加え，炭素の価電子の軌道が四つの共有結合の電子対で占められており，オクテット則を満たしているからである．これに対し，アンモニアや水ではそれぞれ窒素原子，酸素原子の周りはオクテット則で満たされてはいるが，非共有電子対が前者に 2 対，後者に 2 対あり，これによりルイス塩基性を示す．アンモニアは前頁の式 (a) のように水からプロトンを奪うことによってブレンステッド塩基ともなる．アンモニアと水では水素結合が分子間にかなり強く働いているため，沸点や融点が分子量のわりに高い．また，メタンは無極性分子であるが，水やアンモニアは極性分子であり，多くの物質を溶解する性質をもつ（液体アンモニアは溶媒としても特徴的な性質をもっている）．

15-3-5　17 族の水素化物

　これらは気体であるが，水に溶かしてブレンステッド酸として用いられる．第 8 章で示したように，一般に周期表の上の元素の水素化物のほうが酸性は弱い（HF ≪ HCl < HBr < HI）．

15-4　ホウ素の水素化物と三中心結合

キーワード　ボラン (borane)，三中心結合 (three-center bond)

ホウ素の水素化物は，不思議な構造のものが多く知られている．たとえば BH_3 はボランと呼ばれるが，実際には BH_3 分子（気体）はあまり安定ではなく，二量体の B_2H_6 ジボラン（これも気体で沸点 $-92\,°C$）として存在している．このジボランの六つの水素のうち二つは結合手が 2 本出ていて両方のホウ素に結合する（架橋）という変わった水素原子となっている（図 15-7）．通常の共有結合（二中心二電子結合）では，電子二つを二つの原子が共有するが，ジボランの架橋水素の周りは価電子二つを三つの原子が共有せねばならず，このような結合を三中心二電子結合と呼ぶ．

ジボランは，二中心二電子結合四つ（末端の四つの水素とホウ素の結合）と三中心二電子結合二つからなる．いずれの結合も価電子を二つずつ使用するので，これらの結合に使用される価電子は $(4+2) \times 2 = 12$ 個となる．一方，ジボランがもつ価電子を計算すると，B：$3 \times 2 = 6$，H：$1 \times 6 = 6$ であり，合計 12 個となって一致する．図 15-7 には B_4H_{10} の例も示した．

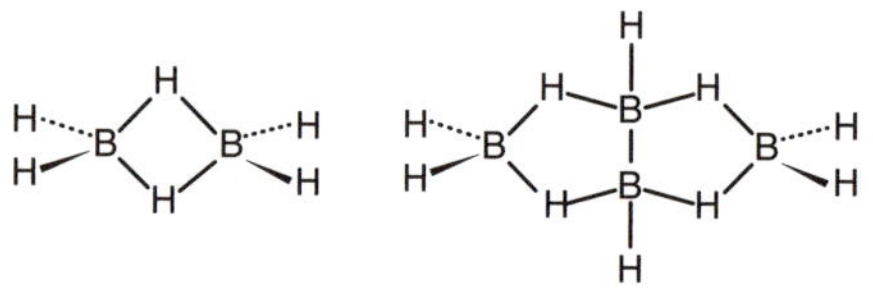

図 15-7　ジボラン B_2H_6 とテトラボラン B_4H_{10} の構造

例題 15-2 B_4H_{10} の場合に二中心二電子結合と三中心二電子結合はそれぞれ何個あるか．またそれらに用いる価電子の数が，ホウ素と水素のもつ価電子の総数と一致することを示せ．

解答 B–H–B で示した水素原子が三中心二電子結合の水素であり，末端の B–H 結合の水素はホウ素と二中心二電子結合でつながっている．結合にかかわる電子数を数えると

B–H–B は三中心二電子結合が四つなので	$2 \times 4 = 8$
B–H は二中心二電子結合が六つなので	$2 \times 6 = 12$
B–B は二中心二電子結合が一つなので	$2 \times 1 = 2$

となって合計 22 個の電子が必要となる．B_4H_{10} の価電子の総数は

ホウ素	$3 \times 4 = 12$ 個
水素	$1 \times 10 = 10$ 個

で合計 22 個となって上の計算と一致する．

章 末 問 題

1. 水素化物を三つに分類し，それぞれ化合物の実例とその性質を調べよ．
2. 1 t の飛行船（バルーン部分の重量を含む）をもち上げるのに必要な水素の体積とヘリウムの体積をそれぞれ求めよ．
3. 水素化カルシウムと水の化学反応式を書け．
4. 水素結合とはどのような結合か．通常の共有結合に比べてどの程度の強さであるか．また，図 15-6 の氷の構造では酸素原子に水素が四つ結合しているように見えるが，この構造はどのように解釈すべきか説明せよ．
5. 三中心二電子結合と二中心二電子結合がそれぞれどのようなものかを述べよ．三中心二電子結合をもつ分子には，本文で述べた以外にどのようなものがあるか調べよ．

16章 分子性酸化物とオキソ酸

この章で学ぶこと

複数の原子からなる分子やイオンには，非常に多くの種類がある．2種類の元素からなる化合物（二元化合物）に限っても，元素の種類を約100種類とすれば，$100 \times 100 = 10,000$種類あることになる．本書では代表的な分子性化合物として，酸素との化合物とハロゲン元素との化合物を学ぶ．まず本章では，酸素との化合物を取り上げる．

- 分子性酸化物，オキソ酸とは何かを知る
- 13〜17族までの元素の酸化物とオキソ酸，オキソ酸イオンの代表例を知り，構造や性質を学ぶ．中心金属の酸化数の違いにより多数の化合物が生じることを理解する．これらは化学の常識として記憶しておくべきものが多く含まれる
- 遷移元素のオキソ酸イオン，ポリ酸イオンについて概要を知る

16-1 典型元素の酸化物とオキソ酸

キーワード ホウ酸（boric acid），アルミナ（alumina），炭酸（carbonic acid），ケイ酸（silicic acid），硝酸（nitric acid），リン酸（phosphoric acid），硫酸（sulfuric acid）

ほとんどの元素は酸素と反応し酸化物を作る．イオン結合の酸化物については第12章で述べたので，ここでは共有結合によって分子となる酸化物やオキソ酸イオンを紹介する．オキソ酸とは硫酸や硝酸などのように，OHを含みH^+が解離することで酸として働く化合物のことである．無機酸の源となる代表的なイオンであり，共鳴という概念を説明するための対象としても重要である．

以下に代表的な分子性酸化物とオキソ酸を順次紹介する．

16-1-1 ホウ酸

酸化ホウ素B_2O_3は共有結合の固体である．これに対して，ホウ酸は天然に産するホウ砂（$Na_2B_4H_7 \cdot 10H_2O$）と塩酸の反応から得られる分子であ

る．よく H_3BO_3 と書かれるが，実際の構造からすると $B(OH)_3$ と書くべきものである．

　水溶性で，眼科用の洗眼薬としてかつては家庭でもよく用いられた．毒性があり，ゴキブリ駆除にも用いられている．分子としてはホウ素の周りに互いに120°の結合角で三つの OH が結合している．弱酸（$pK_a = 9.0$）であるが，単に H^+ イオンが解離するのではなく，下記のように反応して酸として働く．よって上の定義によると，オキソ酸イオンとはいえない．多数の縮合したかたちのホウ酸（ホウ素を複数含むイオン）も知られている．

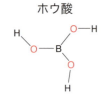

ホウ酸

$$B(OH)_3 + H_2O \rightarrow B(OH)_4^- + H^+$$

16-1-2　アルミニウムのオキソ酸

　アルミニウムの酸化物アルミナはイオン結晶とみなされ，この構造については第12章ですでに述べた．アルミニウムは両性金属であり，酸にもアルカリにも溶ける．塩酸，硫酸などの強酸に溶かすと八面体の錯イオン $[Al(H_2O)_6]^{3+}$ を生じる．$[Al(H_2O)_6]^{3+}$ は酸であり，水素イオンを放出して $[Al(OH)(H_2O)_5]^{2+}$ となる（$pK_a = 5$）．なお，アルカリに溶かすと次のように反応する．

$$2Al + 2NaOH + 6H_2O \rightarrow 2Na[Al(OH)_4] + 3H_2$$

　生成するアルミニウム錯体の陰イオンを含む塩はアルミン酸ナトリウムであり，水を2個除いた分子式である $NaAlO_2$ と書くこともある．

16-1-3　炭素の酸化物とオキソ酸

　CO は無臭，毒性の強い気体．三重結合と考えるのがよいとされ，電子式はマージンに示したようになる．4-1-3項にも述べた通り N_2 と等電子である．酸素の価電子数はもともと6であり，炭素は4であるため，三重結合のうち1本は，結合にかかわる電子が2個とも酸素から供給される配位結合と解釈する必要がある．そのためここでは1本の結合は矢印で書いてある．以降の構造式では矢印は省略する．金属に結合する能力があるため，血液中の鉄と結合する．そうなると鉄が酸素を運搬することができなくなり，これが一酸化炭素中毒である．

一酸化炭素

:C⇌O:

　CO_2 は，よく知られている通り温室効果の主役であり，空気中に0.04%ほど含まれる．直線型分子で O=C=O と考える．水に少し溶けて炭酸となり，これは弱酸である．しかし，水溶液中に溶けた二酸化炭素のほとんどは緩く水和しているだけで炭酸 H_2CO_3 になっているわけではない．したがって炭酸水中では（アルカリ性にしない限り）炭酸イオンと炭酸水素イオンの濃度はきわめて薄い．

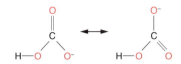

図 16-1　炭酸水素イオンの共鳴構造

$$CO_2 + H_2O \rightleftarrows H_2CO_3$$
$$H_2CO_3 \rightleftarrows H^+ + HCO_3^- \quad pK_a = 3.6$$

炭酸イオンの構造は正三角形であり，共鳴構造については 4-2-1 項でも紹介した．図 16-1 には炭素水素イオンの共鳴構造式を示した．

過炭酸（CO_4^{2-}）塩は正式にはペルオキソ炭酸塩という．ペルオキソ炭酸はマージンに示したように O–O 結合を含む物質であり，酸化剤としての性質をもつ．家庭用酸素系漂白剤には原料としてペルオキソ炭酸ナトリウムが含まれているが，これはたいていの場合，炭酸ナトリウム（Na_2CO_3）と過酸化水素（H_2O_2）の両方を含む結晶を指す．したがって Na_2CO_4 という構造のものではない．

ペルオキソ炭酸

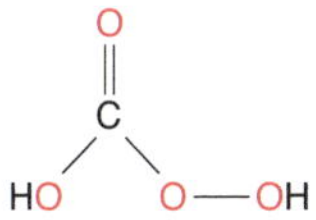

16-1-4　ケイ素のオキソ酸

ケイ素の酸化物は共有結合結晶であり，その構造は第 13 章で述べた．ケイ酸にはオルトケイ酸 H_4SiO_4 とメタケイ酸 H_2SiO_3 があるが，遊離の酸としては決まった構造とならないことが多い．オルトケイ酸ナトリウムなどのケイ酸塩は四面体型の SiO_4^{2-} イオンを含む．単にケイ酸塩といえば，SiO_3^{2-} イオン（メタケイ酸イオン）を含む塩を指すことが多い（この構造は炭酸イオンと同様である）．

16-1-5　窒素の酸化物とオキソ酸

非常に多数の窒素酸化物が知られている．窒素の酸化数ごとに分けて示すと，表 16-1 のようになるため，濃度が常に監視されている．

亜酸化窒素は麻酔剤として用いられ，このガスを吸うと顔の筋肉が引きつって笑ったように見えるため，笑気ガスとも呼ばれる．直線型であり，N=N=O と N≡N–O の共鳴構造となっている．強力な酸化剤であり，ア

表 16-1　窒素酸化物とオキソ酸の例

窒素原子の酸化数	酸化物	オキソ酸
1	N_2O　亜酸化窒素	
2	NO　一酸化窒素	
3	N_2O_3　三酸化二窒素	HNO_2　亜硝酸
4	NO_2　二酸化窒素	
5	N_2O_5　五酸化二窒素	HNO_3　硝酸

セチレンガスと組み合わせて高温を得るために用いられたり，ロケットエンジンの酸化剤としても用いられた．また，食品用の加圧用ガスにも使われており，たとえばホイップクリームの加圧に用いられた製品が市販されている(頭髪用のムースとほとんど同じような使い方)．

一酸化窒素は銅と希硝酸の反応で生じると習った人もいるであろう．無色の気体で総電子数が13個と奇数であり（電子数が奇数の分子は実は珍しい），そのため常磁性である．空気中で酸化されて二酸化窒素となる．近年，一酸化窒素の人体中での働きが注目されている．血管が拡張する作用や，神経伝達物質としての作用が知られている．

三酸化二窒素は平面構造の分子で，不安定な無色の気体であり，NO_2 と NO に分解しやすい．

二酸化窒素 NO_2 は折れ線型分子で褐色で猛毒の気体である．不対電子が1個存在する．四酸化二窒素 N_2O_4（無色気体で最も安定な構造は N–N 結合を含む平面型）との間に平衡があり，下記の平衡が高圧では右側に偏るため，高圧では混合気体の色が薄くなる．オストワルト法では，一酸化窒素を酸化することによって二酸化窒素を得て，これと水の反応で硝酸を作る．

二酸化窒素

四酸化二窒素

五酸化二窒素

$$2NO_2 \rightleftharpoons N_2O_4$$

五酸化二窒素は白色の固体で，マージンのようにルイス構造式を書くことができるが，たいていの条件下では $[NO_2]^+[NO_3]^-$ のようなイオン結晶になっている．強い酸化剤で有機物と混ぜると爆発する危険性がある．

窒素のオキソ酸としては硝酸と亜硝酸が知られている．硝酸はオストワルト法によって合成され，肥料や化薬の原料となる．硝酸イオンは図16-2のような共鳴構造を示す．N–O 間の配位結合を表す矢印は書かないことも多く，N–O 結合は 4/3 = 1.33 重結合とみなされる．実際に多くの窒素のオキソ酸イオンにおいて，N=O 結合は 1.5 重結合程度とみなされている．

亜硝酸は遊離の酸 HNO_2 としてはあまり安定ではなく，硝酸と一酸化窒素と水に分解する．多くの塩が知られており，たとえば有機化学では，亜硝酸ナトリウムはジアゾニウム塩を合成する際に用いると習うであろう．硝酸塩や亜硝酸塩は酸化剤で危険物に指定されており，燃えやすい有機物と混合するのは危険である．

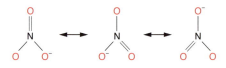

図16-2 硝酸イオンの共鳴構造

その他に，ニトロソニウムイオン（ニトロシルイオンともいう．化学式は NO^+）なども知られている．

> **例題 16-1** 二酸化窒素と四酸化二窒素の性質の違いを述べよ．
>
> **解答** 二酸化窒素は褐色であるのに対し，四酸化二窒素は無色である．これは前者の分子の総電子数が $8 \times 2 + 7 = 23$ 個と奇数であるのに対し，後者は $23 \times 2 = 46$ 個で偶数であるからである．電子数が奇数の分子は非常に少ない．軌道に 2 個ずつ電子を入れたときに最後に 1 個余るため，不対電子をもつ．不対電子をもつ分子は一般に着色していることが多く，化学反応性が高く，常磁性で磁石にわずかに引かれるなど，不対電子がない化合物とは異なる性質を示す．なお，沸点は両者とも 21 ℃程度でほとんど差がない．分子量が 2 倍も違うのに沸点がほとんど変わらないのは，前者は極性分子であるためである．

16-1-6　リンの酸化物とオキソ酸

十酸化四リン（P_4O_{10}，酸化リン(V)）は P_2O_5 とも書くので，しばしば五酸化リンと呼ばれる．マージンに示したような構造であり，水と急速に反応し，最終的にはリン酸となる．実験室では強力な脱水剤として用いられる．水と激しく反応するため，いきなり水をかけるのは危険である．P_4O_{10} から末端部の酸素を取り除いた化合物がマージンに示した P_4O_6 である．

リン酸 H_3PO_4（オルトリン酸または正リン酸ともいう）は弱酸であり，下式のように 3 段階に解離し，pK_a はそれぞれ 2.2，7.2，12.4 である．純粋なものはマージンの図の通り四面体状をしており，固体である．

$$H_3PO_4 \rightarrow H^+ + H_2PO_4^- \rightarrow 2H^+ + HPO_4^{2-} \rightarrow 3H^+ + PO_4^{3-}$$

亜リン酸はホスホン酸の俗称で H_3PO_3 と書くが，ホスホン酸イオン HPO_3^{2-} は四面体のイオンであり，水素の一つはリン原子に結合している．つまりその一つの水素は OH のかたちにはなっていない．

リン酸は脱水縮合していく性質があり，二リン酸イオン（$P_2O_7^{4-}$）やトリポリリン酸イオン（$P_3O_{10}^{5-}$）などの他，環状のもの（たとえばトリメタリン酸イオン $P_3O_9^{3-}$）がある（図 16-3）．リン酸塩は肥料として重要である他，食品添加物にも用いられる．

リン酸の縮合する性質を利用しているのが体の中にある ATP と ADP である（図 16-4）．生物はさまざまな過程で ATP が ADP とリン酸に分解する際に発生する熱をエネルギーとして利用している．

P_4O_{10}

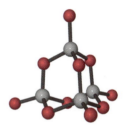

P_4O_6

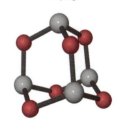

リン酸

ホスホン酸

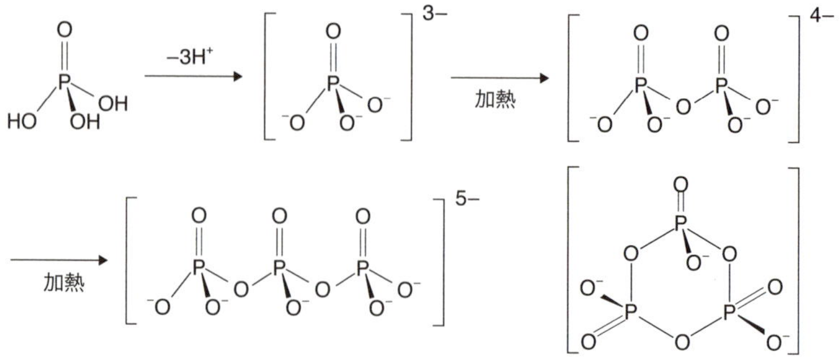

図 16-3　リン酸と縮合リン酸

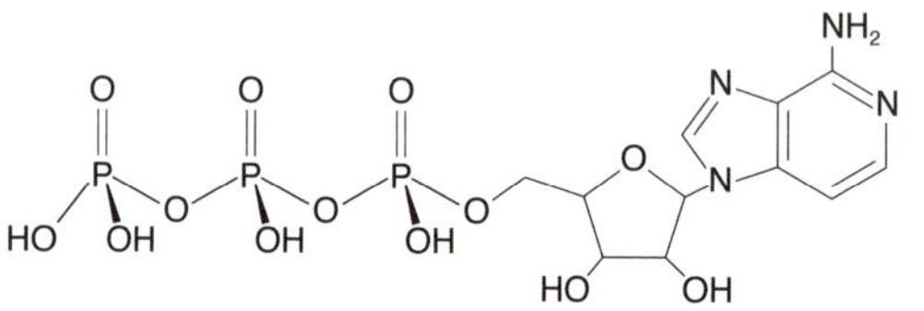

図 16-4　ATP の構造

16-1-7　硫黄の酸化物とオキソ酸

硫黄の酸化物とオキソ酸も，多くの種類がある（表 16-2）．

硫黄の酸化物としては酸化硫黄（IV）つまり二酸化硫黄 SO_2 と，三酸化硫黄 SO_3 がよく知られる．酸化硫黄（IV）は折れ線型の分子である．S＝O 結合は図 16-5 の左側のように二重結合で描かれることが多いが，これだと二重結合の電子をあわせて硫黄の周りに 10 個の価電子が存在することになり，オクテット則を超えてしまう．最近の解釈としては図 16-5 の中央あるいは右のように二重結合と単結合が共役していると考える．そうすればオクテット則で考えることができ，この解釈のほうが実験値ともあう．

酸化硫黄（IV）は亜硫酸ガスとして知られ，1960〜70 年代頃に工場から多く排出され，酸性雨の原因となり喘息などの公害のもととなった．これは主に原油に含まれる硫黄分に由来する．現在は原油の脱硫技術が進み，日本における二酸化硫黄の排出量は激減している．

三酸化硫黄は二酸化硫黄を酸化することで得られるが，平面で正三角形型の分子であり水分との反応により硫酸となる．何種類かの結晶構造が知られており，最も単純な構造の固体は融点が 17 ℃で，室温では液体となる．

硫酸は最も多く製造されている酸であり，安価なため工業的に多量に用いられている．また多くの塩が硫酸から製造され，肥料，製紙，水処理な

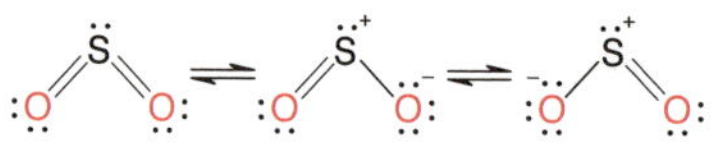

図 16-5　酸化硫黄（IV）の構造

どに用いられている．硫酸の製造は高校で習ったように接触法が主に用いられており，原料は原油や各種の鉱石に含まれる硫黄分である（詳細は第9章）．濃硫酸はブレンステッド酸であるのみならず酸化剤としても用いられる．濃硫酸にさらに三酸化硫黄を溶解させた溶液は発煙硫酸と呼ばれ，強力な脱水作用がある．

硫黄のオキソ酸イオンは，硫黄の酸化数によって表16-2のように多くの種類がある．

チオ硫酸イオン $S_2O_3^{2-}$ はマージンのように一つの硫黄に原子にもう一つの硫黄と三つの酸素原子が結合した四面体型構造となっている．チオ硫酸ナトリウム $Na_2S_2O_3$ はハイポと呼ばれ，還元剤などとしてしばしば用いられる．金魚の水槽などに入れて水道水中の塩素（Cl_2）を還元して無毒化したり，銀塩写真の定着剤として銀を可溶化させるなどの用途がある．

亜硫酸イオン SO_3^{2-} は，マージンのような三角錐型のイオンである．亜硫酸は単独の酸としては不安定であるが，塩としては多くの種類がある．たとえば亜硫酸ナトリウム Na_2SO_3 は還元剤として工業的に用いられている．

ペルオキソ二硫酸イオン $S_2O_8^{2-}$ は通称，過硫酸イオンとも呼ばれ，O–O結合をもつ酸化物である．その塩（たとえばペルオキソ二硫酸カリウム）は酸化剤に使われる．

$$S_2O_8^{2-} + 2e^- \rightarrow 2SO_4^{2-} \quad E° = +1.96 \text{ V}$$

表 16-2 硫黄の酸化物とオキソ酸一覧

硫黄原子の酸化数	酸化物	オキソ酸イオン	
2		$S_2O_3^{2-}$	チオ硫酸イオン
3		$S_2O_4^{2-}$	亜ジチオン酸イオン
4	SO_2　二酸化硫黄（亜硫酸ガス）	SO_3^{2-}	亜硫酸イオン
5		$S_2O_6^{2-}$	ジチオン酸イオン
6	SO_3　三酸化硫黄	SO_4^{2-}	硫酸イオン
7		$S_2O_8^{2-}$	ペルオキソ二硫酸イオン

例題 16-2 リンや硫黄のオキソ酸には，単純な構造のリン酸や硫酸が二分子縮合したかたちの二リン酸や二硫酸が存在する．これらが生成する化学反応式を書け．

解答 リン酸の場合

硫酸の場合

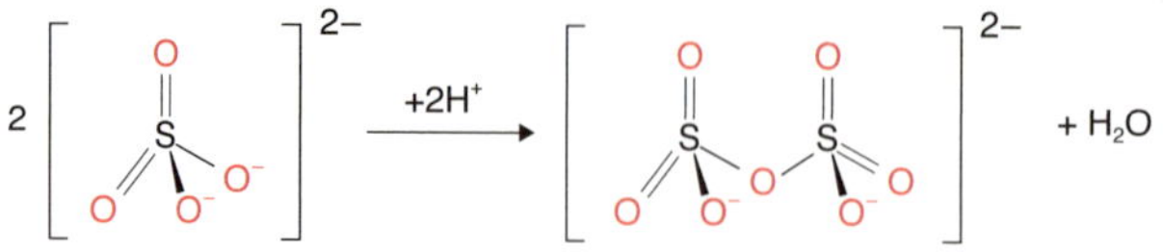

注意：硫酸のルイス構造式は下式の左辺のように書かれることが多いが，共鳴構造式で書くことができ，下のように単結合だけで書くこともできる．このように書くとオクテット則の範囲に収まり，このほうがむしろ実際の分子構造に近いという理論計算の結果も出ている．

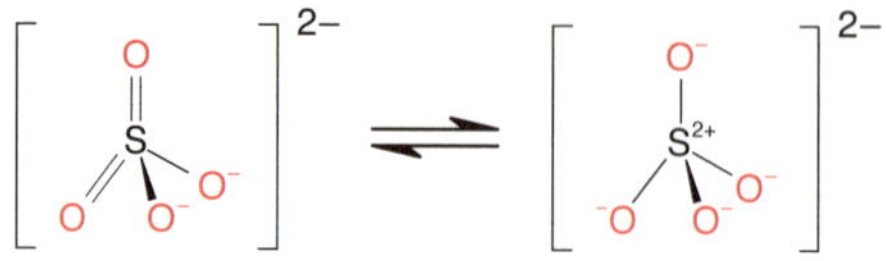

16-1-8　ハロゲンのオキソ酸

　ハロゲン元素の酸化物もあるが省略し，ここではオキソ酸のみ示す（表16-3）．

　ハロゲンイオンは通常は酸化数が−1 であるが，オキソ酸を形成するときは表 16-3 のように正の酸化数をとる．酸化数が V の化合物を命名の基準に考え，塩素酸 $HClO_3$，臭素酸 $HBrO_3$，ヨウ素酸 HIO_3 と呼ぶ．これらから酸素が一つ少ない酸は「亜」をつけて亜塩素酸 $HClO_2$ などと呼ぶ．さらに一つ酸素が少ない酸が次亜塩素酸 HClO などである．逆に塩素酸より一つ酸素が多いものは過塩素酸と呼ぶ．

　pK_a からわかるように次亜塩素酸は非常に弱い酸であり，ハロゲンの酸化数が大きくなるとともに酸性は強くなる．また，本来ハロゲンの酸化数は負のほうが安定であることからわかるように，これらはすべて酸化剤として働く．次亜塩素酸の塩は家庭でも塩素系漂白剤として用いられている．強酸を混ぜると塩素が発生するので危険である．塩素酸や臭素酸またはそれらの塩は，酸化されやすい有機物と混ぜると爆発の危険がある．過塩素酸またはその塩はやはり爆発性であり，かつては錯体化合物などの対イオン（錯イオンと塩を作る際の陰イオンなど）としてよく用いられたが，近年

表 16-3　ハロゲンのオキソ酸（X = Cl, Br, I）

ハロゲン原子の酸化数	オキソ酸		pK_a　X = Cl の場合
1	HXO	次亜 X 酸	7.5
3	HXO_2	亜 X 酸	2.0
5	HXO_3	X 酸	-1.2
7	HXO_4	過 X 酸	-10

は危険性のため使用量は減っている．なお，名前には「過」とついているが O–O 結合をもつ過酸化物ではない．

16-2 遷移元素の分子性酸化物とオキソ酸

キーワード 過マンガン酸 (permanganic acid)，クロム酸 (chromic acid)，ポリ酸 (poly acid)

遷移金属元素の酸化物はたいていイオン結晶である．たとえば FeO は岩塩型，二酸化チタンはルチル型の結晶がそれぞれ知られていることはすでに述べた．しかしまれに分子性の酸化物が存在する．RuO_4 は四面体型分子で，融点 25 ℃，沸点 40 ℃の無色の液体で揮発性があることが知られている．OsO_4 も同様に四面体型分子で，融点 40 ℃の固体だが室温で昇華する．いずれも酸化剤として使われる．

16-2-1 過マンガン酸とクロム酸

遷移金属元素のオキソ酸イオンは酸化剤として古くから実験室で使われているものがいくつかある．過マンガン酸イオン MnO_4^- は酸化数が VII のマンガンイオンを含みオキソ配位子 (O^{2-}) が四つマンガンに配位した四面体状のイオンである．カリウム塩の過マンガン酸カリウムは酸化還元滴定の試薬としてもよく知られている．

クロム酸イオン $[CrO_4^{2-}]$ や二クロム酸イオン $[Cr_2O_7^{2-}]$ もよく知られている．前者は四面体型構造のイオンであり，後者はそれが二つ連結した構造となっている（マージンの図参照）．後者は二クロム酸カリウムとして数十年前まではガラス器具の洗浄などに用いられたが，最近はほとんど使われていない．酸化剤として広く用いられてきたが，毒性の強い 6 価クロムを含むため，近年は用いられなくなりつつある．

$$2CrO_4^{2-} + 2H^+ \rightleftharpoons Cr_2O_7^{2-} + H_2O$$

16-2-2 遷移金属のポリ酸

硫黄やリンのオキソ酸は縮合によって連結していくことがあるということは先に述べた．一部の遷移金属のオキソ酸もそのような傾向をもつ．V(V), Nb(V), Ta(V), Mo(VI), W(VI) のオキソ酸イオンはポリ酸イオンまたはポリオキソ酸イオンと呼ばれ，金属に六つのオキソ酸イオン O^{2-} が八面体を形成するように結合し，その MO_6^{n-} イオンが，オキソ酸イオンを共有して連結していったような複雑な構造となっている．たとえば $[Nb_6O_{19}]^{8-}$ は図 16-6 のように 6 個のニオブを含むポリオキソ酸イオンで

クロム酸イオン

$$[CrO_4]^{2-}$$

二クロム酸イオン

$$[Cr_2O_7]^{2-}$$

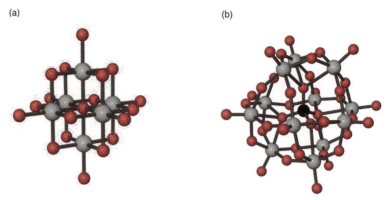

図 16-6　(a) $[Nb_6O_{19}]^{8-}$ と (b) $[PMo_{12}O_{40}]^{3-}$ の構造
いずれの図もニオブまたはモリブデンを灰色，酸素を赤色で表している．(b) ではリン原子(黒色)が中央にある．

あり，また $[PMo_{12}O_{40}]^{3-}$ は 2 種類の元素を含むオキソ酸でヘテロポリ酸イオンと呼ばれる．これらは分析や触媒の分野で用いられている．

章末問題

1. アルミニウムは塩酸とも水酸化ナトリウムとも反応する．両方の化学反応式を書け．
2. 炭素の酸化物とオキソ酸中の炭素の酸化数を計算せよ．
3. 生体内でリン酸が果たす役割について調べよ．骨，核酸について調べるとよい．
4. $[Nb_6O_{19}]^{8-}$ と $[PMo_{12}O_{40}]^{3-}$ の中のニオブ，モリブデン，リンの酸化数はそれぞれいくつと考えればよいか．
5. 硫酸イオン，亜硫酸イオンの構造と共鳴構造について説明せよ．

17章 ハロゲン化物と貴ガスの化合物

> **この章で学ぶこと**
>
> 「ハロゲン」はギリシャ語で塩を作るものという言葉から作られた．ハロゲン元素はほとんどの元素と反応し化合物を作る．その化合物は金属元素と作る塩から貴ガスとの化合物に至るまで広範囲にわたっている．本章ではさまざまなハロゲン化物の例を通して典型元素化合物の性質を学ぶ．あわせて貴ガスの化合物をここで勉強することにする．
> - 典型元素のハロゲン化物分子の代表例の構造とルイス酸としての反応などの性質を学ぶ
> - ハロゲン間化合物の構造と性質を知る
> - 遷移金属のハロゲン化物の代表例を調べ，金属の酸化数によって構造が大きく変わることを見る
> - フッ素を含む有機化合物の社会での応用を学ぶ
> - 貴ガスの化合物例を知る

17-1 典型元素のハロゲン化物

キーワード ルイス酸(Lewis acid)，フッ化物(fluoride)，塩化物(chloride)

ハロゲンは，アルカリ金属やアルカリ土類金属の大半とイオン性の結晶を作る（ただしベリリウムだけは共有結合の化合物を作りやすいことを第13章で述べた）．それ以外の典型元素とは，たいていは低分子量の分子を作る．ここでは分子性のハロゲン化物の構造や性質を見ていく．まず13

表17-1 典型元素の分子性ハロゲン化物
気体，液体，固体は常温，常圧時の状態を示す．

13族	14族	15族	16族
BF_3 気体 ルイス酸	CF_4 気体 非常に安定	NF_3 気体 安定	OF_2 気体 酸化剤
BCl_3 気体 ルイス酸	CCl_4 液体 安定	NCl_3 液体 不安定	Cl_2O 気体 酸化剤
			ClO_2 気体 酸化剤
AlF_3 固体 イオン結晶	SiF_4 気体 水と反応	PF_3 気体 比較的安定	SF_4 気体 水と反応
		PF_5 気体 ルイス酸	SF_6 気体 きわめて安定
$AlCl_3$ ルイス酸の固体 （液体や気体では Al_2Cl_6）	$SiCl_4$ 液体 水と反応	PCl_3 液体 水と反応	
		PCl_5 固体 水と反応	

〜17族元素の分子性ハロゲン化合物を取りあげる．その後，遷移金属のハロゲン化物で特徴的なものについて述べる．さらに貴ガスのハロゲン化物を取りあげる．分子性のハロゲン化物にはルイス酸として重要な化合物や，水とも反応しやすい化合物からきわめて安定な化合物まで，さまざまな化合物がある．ここでは広く利用されている化合物を中心に紹介して，一般的な性質に迫る．

17-1-1　13族元素ハロゲン化物

BF_3 と BCl_3 は強いルイス酸であり，平面三角形構造の気体である．多くのルイス塩基（アルコール，アミン，水など）と反応する．有機合成の触媒ともなる（アルコール + ベンゼン→アルキルベンゼン + H_2O の反応など）．図 17-1 のように，フッ化物イオンと反応するとテトラフルオロホウ酸イオンとなる．これは正四面体構造であり，無機合成上よく用いられる陰イオンである．

AlF_3 がイオン性で融点が高い（>950 ℃）のに対し，$AlCl_3$ は融点が低い（とはいえ 193 ℃（2.2 atm で）である）．後者は溶液中または気体の場合は二量体（Al_2Cl_6）となるのが特徴である．塩化アルミニウムはルイス酸であり，フリーデル–クラフツ反応などの有機合成における触媒となる．

17-1-2　14族元素ハロゲン化物

CF_4 はきわめて安定な気体であり，SiF_4 も熱的には安定（つまり単独で加熱しない限り安定に存在する）であるが，後者は水とは激しく反応し加水分解を起こす．過剰の水と反応するとケイ酸が生成する．

$2SiF_4 + H_2O \rightarrow Si_2OF_6 + 2HF$（気相）

CCl_4 は，無極性溶媒としてよく用いられたが，毒性の観点から最近はあまり使われない．$SiCl_4$ は水と激しく反応してケイ酸（$Si(OH)_4$）と塩酸を与える．

17-1-3　15族元素ハロゲン化物

NF_3 は常温ではきわめて安定な気体分子であり，アンモニアと違って塩基性はほとんどない．半導体産業で使われており，電気陰性度のきわめて大きなフッ素原子が窒素原子上の非共有電子対を引っ張っているためで

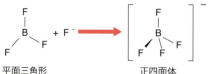

図 17-1　テトラフルオロホウ酸イオン反応 $BF_3 + F^- \rightarrow BF_4^-$ を立体構造で表した．

あると説明されている．

NCl_3 は刺激臭の液体で有毒．熱水と反応し，加熱すると爆発するなど危険な物質でもある．

PF_3 はルイス酸としての性質は弱く，猛毒の気体．比較的安定である．PF_5（三方両錐型）は強いルイス酸で F^- などのルイス塩基と反応し，ヘキサフルオロリン酸イオンが生成する．このイオンは正八面体の構造である．

$$PF_5 + F^- \rightarrow PF_6^-$$

PF_5 は水で加水分解もされる．

$$PF_5 + H_2O \rightarrow POF_3 + 2HF$$

PCl_3 は毒性の強い液体であり，水と反応しホスホン酸（亜リン酸）と塩酸になる．

$$PCl_3 + 3H_2O \rightarrow H_2PHO_3 + 3HCl$$

また酸素と反応して塩化ホスホリル $POCl_3$（オキシ塩化リンともいい，工業原料として重要）を与える．PCl_5 は気体や溶液中では三方両錐型分子だが，固体中では $[PCl_4]^+[PCl_6]^-$ 型の塩である．

例題 17-1 フッ化リン(V)がルイス酸として反応するときの反応例をあげよ．また，立体構造を含めて化学反応式で示せ．

解答例

$$PF_5 + F^- \rightarrow [PF_6]^-$$

三方両錐　　　　正八面体

17-1-4　16族元素ハロゲン化物

フッ化酸素 OF_2 は淡黄色の気体で酸化作用とフッ素化作用をもつ．一方，酸化二塩素 Cl_2O は黄褐色の重い気体で反応性に富み，水に溶けると次亜塩素酸となる．二酸化塩素 ClO_2 は Cl_2O と同じく折れ線型分子でさらに反応しやすい．この二酸化塩素はインフルエンザウイルスなどに効果がある「空間除菌剤」として近年市販されているが，その効果には疑問が呈されているのみならず，人体への危険性も指摘されている[*1]．

SF_4 は無色の気体でバタフライ型分子（第4章参照）であり，フッ素化剤

[*1] 独立行政法人国民生活センターのウェブサイトを参照．
https://www.caa.go.jp/notice/entry/036222/
（2024年7月17日閲覧）

となる．次のように水と急激に反応して HF と SO_2 を与える．

$$SF_4 + 2H_2O \rightarrow 4HF + SO_2$$

SF_6 は八面体型分子の気体で，きわめて安定である．電気絶縁性に優れ，電力機器の絶縁媒体に使われる．

SCl_2 は水と反応する液体で，放置すると S_2Cl_2 になりやすい．

17-1-5　典型元素のハロゲン化物のまとめ

13～16族のハロゲン化物は以上のようにきわめて多彩な性質を示し，ルイス酸として反応するものもあれば，激しい加水分解反応を起こすものも多い．13族元素のハロゲン化物やリンの五フッ化物はルイス酸として知られる．これは化学的に比較的安定で，かつ電子対を受け入れる余地があるからである．それ以外の化合物にも反応しやすいものが多い．

CF_4，SF_6 などは例外的に安定である．これは電気陰性度の差が比較的大きいことに加え，炭素の場合は結合数が4，硫黄の場合は結合数が6で中心原子の周りにこれ以上結合を受け入れる空間的な余地がないことにもよっている．

17-2　ハロゲン間化合物

キーワード　ハロゲン間化合物（interhalogen compounds），VSEPR 理論（VSEPR theory），反応性（reactivity）

ハロゲン間化合物はハロゲンのハロゲン化物ともいえるが，一般に反応性が高く，また変わった形の分子が多いことで知られる．それらの化合物の構造は VSEPR 理論で説明できる（第4章参照）．

二原子分子のハロゲン間化合物には ClF や ICl などが知られ，前者は気体，後者は低融点の固体である．ICl においては，塩素のほうが電気陰性度が高いことから，ヨウ素はヨウ素イオン I^+ の形になっており，有機合成におけるヨウ素化剤として用いられることがある．

ClF_3：沸点 12°C の気体で T 字型分子である．水や有機物と爆発的に反応し，多くの物質をフッ素化する．半導体製造装置内をクリーニングする際にしばしば用いられる．装置内壁に付着した多くの物質を酸化分解して除去できるからである．

IF_5，IF_7：いずれも VSEPR 理論で構造が予測され，それぞれ四角錐型分子，五方両錐型分子である．いずれも室温では気体であり，反応性が高く多くの物質をフッ素化する．

17-3 遷移金属のハロゲン化物

キーワード 酸化数による分類(classification by oxidation number), 分子(molecule), 架橋構造(bridged structure), イオン結晶(ionic crystal)

17-3-1 低酸化数金属の場合

遷移金属の塩類の構造は非常に多彩である. そのうち, イオン結晶の例は第 13 章で述べた. 金属の酸化数が低い場合は純粋なイオン結晶 (たとえば AgCl が岩塩型であるように) で, 含水塩の場合は $[M(H_2O)_6]X_2$ のような錯塩となることも多いということを説明した.

17-3-2 高酸化数金属の場合

金属が高酸化数の場合は全く異なる. たとえば WCl_6 や UF_6 は八面体型の分子であり (図 17-2), 前者は常温で気体, 後者も比較的低温で揮発する. UF_6 はウランの同位体を分離する際に用いられる. これが容易に気化し, ^{235}U を含む分子と ^{238}U を含む分子で気体の拡散速度が異なることを利用して分離を行う. レニウムとフッ素の反応でさらに高酸化数の ReF_7 が得られる (図 17-3). これは融点 48 ℃, 沸点 73 ℃ の分子である.

図 17-2 UF_6 の構造

17-3-3 中程度の酸化数の金属の場合

中程度の酸化数の金属は, 複数の金属をハロゲンが架橋した構造の分子を作ることが多い. たとえばレニウムの場合, 組成式が $ReCl_5$ の化合物は実際は Re_2Cl_{10} であり, 八面体を二つの塩素が架橋した構造となっている.

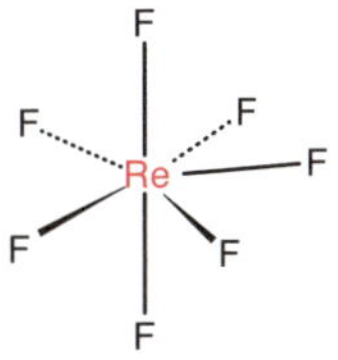

図 17-3 ReF_7 の構造

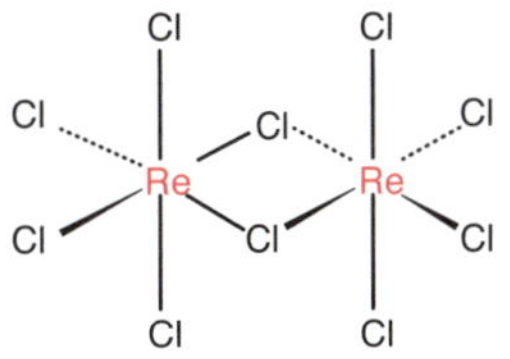

17-4 フッ素を含む有機化合物

キーワード CFC と HCF, フッ素樹脂(fluoropolymer)

有機化合物ではあるが, フッ素を含む化合物はきわめて特別な性質をもち, 実生活にもかかわりが深いのでここで紹介する.

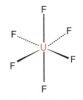

図 17-4 Re_2Cl_{10} の構造

17-4-1 CFC と HFC

CFC は chlorofluorocarbon の略でフッ素と塩素を含む比較的低分子の有機化合物の総称である. たとえば CF_2Cl_2 がそれにあたる. これらはエアコンや冷蔵庫などの冷媒として大量に用いられてきたがオゾン層破壊の原因になるため, 現在はいわゆる代替フロンに取って代わられている. 現在の日本では, エアコンや冷蔵庫は家電リサイクル法の対象となっており,

千～数千円程度のリサイクル料金でリサイクルされている．リサイクル業者は冷媒を回収し，他の材料も材料の種類ごとに分類してリサイクルに回す．回収した冷媒は高温で分解するなどの処置が施される．

代替フロンとしては HFC (hydrofluorocarbon，たとえば CHF_3) などがあり，これらはオゾン層を破壊しない．しかしいわゆる温室効果ガスであるため，さらなる代替物が求められている．

17-4-2　フッ素樹脂

*1　デュポンはダウケミカルとの合併を発表し，ダウデュポンという世界最大の化学メーカーとなる見込みである．

フッ素樹脂は，デュポン社[*1]が開発したテフロンが有名である．代表的なテフロンはポリエチレン $(-CH_2-CH_2-)_n$ の水素をすべてフッ素で置き換えた構造をもつ．製法はクロロホルムをフッ素化してさらに加熱テトラフルオロエチレンとした後にそれを重合してテフロンとする．

$$CHCl_3 \xrightarrow{HF} CHClF_2 \xrightarrow{加熱} C_2F_4 \rightarrow (-CF_2-CF_2-)_n$$

テフロンはフライパンの表面加工に利用されることはよく知っているであろう．耐熱性が高く，300 ℃近くまで安定である．また，表面の摩擦が少ないことからフライパンの表面として都合がよい．この摩擦が少ない性質は他の分野でも応用されている．

デュポン社以外のメーカーもこれと同じ構造の樹脂を製造している．また，この構造以外にも多くの派生した構造をもつフッ素樹脂製品が製造，利用されている．

17-5　貴ガスの化合物

キーワード　キセノンフッ化物(xenon fluoride)，エキシマー (excimer)

長い間，貴ガスは化合物を作らないと思われてきた．しかし 1962 年にはじめて貴ガス Xe を含む化合物が報告され，その後にキセノンのフッ化物や酸化物，さらに錯体が合成されてきた．

ここではフッ化物の例をいくつか見る．いずれも反応性が高くあまり安定な化合物とはいいがたいが，確かに単離できる化合物が存在するのは事実である．

17-5-1　貴ガスとフッ素の化合物

キセノンとフッ素を高温で反応させるといくつかのタイプのキセノンフッ化物が合成される．下記の反応式のように反応条件により 2 フッ化物，4 フッ化物，6 フッ化物がいずれも固体化合物として得られる．構造はそれぞれ直線型，正方形型，正八面体型分子である．

$$\text{Xe(過剰)} + \text{F}_2 \xrightarrow[300℃\ 1\text{atm}]{} \text{XeF}_2$$

$$\text{Xe} + 2\text{F}_2\text{(過剰)} \xrightarrow[400℃\ 6\text{atm}]{} \text{XeF}_4$$

$$\text{XeF}_2 + 2\text{F}_2\text{(大過剰)} \xrightarrow[300℃\ 60\text{atm}]{} \text{XeF}_6$$

例題 17-2 XeF_2 と XeF_6 の構造を，VSEPR理論から考察せよ．

解答 XeF_2 の場合

① キセノンには八つの価電子があるのでそれを書く．
② そのうちの二つの価電子はフッ素が供給する価電子（ここでは□で表してある）とともに共有電子対となる．よってあわせて全部で5対の価電子がキセノンの周りに存在し，これら五つの電子対が三方両錐構造となる．
③ 非共有電子対は三方両錐構造では水平面内に入るのでこの図のような配置となり，F–Xe–Fは直線型構造となる．

XeF_6 の場合

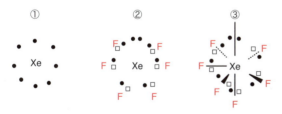

① キセノンには八つの価電子があるのでそれを書く．
② そのうちの六つの価電子はフッ素が供給する価電子とともに共有電子対となる．よってあわせて全部で7対の価電子がキセノンの周りに存在するので，これら七つの電子対が5方両錐構造となる．
③ 非共有電子対は五方両錐構造では上下の位置のいずれかに入るのでこの図のような配置となり，XeF_6 は五角錐構造となる．VSEPR理論からはこのように結論されるが，実際はこの分子は正八面体構造であることが知られている．この分子は典型元素からなるが，VSEPR理論が適用できない珍しい分子としてよく知られている．

$\left[\begin{array}{c}\text{HC}\overset{\text{H}}{=}\text{CH}\\ \text{HC}=\text{CH}\\ \text{Xe}\end{array}\right]^{+}$ 　図 17-6　$C_6H_5Xe^+$ イオン

17-5-2　キセノンとハロゲン以外の元素との化合物

キセノンは酸素とも化合物を作る．また，図 17-6 に示した $C_6H_5Xe^+$ は $(C_6H_5)_3B$ と XeF_2 の反応で得られる陽イオンである．

その他にアルゴン，クリプトン，ラドンの化合物もごくわずかだが報告されている．原子量の小さい貴ガスほど化合物を作らないが，アルゴンの唯一の化合物である HArF が 2000 年に報告されている．さらに 2017 年にヘリウムの化合物 Na_2He が合成された．

> **one point**
> **エキシマーの本来の意味**
> エキシマーは本来は同じ化学種が結合してできるものを指す．今回の場合は貴ガス原子とそれ以外の原子から生成するので，厳密にはエキサイプレックスというが，貴ガスとハロゲンの化合物はエキシマーと呼ばれることが多い．

17-5-3　エキシマー

貴ガス原子はオクテット則を満たすためあまり化合物は作らない．いい換えれば最外殻に電子がもともと 8 個あるためきわめて安定である．しかし貴ガス原子の最外殻の電子がエネルギーを受け取って最外殻よりエネルギーの高い軌道に上がれば，もはやオクテット則は満たさないので化合物を作りやすくなる．そのようにして生成した一時だけ存在する物質をエキシマーと呼ぶ．

この性質を利用したものにエキシマーレーザーというレーザー光源があり，半導体産業などで紫外線用の強力光源として使われている．現在，メモリ素子や CPU など，特に微細加工を行う半導体製造の場合はなるべく短い波長の光が要求される．下記のような貴ガスとハロゲンの組合せで短波長の光を出すことができ，特に ArF の 193 nm の光が最先端工場で利用されている．

ArF：193 nm，KrF：248 nm，XeCl：308 nm，XeF：351 nm

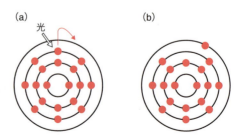

図 17-7　貴ガス原子の電子の移動
(a) のような閉殻構造でも，何らかのエネルギーによって電子が外側の殻に移動すれば，(b) のように閉殻構造ではなくなる．

章 末 問 題

1. 三フッ化リンはルイス酸としても働く．ルイス酸としての化学反応式を一つ書け．
2. 以下の分子の構造を VSEPR 理論によって考えよ．
   (1) BF_3　　(2) BF_4^-　　(3) PF_3　　(4) PF_5　　(5) SF_4
   (6) SF_6　　(7) ICl_3　　(8) IF_5　　(9) XeF_4
3. 塩化リン (III) は毒性が強く毒物に指定されているが，工業的に重要な化合物でもある．どのように合成され，何に使われているかを調べよ．
4. 遷移金属のハロゲン化物はさまざまな構造がある．以下の化合物の構造を考察せよ．
   (1) 塩化銅(I)　　　　　(2) 塩化コバルト(II) 6 水和物
   (3) 塩化ニオブ(V)
5. エキシマーとは何か．また，どのように応用されているかを述べよ．

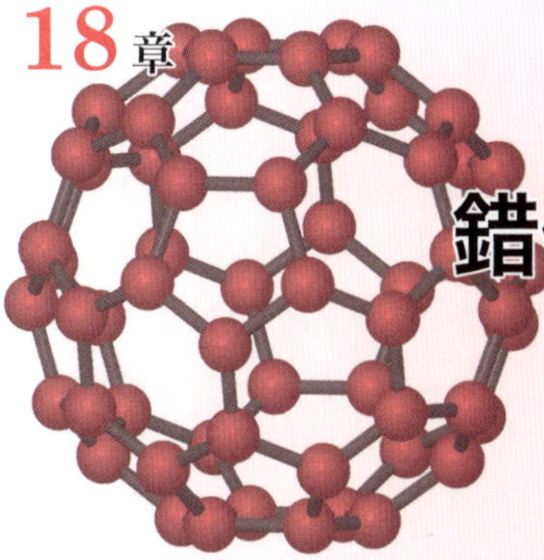

18章 錯体の基礎と性質

この章で学ぶこと

英語で「コンプレックス(complex)」という名称の化合物群を日本では明治時代に「錯体」と名づけた。「錯」の字が複雑で難しいイメージを与えるため，錯体は難しいもの，あるいは取っつきにくいものと思うかもしれない．しかし，錯体はわれわれの身の回りのさまざまなところに存在し，金属を含む化合物（金属そのものは除く）はすべて錯体とみなすことができる．たとえばクロロフィルはマグネシウムの錯体であり，ヘモグロビンは鉄の錯体である．そして昨今では，優れた機能をもつ物質の素材として利用されるようになってきた．ここでは，このような錯体の名称や構造をはじめとする基礎的事項と，その性質を理解するために提唱された電子構造について学ぶ．なお，金属錯体を研究する分野が錯体化学である．

- 配位結合を理解し，配位化合物の命名法を習得する
- 金属錯体に特徴的な異性現象を学ぶ
- 金属錯体の性質と電子状態の理論的解釈の関係を理解する

18-1 金属錯体の構造と配位化合物の名称

キーワード ウェルナー(Werner)，命名法(nomenclature)

18-1-1 ウェルナーの配位説

金属錯体はかなり昔から顔料として利用されてきた．その代表的な化合物が鉄錯体のプルシャンブルー($Fe^{III}_4[Fe^{II}(CN)_6]_3$)であり，18世紀の初頭には合成されていた．その後もコバルトなどさまざまな金属を含む錯体が合成され，発見者の名前や錯体の色に基づいて命名された．そして19世紀になって，それらの構造について，ヨルゲンセン(Jørgensen)らによって鎖状説が提案された(図18-1a)．これは有機化合物の炭素−炭素鎖に基づいた予想構造であったが，電気伝導度などに

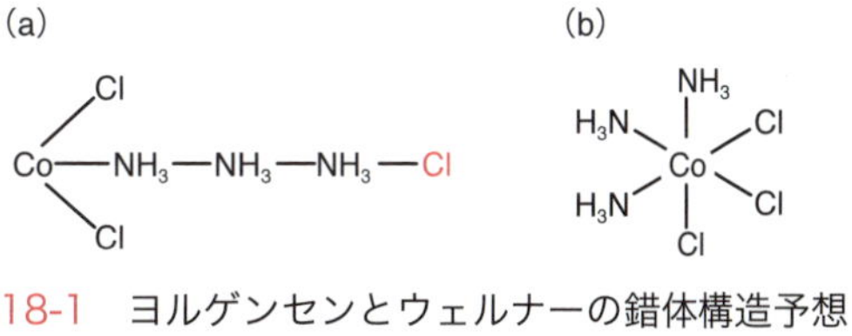

図 18-1 ヨルゲンセンとウェルナーの錯体構造予想
(a) ヨルゲンセンの鎖状構造説による[$CoCl_3(NH_3)_3$](1個の塩化物イオンを生じる)．Cl は溶液中イオン化する．(b) ウェルナーの配位説による[$CoCl_3(NH_3)_3$]（塩化物イオンを生じない）．[$CoCl_3(NH_3)_3$]が溶液中イオン化しないことを示す電気伝導度の実験結果とヨルゲンセンの鎖状構造説から予想される結果は矛盾する．

Biography

▶ S. M. Jørgensen
1837〜1914, デンマークの化学者. スウェーデンの化学者 C. W. Blomstrand とともに鎖状構造説を提唱した.

▶ A. Werner
1866〜1919, スイスの化学者. 錯体化学の創始者. 配位説を提唱し, 錯体の立体化学の基礎を築いた. 1913年, ノーベル化学賞受賞.

図 18-2 配位結合

ついて，実験事実と矛盾する点があった．

金属錯体の基本的な構造の解明については，スイスの化学者であるウェルナー (Werner) の鋭い洞察力に負うところが大きい．ウェルナーの配位説はヨルゲンセンらが合成した錯体に基づいて1893年に提案された (図 18-1b)．その後，自らも数多くの錯体を合成し，異性体の数を検証することで証拠を積み重ねるとともに，最終的には光学異性体を合成することで見事に配位説の正しさを証明した．

18-1-2　金属錯体とは

金属錯体は，金属あるいは金属イオンが，単純な無機イオン (Cl^-, Br^-, I^-, NO_3^- など) や無機分子 (H_2O, NH_3 など)，あるいは有機分子と配位結合 (図 18-2) によって結ばれることで形成された化合物である．これらの無機イオン，無機分子，有機分子は配位子と呼ばれる．このため，金属錯体のことを配位化合物と呼び，金属錯体を研究する分野を配位化学ということもある．

金属錯体の金属あるいは金属イオンを中心金属と呼び，それらの多くは遷移元素である．また，その中心金属に結合した配位原子の数を配位数という．配位数2から8までの錯体が一般的に知られており，特に配位数4と6の錯体は数多く知られている (図 18-3)．金属錯体の構造はその電子配置と密接に関係しており，VSEPR 理論から予想されるものとは必ずしも一致しない．

配位結合の成り立ちから考えられるように非共有電子対をもつものが配位子になりうる．中心金属に1カ所で結合する配位子を単座配位子，2カ所で結合する配位子を二座配位子という (図 18-4)．以下，三座，四座，五座，六座配位子があり，2カ所以上で結合する配位子を多座配位子，あるいはキレート配位子と呼ぶ．

配位子はルイス塩基とみなすことができる．しかし，金属錯体の中には，必ずしもこの考え方に一致しない化合物群がある．それが，有機金属錯体であり，金属間に結合あるいは結合性の相互作用のあるクラスターである．これらについては通常は配位化合物とは呼ばない．

18-1-3　配位化合物の名称

(1) 配位化合物の化学式

(a) 配位化合物の化学式は [ ] で囲み，[ ] に入れた化学式中では中心原子を最初に，次に配位子の記号 (化学式，略号) を先頭文字のアルファベット順に並べる．

(b) 対イオンを示さず，電荷をもつ配位化合物の化学式だけを書くときは，電荷を [ ] の外側に数字を符号の前におき，右上付で示す．中心原子の酸

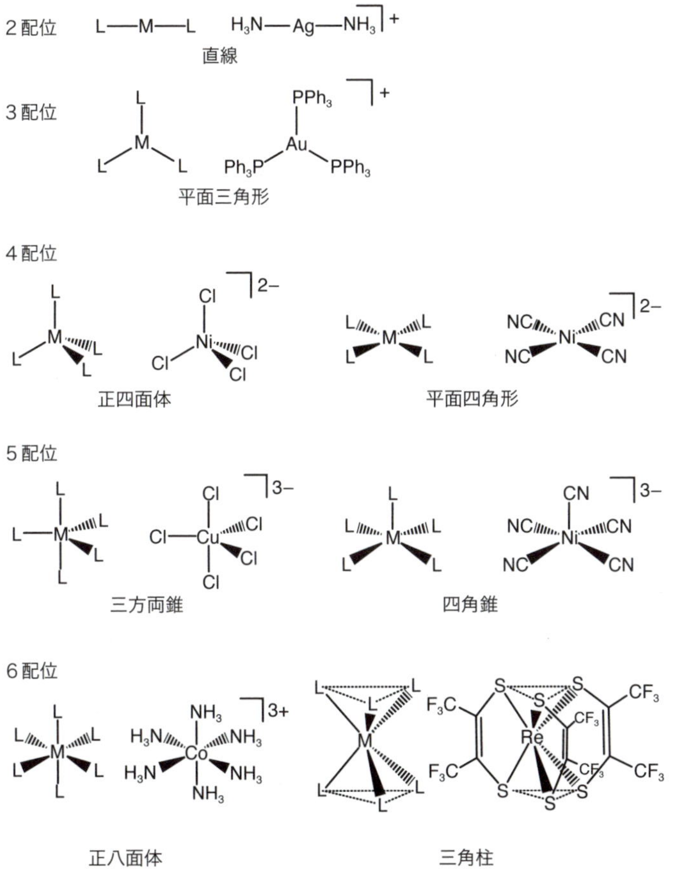

図 18-3 配位数と立体構造および錯体の例
Mは中心金属、Lは配位子を表す.

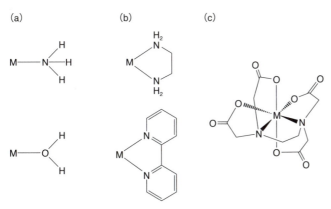

図 18-4 配位子の例
(a) 単座配位子(NH₃ と H₂O), (b) 二座配位子(en と bpy), (c) 六座配位子(edta)の例.

化数は，元素記号の右上付にローマ数字で表記する．

(2) 配位子の名称 (表 18-1)
(a) 陰イオン性配位子の名称は − o で終わる．英語で − ide，− ite，− ate などで終わる陰イオンのときには，− ido，− ito，− ato などとする．
例：H^-：hydrido（ヒドリド），F^-：fluorido（フルオリド），Br^-：bromido（ブロミド），I^-：iodido（ヨージド），$(CN)^-$：cyanido（シアニド），$(OH)^-$：hydroxido（ヒドロキシド）
(b) 有機化合物が水素イオンを失い，残った陰イオンが錯体を作るときには，陰イオン性配位子として取り扱う．
例：$C_5H_7O_2^-$：acetylacetonato（アセチルアセトナト），CH_3COO^-：acetato（アセタト）
(c) 中性および陽イオン性配位子の名称は，通常は元のまま変更しないで用いる．aqua（アクア），ammine（アンミン），carbonyl（カルボニル），nitrosyl（ニトロシル），methyl（メチル）などの配位子の慣用名では，あいまいさが生じる場合を除き，括弧を必要としない．

(3) 配位化合物の命名
(a) ① 配位子の名称は中心原子の名称の前に並べる．② 同じ錯体に属する各名称の間にはスペースを入れない．③ 配位子の名称は倍数接頭語を除いたアルファベット順に並べる．なお，倍数接頭語 di −（ジ），tri −（トリ）などは，単純な配位子の数を示し，括弧は必要ない．bis −（ビス），tris −（トリス），tetrakis −（テトラキス）などは，複雑な配位子の数を示し，あいまいさを避けるため括弧をつける．配位子の日本語名は英語名をそのまま字訳して用いる．
(b) 錯陽イオンおよび錯体分子中の中心原子名は元素名のままで変化しない．錯陰イオン中では変化し，英語では元素名の語尾が − ate，日本語では −酸となる．たとえば cobaltate（コバルト酸）や nickelate（ニッケル酸）のように．ただし中心元素が Cu なら cuprate（銅酸），Ag なら argentate（銀酸），Au なら aurate（金酸），Fe なら ferrate（鉄酸），Pb なら plumbate（鉛酸），Sn なら stannate（スズ酸）となる．
(c) 配位化合物の命名には3種類の方式がある．① 中心金属の酸化数をローマ数字で示す方式．② 錯体イオンの電荷をアラビア数字で示す方式．③ 錯体イオンの組成比を倍数接頭語で示す方式である．この中では中心金属の酸化数を示す方式(①)が一般的に用いられる．
例：$K_4[Fe(CN)_6]$
potassium hexacyanidoferrate(II)（ヘキサシアニド鉄(II)酸カリウム）
potassium hexacyanidoferrate(4−)（ヘキサシアニド鉄酸(4−)カリウム）

表 18-1 代表的な配位子およびその略号と名称

配位子	化学式または略号	錯体中での名称
水	H_2O	アクア
アンモニア	NH_3	アンミン
ピリジン	py	ピリジン
フッ化物イオン	F^-	フルオリド
塩化物イオン	Cl^-	クロリド
臭化物イオン	Br^-	ブロミド
ヨウ化物イオン	I^-	ヨージド
水酸化物イオン	OH^-	ヒドロキシド
シアン化物イオン	CN^-	シアニド
亜硝酸イオン	NO_2^-	ニトリト-κN
	ONO^-	ニトリト-κO
チオシアン酸イオン	SCN^-	チオシアナト-κS
	NCS^-	チオシアナト-κN
エタン-1,2-ジアミン	en	エタン-1,2-ジアミン
2,2'-ビピリジン	bpy	2,2'-ビピリジン
1,10-フェナントロリン	phen	1,10-フェナントロリン
酢酸イオン	CH_3COO^-	アセタト
グリシンイオン	gly	グリシナト
炭酸イオン	CO_3^{2-}	カルボナト
シュウ酸イオン	ox	オキサラト
エチレンジアミン四酢酸イオン	edta	エチレンジアミンテトラアセタト

tetrapotassium hexacyanidoferrate（ヘキサシアニド鉄酸四カリウム）

18-1-4 異性現象

ウェルナーの配位説の根拠の一つとなった金属錯体の異性現象はいくつかに分類できる（図 18-5）．中心金属に結合する配位子や原子が異なる構造異性体には，イオン化異性体，水和異性体，配位異性体，連結（結合）異性体がある．各異性現象の例を示す．

イオン化異性体：$[CoCl_2(en)_2]NO_2$ と $[CoCl(en)_2(NO_2)]Cl$
水和異性体：$[CrCl_2(H_2O)_4]Cl \cdot 2H_2O$ と $[CrCl(H_2O)_5]Cl_2 \cdot H_2O$
配位異性体：$[Cr(NH_3)_6][Co(CN)_6]$ と $[Co(NH_3)_6][Cr(CN)_6]$
連結（結合）異性体：$[Co(NH_3)_5(ONO)]^{2+}$ と $[Co(NH_3)_5(NO_2)]^{2+}$

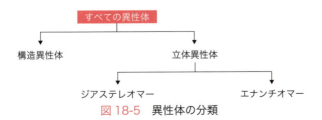

図 18-5 異性体の分類

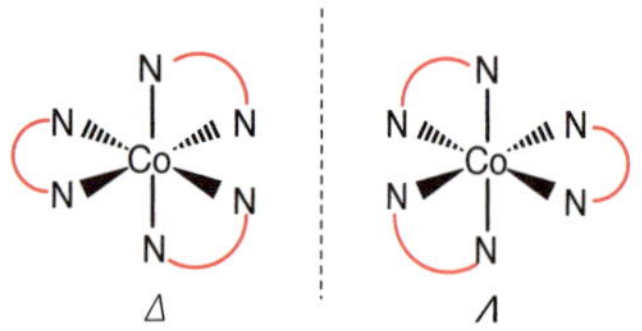

図 18-6　エナンチオマーの例
Δ-Λ異性体．[Co(en)$_3$]$^{3+}$ の場合，N^N はエタン-1,2-ジアミン(en)を表す．

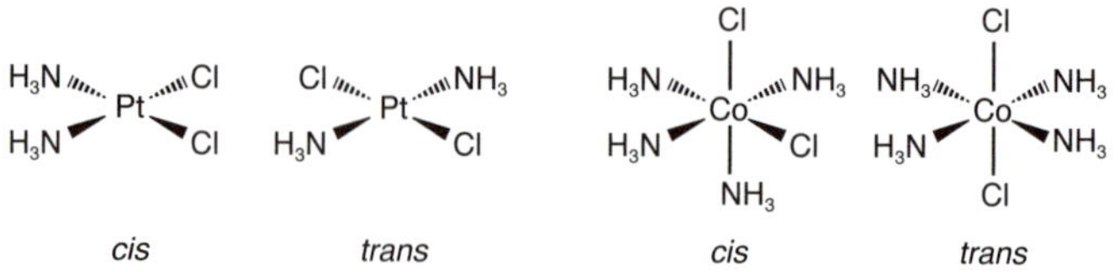

図 18-7　ジアステレオマーの例
cis-trans 異性体．[PtCl$_2$(NH$_3$)$_2$] と [CoCl$_2$(NH$_3$)$_4$]$^+$ の場合．

空間的に配位子の配置が異なる立体異性体には，重ね合わすことができない鏡像をもつエナンチオマー（光学異性体，図18-6）と光学異性体以外のジアステレオマー（幾何異性体，図18-7）がある．それぞれの異性体の例を図に示した．

18-2　金属錯体の電子構造

キーワード　磁性(magnetism)，結晶場理論(crystal field theory)，配位子場理論(ligand field theory)，錯体の色(color of complex)

　金属錯体の特徴を理解するためには，その電子構造を考える必要がある．金属錯体の結合と構造に関して三つの理論的説明が試みられた．それらは，混成軌道の立場から説明した「原子価結合理論」，金属と配位子間の結合を静電的な相互作用に基づいて説明した「結晶場理論」，π結合も考慮した分子軌道法によって金属と配位子間の結合を定性的に説明した「配位子場理論」の三つである．以下，この三つを順に解説する．

18-2-1　錯体の磁性と原子価結合理論

　物質は磁場の中におかれると磁化される．その磁化の大きさが単位体積あたりの磁気モーメントであり，それを調べることによって錯体の不対電子の数や電子配置に関する情報が得られる．磁気モーメント M は磁場 H に比例しており，その比例定数 χ が磁化率である．χ が正の場合を常磁性といい，負の場合を反磁性という．一般に錯体は，d軌道に不対電子をもつ場合は常磁性を示し，もたないときは反磁性を示す．

$$M = \chi H \tag{18-1}$$

　それぞれの温度での有効磁気モーメント μ_{eff}（単位はボーア磁子，μ_B）は，モル磁化率 χ_M を求めることで得られる[*1]．

$$\mu_{\text{eff}} = 2.828\sqrt{\chi_\text{M} T} \tag{18-2}$$

[*1] 有効磁気モーメントは磁気モーメントの実測値である．実測から得られるモル磁化率 χ_M は反磁性の寄与を差し引いて補正する．

表 18-2 有効磁気モーメントの実測値とスピンオンリーの式による計算値

金属イオン	不対電子の数 n	計算値	実測値
V^{4+}	1	1.73	1.7-1.8
Cu^{2+}	1	1.73	1.7-2.2
V^{3+}	2	2.83	2.6-2.8
Ni^{2+}	2	2.83	2.8-4.0
Cr^{3+}	3	3.87	~3.8
Co^{2+}	3	3.87	4.1-5.2
Fe^{2+}	4	4.90	5.1-5.5
Co^{3+}	4	4.90	~5.4
Mn^{2+}	5	5.92	~5.9
Fe^{3+}	5	5.92	~5.9

錯体の場合，スピンオンリーの式（式18.3，nは不対電子数）で近似的に有効磁気モーメントが与えられる場合がある．

$$\mu_{\text{eff}} = \sqrt{n(n+2)} \tag{18-3}$$ [*2]

*2 式 (18-3) で求められる値は，μ_Bを単位とする数値である．ただし，$1\,\mu_B = 9.3 \times 10^{-24}\,\mathrm{J\,T^{-1}}$．

これを利用することで，有効磁気モーメントから不対電子の数を知ることができ，錯体の電子配置がわかる（表18-2）．

ポーリングらは混成軌道に基づいて金属錯体の結合と構造を説明した（図18-8）．たとえば，八面体型錯体である$[CoF_6]^{3-}$と$[Co(NH_3)_6]^{3+}$の電子配置を混成軌道を用いて表すと，それぞれsp^3d^2混成軌道とd^2sp^3混成軌道になる．このように考えると，$[CoF_6]^{3-}$は4個の不対電子をもつのに対して，$[Co(NH_3)_6]^{3+}$は不対電子をもたないことになる．これは常磁性である$[CoF_6]^{3-}$と反磁性である$[Co(NH_3)_6]^{3+}$に対応しており，錯体の磁性と関係づけることができる．しかし，励起状態が関係する錯体の色やそれを反映する吸収スペクトルについては説明できない．

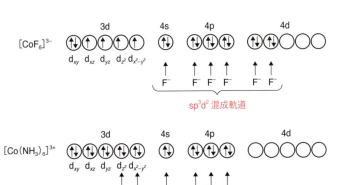

図 18-8 原子価結合法で表した$[CoF_6]^{3-}$と$[Co(NH_3)_6]^{3+}$の電子配置

Biography

▶ H. A. Bethe
1906〜2005，アメリカの物理学者．ストラスブール出身のドイツ系ユダヤ人移民．1967年にノーベル物理学賞を受賞．

▶ J. H. van Vleck
1899〜1980，アメリカの物理学者．1953年に来日したこともある．1977年にノーベル物理学賞を受賞．

*3　Δ_o は軌道間のエネルギー差を示し，Δ_o の添字 o は八面体を表す．

one point
t 軌道と e 軌道の意味
t_{2g} と e_g は群論で用いられる記号であり，t は三重縮重，e は二重縮重を意味する．

*4　Δ_t の添字 t は四面体を表す．

18-2-2　結晶場理論

ベーテ（Bethe）とヴァン・ヴレック（van Vleck）は，負電荷の配位子が正電荷の金属イオンによって引きつけられることで結合ができると仮定した静電的な理論によって錯体の色と磁性を説明した．この理論を理解するためには，d 軌道の空間的な広がり（図 18-9）を頭に入れる必要がある．

5 個の d 軌道は同じエネルギーをもっている（軌道が縮重している）が，配位子が接近することにより静電的な反発を受けて不安定化する．ここで，6 個の配位子 L が x, y, z 軸の正と負の方向から接近して八面体型錯体を形成する場合を考える．すると，x, y, z 軸の間に分布している d_{xy}, d_{yz}, d_{xz} 軌道への L からの反発は小さいが，軸方向に分布している $d_{x^2-y^2}$ と d_{z^2} 軌道はより強く反発を受けて大きく不安定化する．その結果，五つの d 軌道は三つの d 軌道（d_{xy}, d_{yz}, d_{xz}）からなる t_{2g} 軌道と二つの d 軌道（$d_{x^2-y^2}$, d_{z^2}）からなる e_g 軌道に分裂する（図 18-10）．この分裂を結晶場分裂と呼び，t_{2g} と e_g 軌道間のエネルギー差を Δ_o で表す*3．この分裂の結果，配位子が一定の方向からではなく無秩序に接近してきたと考えたとき（仮想的平均場）に比べて，t_{2g} 軌道は 0.4 Δ_o だけ安定化し，e_g 軌道は 0.6 Δ_o だけ不安定化する．ここで，（電子数 × 0.4 Δ_o）−（電子数 × 0.6 Δ_o）をその錯体の結晶場安定化エネルギーと呼び，仮想的平均場からの安定化エネルギーを意味する（これが大きいときは八面体構造が安定であると考える）．

なお，配位子接近前と比べたときの d 軌道のエネルギー増加分は，金属イオンと配位子が結合を形成することで補われると考える．Δ_o の大きさは配位子の性質（金属に与える影響の強さ）と金属の性質で決まる．

四面体錯体では，4 個の配位子 L は x, y, z 軸の間に位置する．その結果，t_2 軌道のほうが L から大きな反発を受けて不安定になり，e 軌道のほうが相対的に安定になる（図 18-11）．四面体錯体での結晶場分裂の大きさを Δ_t とすれば，t_2 軌道は 0.4 Δ_t だけ不安定になり，e 軌道は 0.6 Δ_t だけ安定化する*4．四面体錯体では，L は軸上にはなく，しかも L は四つしかないので，Δ_t は Δ_o の半分以下である（$\Delta_t = 4/9\Delta_o$）．

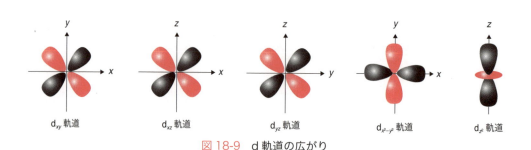

図 18-9　d 軌道の広がり

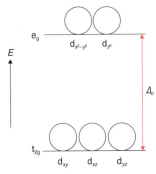
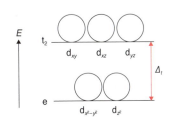

図 18-10　八面体型錯体の d 軌道の結晶場分裂　　図 18-11　四面体型錯体の d 軌道の結晶場分裂

例題 18-1　正八面体型錯体の結晶場分裂から考えて，八面体のトランス（z 軸上）にある二つの配位子が中心金属から遠ざかり，残りの四つの配位子が金属に近づいた場合の分裂の様子を図示せよ．

解答例　z 軸方向に広がった d 軌道（d_{z^2} 軌道）と xz および yz 平面に広がった d 軌道（d_{xz} と d_{yz} 軌道）は配位子から受ける反発力が小さくなり，エネルギーが減少する．特に z 軸方向に広がった d_{z^2} 軌道のエネルギーは大きく減少する．それに対して xy 平面にある d 軌道（$d_{x^2-y^2}$ と d_{xy}）は中心金属にやや接近し，その分反発力が大きくなり，エネルギーは増加する．したがって，下図のような分裂様式になる．

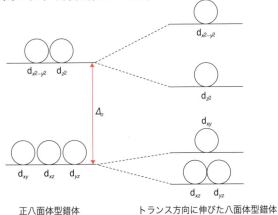

18-2-3　結晶場分裂と d–d 遷移

本項では，錯体の色の原因である d–d 遷移吸収，電荷移動吸収，配位子の吸収についてまとめる．

(1) d–d 遷移吸収

配位子と結合することによって分裂した中心金属のd軌道間での，光エネルギーによる電子遷移に基づく吸収．本来，禁制遷移であるため，モル吸光係数は比較的小さい．図 18-12 に d 電子を六つもつ八面体型錯体の(a) t_{2g} 軌道の電子が e_g 軌道に遷移することによる d–d 遷移吸収と，(b) 光エネルギーの吸収と放出(発光)過程を示した．

(2) 電荷移動吸収

中心金属の軌道と配位子の軌道間での相互作用に基づく，モル吸光係数の大きい吸収．光エネルギーによる中心金属から配位子への電荷移動に基づく金属－配位子間電荷移動(MLCT)吸収と，逆の配位子から中心金属への配位子－金属間電荷移動(LMCT)吸収がある．たとえば，過マンガン酸イオンの紫色は LMCT 吸収によるものであり，[Fe(phen)$_3$]$^{2+}$ の赤色は MLCT 吸収によるものである．

(3) 配位子の吸収

配位子の軌道間での，光エネルギーによる n–π* 遷移や π–π* 遷移に基づく吸収．配位子のみのときに比べて少しシフトし，モル吸光係数は大きい．

吸収スペクトルにおける d–d 遷移吸収の波長から結晶場分裂 Δ_o を見積もることができる．たとえば，[Ti(H$_2$O)$_6$]$^{3+}$ (d 電子は 1 個) の水溶液は緑色の 500 nm の光を吸収することで赤紫色に見える(緑葉の緑色の逆)．この吸収を結晶場理論で考えると 1 個の電子が t_{2g} 軌道から e_g 軌道に遷移したことに相当する．ここでエネルギーと光の波長の関係(プランクの式)

> **one point**
> **プランクの式**
> プランクの式 $E = h\nu$ (E はエネルギー，ν は振動数，h はプランク定数(6.63×10^{-34} J s))，また，光は $c = \lambda\nu$ (c は光の速度(3.00×10^8 m s^{-1})，λ は波長)に従う．式(3-13)参照．

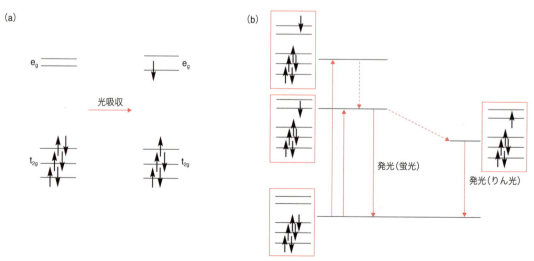

図 18-12　八面体型 d^6 錯体の(a) d-d 遷移吸収と(b) 光エネルギーの吸収と放出（発光）過程

から E は 240 kJ mol^{-1} と求められ，これが Δ_o に相当する．

$$E\,[\text{J mol}^{-1}] = \frac{hcN_A}{\lambda} \quad (N_A\text{ はアボガドロ定数}) \tag{18-4}$$

18-2-4 錯体の色

顔料として利用されてきた歴史が示すように，錯体には色鮮やかなものが多い．錯体の色の原因は，d–d 遷移吸収，電荷移動吸収，配位子の吸収の三つに大別できる（18-2-3 項参照）．物質が吸収する光の波長は，吸収スペクトルを測定することで知ることができ，また吸収する光の強さは，試料溶液のモル濃度で規格化したモル吸光係数（ε：mol^{-1} L cm^{-1}）によって表される．

one point
色の原理
われわれの目には，物質が光を吸収したとき，吸収されずに透過あるいは反射した可視光線の色（補色）が見えている．たとえば葉緑素を含む植物の葉は，赤紫（マゼンタ）色の光を吸収するためにその補色である緑色に見える．

例題 18-2 八面体錯体 [Co(en)$_3$]$^{3+}$（en はエタン–1,2–ジアミン），[Co(NH$_3$)$_6$]$^{3+}$，[Co(H$_2$O)(NH$_3$)$_5$]$^{3+}$，[CoCl(NH$_3$)$_5$]$^{2+}$ は，それぞれ 470 nm，475 nm，490 nm，535 nm 程度の波長の可視光線を吸収する．各錯体の色を推測し，この結果からわかることを述べよ．

解答例 [Co(en)$_3$]$^{3+}$ と [Co(NH$_3$)$_6$]$^{3+}$ は橙黄色，[Co(H$_2$O)(NH$_3$)$_5$]$^{3+}$ は赤色，[CoCl(NH$_3$)$_5$]$^{2+}$ は紫赤色である．[Co(en)$_3$]$^{3+}$ と [Co(NH$_3$)$_6$]$^{3+}$ は配位子（en と NH$_3$ の配位原子は N）が全く違うにもかかわらず同様な色であるのに対して，[Co(NH$_3$)$_6$]$^{3+}$ と [Co(H$_2$O)(NH$_3$)$_5$]$^{3+}$（H$_2$O の配位原子は O），[CoCl(NH$_3$)$_5$]$^{2+}$ は一つの配位子の違いが色の変化をもたらしている．このことから，配位原子の違いが錯体の色に大きく影響することがわかる．またこの結果は，分光化学系列（18-2-8 項参照）に直接関係する．

18-2-5 結晶場分裂と磁性

d 電子を 4～7 個もつ八面体型錯体では，2 種類の電子配置が可能である．ここで再び，[CoF$_6$]$^{3-}$ と [Co(NH$_3$)$_6$]$^{3+}$ の電子配置を考える．[CoF$_6$]$^{3-}$ は不対電子を 4 個もつ常磁性の錯体，[Co(NH$_3$)$_6$]$^{3+}$ は不対電子をもたない反磁性の錯体であることから，これらは図 18-13 のような電子配置を考えることで実験結果と一致する．2 種類の電子配置のうち不対電子が多いほうを高スピン錯体，少ないほうを低スピン錯体と呼ぶ．どちらの配置をとるかは結晶場分裂 Δ_o とスピン対形成エネルギー（スピン対を作る場合に

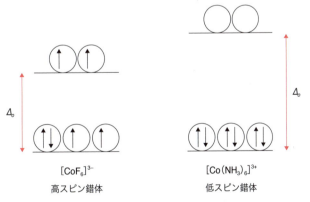

図 18-13 高スピン錯体と低スピン錯体の電子配置

生じる電子間反発エネルギー）に依存する．一般に Δ_o が大きいと電子はエネルギーの低い軌道に入るので低スピン錯体になる傾向がある．

18-2-6　配位子場理論

結晶場理論には，π結合を全く考慮していないという点で実際とは異なる．これを解消するために分子軌道法を取り込んだのが配位子場理論である．八面体型錯体の分子軌道は図 18-14 のように描くことができる．一般に配位子の軌道より金属の軌道のほうがエネルギーが高いため，結合性分子軌道は主に配位子の軌道成分からなり，反結合性分子軌道は主に金属の軌道成分からなる．金属の 5 個の d 軌道は非結合性 t_{2g} と反結合性 e_g^* に分裂し，定性的には結晶場理論と同じになる．ただしここでは，分裂は配位子との共有結合によって起こると考え，配位子場分裂と呼ぶ．したがって，配位子場理論で σ 供与性の強い配位子を考えると，その配位子の軌道は金属の軌道と大きな重なりを生じるために e_g^* 軌道のエネルギーはより高くなり，それに伴って Δ_o も大きくなると解釈することができる．

金属イオンの π 結合には 2 種類ある．一つは塩化物イオンや水酸化物イオンのような π 供与性配位子（p 軌道が満たされている配位子）との結合

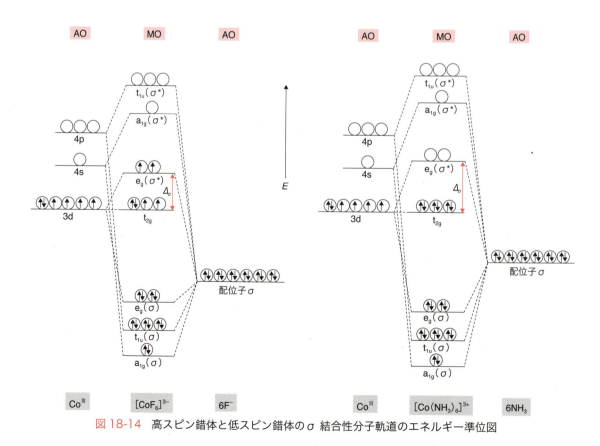

図 18-14　高スピン錯体と低スピン錯体の σ 結合性分子軌道のエネルギー準位図

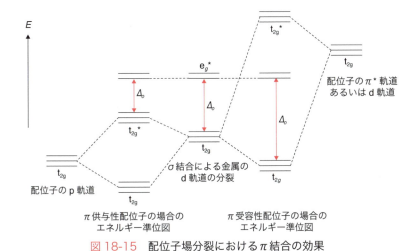

図 18-15 配位子場分裂における π 結合の効果

で，もう一つは一酸化炭素やホスフィン（PR_3）のような π 受容性配位子（比較的エネルギーの低い反結合性 π^* 軌道や空の d 軌道をもつ配位子）との結合である（図 18-15）．π 供与性配位子の場合，金属の t_{2g} 軌道と形成する結合性軌道は元の配位子の軌道より低くなり，反結合性軌道は元の金属の軌道より高くなる．その結果，配位子の π 軌道の電子が結合性軌道（t_{2g}）を占有し，金属の t_{2g} 軌道の電子が反結合性軌道（t_{2g}^*）を占有する．したがって，d 電子数の少ない金属がこの配位子を好み，また Δ_o は小さくなる．一方，π 受容性配位子の場合には，金属の t_{2g} 軌道と形成する結合性軌道は元の金属の軌道より低くなるため，金属の電子が結合性軌道（t_{2g}）を占有する．金属の t_{2g} 軌道が結合性軌道となるため d 電子数の多い金属がこの配位子を好む．結果的に CO などの π 受容性配位子は大きな Δ_o を与える．

18-2-7　金属－金属間結合

[$Cr_2(H_2O)_2(O_2CCH_3)_4$] に代表されるクロム(II)のカルボン酸塩は一般式 [$Cr_2(O_2CR)_4$] あるいは [$Cr_2L_2(O_2CR)_4$] で表され，Cr(II)の d 電子が四重結合を形成している（図 18-16a）．その結果，錯体は反磁性を示し Cr–Cr 間の距離も金属 Cr（2.58 Å）より短い．四重結合は，軸方向の d_{z^2} 軌道間の重なりによる σ 結合性軌道，d_{xz}，d_{yz} 軌道間の重なりによる二つの π 結合性軌道，そして d_{xy} 軌道どうしの重なりによる δ 結合性軌道からなる（図 18-16b）．

2005 年には，配位子の数を減らし $d_{x^2-y^2}$ 軌道が配位子との結合に使われなくすることで，$d_{x^2-y^2}$ 軌道間の重なりによる δ 結合性軌道を加えたクロム－クロム五重結合をもつ錯体も報告された．

18-2-8　分光化学系列

ある金属に対して Δ_o が大きい順番に配位子を並べたものが分光化学系

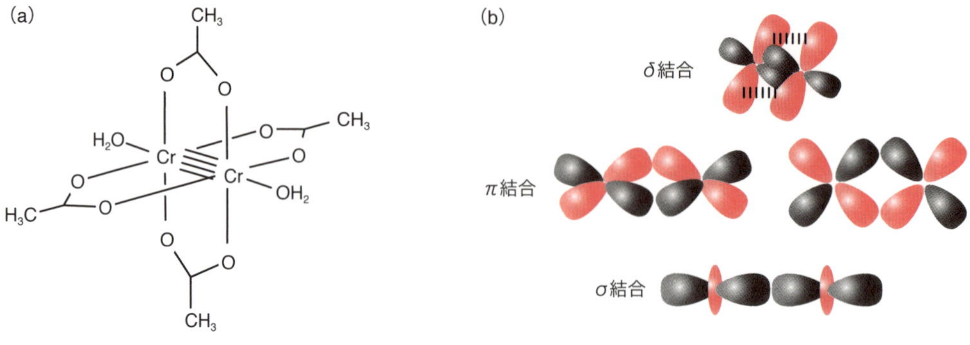

図 18-16 クロム(II)のカルボン酸塩
(a)[$Cr_2(H_2O)_2(O_2CCH_3)_4$]の構造．(b)四重結合を形成する一つのσ結合と二つのπ結合と一つのδ結合の軌道の重なり．

Biography

▶槌田 龍太郎
（つちだ りゅうたろう）
1903～1962，日本の化学者．大阪大学で教授を務めた．1939年には，いち早く今のVSEPR則と同じ概念を発表したが，残念なことに無視された．

列である．これは1938年に大阪大学の槌田龍太郎によって見出された経験則である．

$CO > CN^- > \underline{N}O_2^- > phen > en > NH_3 > \underline{N}CS^- > H_2O > ox > OH^- > F^- > Cl^- > Br^- > I^-$（下線は配位原子）

COやCN$^-$のようなπ受容性配位子は，π結合を含むことでΔ_oが大きくなり，Cl$^-$やOH$^-$のようなπ供与性配位子の場合にはΔ_oは小さくなる．

章末問題

1. K[Au(OH)$_4$]を3種類の方式で命名せよ．
2. 下記の八面体型錯体について可能な構造をすべて書け．
   (1) [Cr(ox)$_3$]$^{3-}$ (2) [CoCl$_2$(en)$_2$]$^+$ (3) [Co(CO$_3$)(en)(gly)]
3. (1) 室温における[Cr(NH$_3$)$_6$]Cl$_2$の有効磁気モーメントの測定値は4.85である．この錯体は低スピン錯体か，高スピン錯体か．
   (2) [NiCl$_4$]$^{2-}$は四面体型錯体である．スピンオンリーの式を用いて有効磁気モーメントの値を予想せよ．
4. xy軸上に四つの配位子をもつ平面四角形錯体のd軌道の分裂パターンを描け．
5. [NiCl$_4$]$^{2-}$が四面体型錯体であるのに対して，[PdCl$_4$]$^{2-}$と[PtCl$_4$]$^{2-}$は平面四角形錯体となるのはなぜか．

19章 錯体の反応

この章で学ぶこと

化合物の重要な性質の一つに化学反応がある．錯体においても化学反応を理解することは重要であり，またいくつかの特徴的な反応が知られている．一般的に化学反応は，反応の前後で酸化数の変わらない酸塩基反応と酸化数の変化を伴う酸化還元反応に大別される．ここでは，錯体における酸塩基反応である配位子置換反応と，錯体の代表的な酸化還元反応を取りあげる．それらの基本的概要から，反応速度と反応速度に影響を与える因子，さらには配位子置換反応における解離機構と会合機構と交替機構，酸化還元反応における外圏機構と内圏機構などの反応機構について具体例とともに記述する．

- 配位子置換反応について反応機構とともに理解する
- 外圏および内圏機構を理解し，酸化還元反応を習得する

19-1 配位子置換反応

キーワード 安定度定数（stability constant），置換反応（substitution reaction），キレート効果（chelate effect），置換活性（labile），置換不活性（inert），トランス効果（trans effect），トランス影響（trans influence）

19-1-1 基本概念

配位子置換反応は，ルイス酸である金属（M）と結合している配位子（ルイス塩基，X）が他の配位子（Y）と置き換わる反応である．

$ML_nX + Y \rightarrow ML_nY + X$

ここでXは脱離基，Yは進入基，L_nは置換されない配位子である．具体例は次の通りである．

$[Co(H_2O)_6]^{2+} + Cl^- \rightarrow [CoCl(H_2O)_5]^+ + H_2O$

19-1-2 錯体の安定度

ほとんどの錯体の反応は溶液中で起こる．したがって，溶液中で金属イオンが溶媒や配位子と作る錯体の安定度を知る必要がある．そこで議論されるのが安定度定数である．

Ni^{2+} イオンを含む水溶液にアンモニア水を加えると，溶液の色は緑色から青～紫色に変化する．この反応の生成物は $[Ni(NH_3)_6]^{2+}$ と表されるが，実際にはさまざまな生成物が生じている．

$$[Ni(H_2O)_6]^{2+} + NH_3 \rightleftharpoons [Ni(H_2O)_5(NH_3)]^{2+} + H_2O \quad (1)$$

$$[Ni(H_2O)_5(NH_3)]^{2+} + NH_3 \rightleftharpoons [Ni(H_2O)_4(NH_3)_2]^{2+} + H_2O \quad (2)$$

$$\vdots$$

$$[Ni(H_2O)(NH_3)_5]^{2+} + NH_3 \rightleftharpoons [Ni(NH_3)_6]^{2+} + H_2O \quad (6)$$

それぞれの平衡反応に対して平衡定数が考えられる[*1]．

$$K_1 = \frac{[Ni(H_2O)_5(NH_3)^{2+}]}{[Ni(H_2O)_6^{2+}][NH_3]}$$

$$K_2 = \frac{[Ni(H_2O)_4(NH_3)_2^{2+}]}{[Ni(H_2O)_5(NH_3)^{2+}][NH_3]}$$

$$\vdots$$

$$K_6 = \frac{[Ni(NH_3)_6^{2+}]}{[Ni(H_2O)(NH_3)_5^{2+}][NH_3]}$$

[*1] 化学種のモル濃度を[ ]で表し，錯体の化学式の[ ]は省略している．また H_2O の濃度は一定なので平衡定数の中に含めている．

$K_1 \sim K_6$ を逐次安定度定数，あるいは逐次生成定数という．具体的な値を表 19-1 に示した．また，最終生成物（この場合は $[Ni(NH_3)_6]^{2+}$）の濃度を知りたいときは，全安定度定数 β_n（全生成定数）を用いる．全安定度定数は逐次安定度定数の積になる．

$$\beta_n = K_1 K_2 \cdots K_n$$

表 19-1　$[Ni(H_2O)_{6-n}(NH_3)_n]^{2+}$ の逐次安定度定数

P. Atkins ほか著，『シュライバー・アトキンス無機化学第 4 版』，東京化学同人(2008)から引用．

n	K_n	$\log K_n$	n	K_n	$\log K_n$
1	525	2.72	4	13.2	1.12
2	148	2.17	5	4.7	0.63
3	45.7	1.66	6	1.1	0.03

例題 19-1 全体の反応（下式）における水和した金属イオン，配位子，錯体の濃度をそれぞれ[M]，[L]，[ML$_n$]とした場合，全安定度定数β_nはどのように書くことができるか．

$$M + nL \rightleftharpoons ML_n$$

解答例 各反応の逐次安定度定数はそれぞれ次のように書くことができる．

$$M + L \rightleftharpoons ML \quad K_1 = \frac{[ML]}{[M][L]}$$

$$ML + L \rightleftharpoons ML_2 \quad K_2 = \frac{[ML_2]}{[ML][L]}$$

$$\vdots$$

$$ML_{n-1} + L \rightleftharpoons ML_n \quad K_n = \frac{[ML_n]}{[ML_{n-1}][L]}$$

したがって，全体の反応の全安定度定数β_nは

$$M + nL \rightleftharpoons ML_n \quad \beta_n = \frac{[ML_n]}{[M][L]^n} = K_1 \times K_2 \times \cdots \times K_n$$

と書かれ，逐次安定度定数の積になる．

一般に逐次安定度定数は$K_1 > K_2 > \cdots > K_n$の順になる．また，K_nの値は大きな範囲で変化するため対数表示（$\log K_n$）で表すことが多く，$\log \beta_2 = \log K_1 + \log K_2$などとなる．

安定度に影響を及ぼす因子としては，金属イオンの電荷と大きさ，あるいはキレート環の形成などが考えられる．第8章にも示したように，電荷が大きくサイズの小さい金属イオン（硬い酸）は分極率が小さくサイズの小さい配位子（硬い塩基）と安定な錯体を形成し，電荷が小さくサイズの大きい金属イオン（軟らかい酸）は分極率が大きくサイズの大きい配位子（軟らかい塩基）と安定な錯体を形成する．この考え方は HSAB（hard and soft acid and base）則と呼ばれる（8-1-4項参照）．また，キレート環を形成する多座配位子を用いることにより，対応する単座配位子を用いた場合と比べて錯体は大きく安定化する（表19-2）．たとえば，[Cu(en)$_2$]$^{2+}$と[Cu(NH$_3$)$_4$]$^{2+}$では，キレート環をもつ[Cu(en)$_2$]$^{2+}$の安定度定数のほうがかなり大きい．これをキレート効果と呼び，主にエントロピーによる効果と考えられる．

表 19-2　銅（II）錯体の全安定度定数
J. R. Gispert, "Coordination Chemistry," Wiley-VCH (2008)から引用．

配位子	全安定度定数
NH$_3$	$\log \beta_4 = 13.0$
H$_2$N(CH$_2$)$_2$NH$_2$	$\log \beta_2 = 19.6$
H$_2$N(CH$_2$)$_2$NH(CH$_2$)$_2$NH(CH$_2$)$_2$NH$_2$	$\log \beta_1 = 20.1$
[NH(CH$_2$)$_2$NH(CH$_2$)$_2$NH(CH$_2$)$_2$NH(CH$_2$)$_2$]	$\log \beta_1 = 23.3$

Biography

▶ H. Taube
1915〜2005，カナダ生まれのアメリカの化学者．金属錯体の電子移動反応機構を解明した．1983年にノーベル化学賞を受賞．

19-1-3　置換活性と置換不活性

タウビー（Taube）は，濃度 0.1 mol L^{-1} の溶液で，25 °C，1分以内に反応が終わる錯体を置換活性な錯体と呼び，反応時間がより長い錯体を置換不活性な錯体と呼んだ（表 19-3）．第一遷移（3d）金属の M^{2+} の錯体には置換活性のものが多いが，d^3 や d^6 の低スピン錯体は結晶場安定化エネルギーが大きいことから予想されるように置換不活性なものが多い．

表 19-3　置換活性な錯体と置換不活性な錯体の分類

置換活性な錯体	置換不活性な錯体
Ti(III)(d^1), V(III)(d^2) の錯体	Cr(III)(d^3) の錯体
Cr(II)(d^4), Mn(II)(d^5), Fe(III)(d^5), Fe(II)(d^6), Co(II)(d^7) の高スピン錯体	Fe(II)(d^6), Co(III)(d^6) の低スピン錯体
Cu(II)(d^9), Zn(II)(d^{10}) の錯体	第二，第三遷移金属の錯体

19-1-4　置換反応機構

置換反応の反応機構は，中間体の配位数が出発錯体から減少する解離機構，中間体の配位数が出発錯体から増加する会合機構，異なる配位数の中間体を生じない交替機構の三つに分類される．

①解離機構（dissociative mechanism, D 機構）

ここでは ML$_n$ が中間体であり，X と Y はそれぞれ脱離基（置換される塩基）と進入基（置換する塩基）である．中間体 ML$_n$ は何らかの測定方法によりその存在が検出可能であり，単離できる場合もある．

ML$_n$X → ML$_n$ + X
ML$_n$ + Y → ML$_n$Y

②会合機構（associative mechanism, A 機構）

ここでの中間体 ML$_n$XY は，検出可能であり単離できる場合もある．

ML$_n$X + Y → ML$_n$XY
ML$_n$XY → ML$_n$Y + X

③交替機構（interchange mechanism, I 機構）

中間体は形成されないが，遷移状態を経由して一段階で交換が起こる．交替機構はさらに二つに分類される．一つは，律速段階が結合形成過程である会合的交替機構（進入基の種類に反応速度が依存する I$_a$ 機構）であり，もう一つは，律速段階が結合切断過程である解離的交替機構（進入基の影響の少ない I$_d$ 機構）である．

ML$_n$X + Y → Y⋯ML$_n$⋯X → ML$_n$Y + X

19-1-5 八面体錯体の配位子置換反応

八面体錯体のほとんどの置換反応は D 機構あるいは I_d 機構を経て進行する．たとえば，cis- および trans-$[Co(en)_2LX]^+$ (L は Cl^-，NCS^-，OH^-，X は Cl^- または Br^- の脱離基) の加水分解 (アクア化) 反応は I_d 機構によると考えられる．この置換反応では，シス錯体は異性化を起こさないが，トランス錯体は L = Cl^- < NCS^- < OH^- の傾向でシス錯体へと異性化する．このことは，シス錯体は四角錐形中間体を経由し，トランス錯体は三方両錐形中間体を経由することを意味する (図 19-1)．

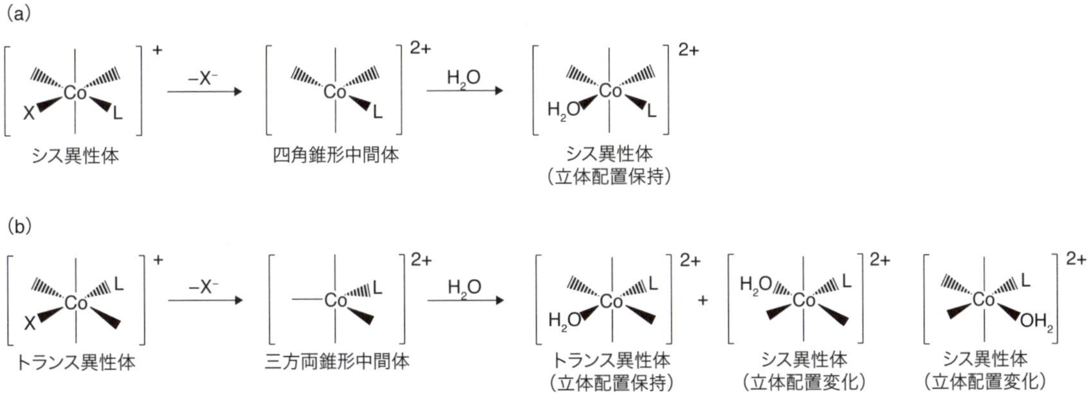

図 19-1 $[Co(en)_2LX]^+$ の加水分解
(a) 四角錐形中間体，(b) 三方両錐形中間体を経由する反応．

$[CoCl(NH_3)_5]^{2+}$ の OH^- による置換反応は，単純な OH^- の中心金属への攻撃によるものではなく，共役塩基機構 (S_N1CB 機構)[*2] で進行する．

$$[CoCl(NH_3)_5]^{2+} + OH^- \rightarrow [Co(NH_3)_5(OH)]^{2+} + Cl^-$$

これは，「OH^- による Cl^- の置換反応は F^- による置換反応と比較して置換速度が非常に速く」，また「一般に $[CoCl(CN)_5]^{3-}$ のようなイオン化しうる水素原子をもたない錯体での反応は遅く，その速度は OH^- の濃度に依存しないのに対して，この反応は OH^- の濃度に依存する」など，特徴的な性質をもつ反応である．$^{18}O/^{16}O$ 同位体分布を調べることで，進入基は OH^- ではなく H_2O であることがわかった．この反応では，OH^- によって NH_3 (ブレンステッド酸) の共役塩基である NH_2^- が生成し，Cl^- が脱離した反応中間体 ($[Co(NH_2)(NH_3)_4]^{2+}$) と進入基である H_2O がすみやかに反応する．

$[CoCl(NH_3)_5]^{2+} + OH^- \rightleftharpoons [CoCl(NH_2)(NH_3)_4]^+ + H_2O$ （速い）
$[CoCl(NH_2)(NH_3)_4]^+ \rightarrow [Co(NH_2)(NH_3)_4]^{2+} + Cl^-$ （遅い）
$[Co(NH_2)(NH_3)_4]^{2+} + H_2O \rightarrow [Co(NH_3)_5(OH)]^{2+}$ （速い）

[*2] S_N1CB 機構の S_N，1，CB はそれぞれ求核置換，単分子，共役塩基を意味する．OH^- は塩基として作用し，NH_3 配位子から脱プロトン化する．

> **例題 19-2** 八面体錯体は，配位子が解離することなく異性化することができる．たとえば，[Ni(en)$_3$]$^{2+}$（enはエタン–1,2–ジアミン）は，配位子は結合したまま，構造がねじれることでラセミ化が起こる．どのような反応経路が考えられるか．

> **解答例** 下図のような三角柱構造を経由する(a)ベイラーねじれ機構，および(b)レイ・ダットねじれ機構が考えられる．

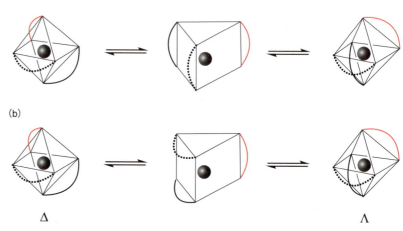

Δ　　　　　　　　　　　　　　　　Λ

19-1-6 平面四角形錯体の配位子置換反応

平面四角形のPt^{2+}錯体の配位子置換反応は，通常は会合機構（A機構あるいはI$_a$機構）を経ると考えられる．

$$PtL_3X^+ + Y^- \rightarrow PtL_3Y^+ + X^-$$

反応速度は次のように表され，反応は2種類の経路を経て進行する．

$$-d[PtL_3X^+]/dt = k_1[PtL_3X^+] + k_2[PtL_3X^+][Y^-]$$

反応中，[Y$^-$]がほとんど変化しない状態（[Y$^-$] ≫ [PtL$_3$X$^+$]）にすることで実験的に反応速度定数を調べることができる．

$$-d[PtL_3X^+]/dt = k_{obs}[PtL_3X^+]$$
$$k_{obs} = k_1 + k_2[Y^-]$$

k_{obs}は実測の反応速度定数であり，k_{obs}をさまざまな[Y$^-$]に対してプロットすることでk_1（切片）とk_2（傾き）が見積もられる．

平面四角形Pt^{2+}錯体の置換反応は立体配置を保持して進行し，進入基は脱離基が占めていた位置に導入される．このことから，三方両錐形の遷

移状態もしくは中間体を形成していると考えられる．また，どの配位子が脱離するかは，脱離基のトランス位にある配位子の性質によって決まる．これをトランス効果と呼ぶ．トランス効果はもともと脱離する配位子と金属の結合力(トランス影響)と，反応の遷移状態への寄与(遷移状態効果)によっている．トランス効果の順番は以下の通りである．

C_2H_4, CO, CN^- > H^- > NO_2^-, I^- > Br^- > Cl^- > NH_3, OH^-, H_2O

ある配位子 L のトランス位の配位子が強い σ 供与性であれば，その配位子 L と金属の相互作用は弱くなる．これがトランス影響である．また，ある配位子 L が π 受容性である場合，三方両錐形の遷移状態において，配位子 L が進入基による金属電子の電子密度の増加分を受け入れることで遷移状態が安定化するため，その配位子 L のトランス位にある配位子の置換反応が促進される．これが遷移状態効果である．

19-2 酸化還元反応

キーワード 外圏反応 (outer sphere reaction), 内圏反応 (inner sphere reaction)

19-2-1 基本概念

タウビーによって，金属錯体の酸化還元反応は二つの反応機構に分類された．一つは錯体の基本的な構造には変化がなく，錯体どうしが接近して進行する外圏機構であり，もう一つは架橋配位子の共有を介して進行する内圏機構である．外圏機構では中心金属と配位子間での結合の切断が起こることなく電子だけが移動するのに対して，内圏機構では中心金属と配位子間での結合の切断と生成が起こる．以下，この二つを順に解説する．

19-2-2 外圏機構

(1) 置換不活性な酸化種($[IrCl_6]^{2-}$)と置換不活性な還元種($[Fe(CN)_6]^{4-}$)の反応

この反応では $[IrCl_6]^{2-}$ と $[Fe(CN)_6]^{4-}$ 間で結合の切断や生成が起こることなく互いに電子を授受し，その速度定数は $k = 4 \times 10^5$ (L mol^{-1} s^{-1}) 程度である．ここで使われている「圏」は配位圏のことであり，外圏機構では配位圏に変化なく電子が移動する．

$$[IrCl_6]^{2-} + [Fe(CN)_6]^{4-} \rightarrow [IrCl_6]^{3-} + [Fe(CN)_6]^{3-}$$

(2) 置換活性な酸化種($[Fe(H_2O)_6]^{3+}$)と置換活性な還元種($[Fe(H_2O)_6]^{2+}$)の反応[*3]

[*3] 外圏機構は，一般的には少なくとも一方が置換不活性な錯体の場合に見られる．

この反応は全体としては変化がなく，自己（電子）交換反応と呼ばれる．この自己交換反応の速度定数は $k = 3$ $(L\ mol^{-1}\ s^{-1})$ 程度であり，同位体を使った研究などで反応機構が調べられた．この機構では，$[Fe(H_2O)_6]^{3+}$ と $[Fe(H_2O)_6]^{2+}$ が電子移動可能な距離まで接近する（外圏錯体の形成）ことで反応が進行すると考えられる．なお，自己交換反応の反応速度は電子移動に関与する軌道の種類によっても影響を受け，各反応によって大きく異なる．

$$[Fe(H_2O)_6]^{3+} + [Fe(H_2O)_6]^{2+} \rightarrow [Fe(H_2O)_6]^{2+} + [Fe(H_2O)_6]^{3+}$$

19-2-3 内圏機構

(1) 置換不活性な酸化種（$[CoCl(NH_3)_5]^{2+}$）と置換活性な還元種（$[Cr(H_2O)_6]^{2+}$）の反応

この反応は Cl^- の結合した Co^{3+} の錯体が Cr^{2+} の錯体から電子をもらって Co^{2+} に還元されると同時に Cr^{2+} が Cr^{3+} に酸化される反応である．この反応の速度定数は $k = 6.0 \times 10^5$ $(L\ mol^{-1}\ s^{-1})$ 程度である．外圏機構と仮定すると Co^{3+} 錯体は置換不活性なので，Cl^- を切り離すためにはまず Co^{2+} に還元される必要があるが，そうすると今度は Cr が Cr^{3+} になって置換不活性な Cr^{3+} 錯体となってしまい説明がつかなくなる．この反応の機構も同位体を利用した研究で調べられ，$^{36}Cl^-$ を加えても Cr^{3+} 錯体に $^{36}Cl^-$ が取り込まれることはなかった．これは Co^{3+} 錯体が還元前に Cl^- を失うことなく，また，Cr^{2+} 錯体が酸化後に Cl^- を獲得することなく，Co^{3+} 錯体の Cl^- が直接 Cr^{2+} 錯体に移動したことを意味する．このことから Cl^- が両錯体を橋かけした中間体が考えられた（図 19-2）．

$$[Co^{III}Cl(NH_3)_5]^{2+} + [Cr^{II}(H_2O)_6]^{2+} + 5H_3O^+$$
$$\rightarrow [Co^{II}(H_2O)_6]^{2+} + [Cr^{III}Cl(H_2O)_5]^{2+} + 5NH_4^+$$

ここに示した反応例では置換活性と置換不活性の関係が巧妙に利用されており，内圏機構であると明確に見分けることができる．また，同様に $[Cr(H_2O)_6]^{2+}$ を還元種とし，$[Co(CN)(NH_3)_5]^{2+}$ ($k = 3.6 \times 10\ L\ mol^{-1}\ s^{-1}$) や $[CoI(NH_3)_5]^{2+}$ ($k = 3.4 \times 10^6\ L\ mol^{-1}\ s^{-1}$) を酸化種とした場合も内圏機構で反応は進行する．まず，迅速に架橋中間体を形成し，その後ゆっくり

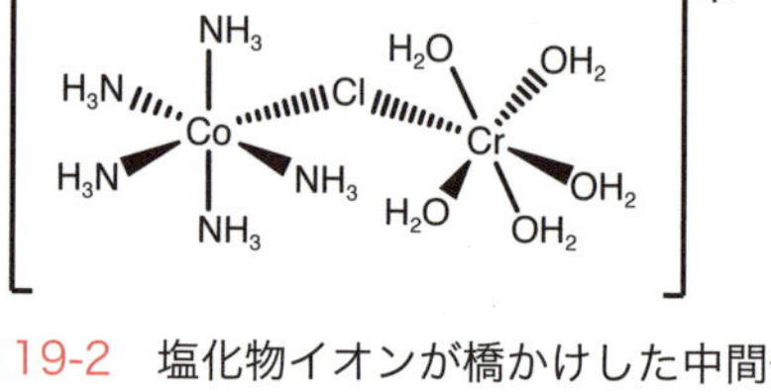

図 19-2 塩化物イオンが橋かけした中間体

と電子移動が起こると考えられ，そのため酸化種によって反応速度は大きく変化する．このように内圏機構の酸化還元反応ではハロゲン化物イオン，OH^-，CN^-，NCS^-，ピラジン，4,4'-ビピリジンなどが架橋配位子となる場合が多い．なお一般的には，外圏か内圏かのどちらの機構で反応が進行しているかを見分けることは，それほど容易ではない．

章 末 問 題

1. 表19-1の$[Ni(H_2O)_{6-n}(NH_3)_n]^{2+}$の逐次安定度定数の値を用いて$[Ni(NH_3)_6]^{2+}$の全安定度定数$(\log \beta_6)$を求めよ．

2. $[Ni(en)_3]^{2+}$の全安定度定数は18.28である．問題1で得られた値と比較して両者の違いの理由を述べよ．

3. $[Fe(CN)_6]^{3-}$は，$[Fe(CN)_6]^{4-}$と比べて毒性が高いといわれる．その理由を述べよ．

4. *trans*-$[PtCl_2(NH_3)_2]$と*cis*-$[PtCl_2(NH_3)_2]$の異性体を作り分けたい．$[PtCl_4]^{2-}$とNH_3を反応させた場合と$[Pt(NH_3)_4]^{2+}$とHClを反応させた場合には，それぞれどちらの異性体ができると予想されるか．

5. 水溶液中，$[Co^{III}(NH_3)_6]^{3+}$と$[Cr^{II}(H_2O)_6]^{2+}$の反応からは$[Co^{II}(H_2O)_6]^{2+}$と$[Cr^{III}(H_2O)_6]^{2+}$が生成する．この酸化還元反応は内圏機構によるものか外圏機構によるものかを推定せよ．

20章 希土類元素とその応用

この章で学ぶこと

第3族のSc（スカンジウム），Y（イットリウム），その下のランタノイド（La～Lu）をあわせた17元素をまとめて希土類元素と呼ぶ．「希」土類の名が示す通り地殻中での存在量は多くはないが，希土類の中でも存在量の少ないTm（ツリウム）やLu（ルテチウム）でさえ，Au（金）やPt（白金）などの貴金属よりは多く，決して希な元素というわけではない．希土類元素の化合物は，MRI（核磁気共鳴画像）の造影剤やNMR（核磁気共鳴）のシフト試薬として，また磁石やレーザーとして，さらにはその蛍光特性を利用したディスプレイや環境科学でのセンサーなどとして，すでにさまざまな分野で注目され，実際に利用されている．ここでは，希土類元素の性質，希土類元素の化合物の特性とその応用例について学ぶ．

- 希土類元素の電子配置を考え，ランタノイド収縮を理解する
- 希土類元素の配位化合物の特徴を知り，分光学的特性を学ぶ
- 希土類元素の特性を利用した応用例を習得する

20-1 希土類元素の性質

キーワード 希土類元素（rare earth element），ランタノイド収縮（lanthanoid contraction）

希土類元素において，ScとYは第3族元素であり，4f軌道に電子がないLa（ランタン）から4f軌道が完全に満たされたLuまでがランタノイドである[*1]．希土類元素の一般的特徴は下記のようにまとめられる．

① 原子半径，沸点，融点などの性質は互いによく似ている．
② イオンはおおむね+3価の状態で存在し，特に水溶液中では+3価の化合物が安定である．
③ 一般的に6から12までの高い配位数と多様な配位構造をとる．
④ 希土類イオンは典型的な硬い酸（8-1-4項参照）であり，硬い配位子との結合はイオン結合性で，容易に配位子交換する．

*1 Laは厳密には第3族の元素であるが，化学的性質がCe～Luに類似しているため，ランタノイドに含まれることが多い．また，La～Luまでの15元素をランタノイド，Ce～Luまでをランタニドと呼んでいるが，このような厳密な分類は日本だけのようである．

⑤水和エネルギーが大きく，水和しやすい．そのため，配位数の確定が難しい．

⑥ランタノイドイオン（Ln^{3+}）の 4f 軌道は 5s や 5p 軌道より内側にあるため，直接，化学結合に加わることはない．また，吸収や発光などの分光学的性質や磁気的性質は周りの配位子による影響をあまり受けない．

⑦d 軌道電子を最外殻電子とする遷移金属錯体と比較して，f 軌道電子の結晶場分裂（18-2-2 項参照）の大きさは小さく，また電子スペクトルのピークの幅は狭くて鋭い．

20-1-1 希土類元素の電子配置

La と Ce の電子配置はそれぞれ $[Xe]5d^1 6s^2$，$[Xe]4f^1 5d^1 6s^2$（$[Xe]$ はキセノンの電子配置）である（表 20-1）．原子番号が増えるにつれて，原子の内部にある 4f 軌道に電子が詰まっていくことが希土類元素の特徴である．次の Pr の電子配置は $[Xe]4f^3 6s^2$，Nd は $[Xe]4f^4 6s^2$ となり，この傾向は Eu $[Xe]4f^7 6s^2$ まで続く．Gd では 4f 軌道の半充填の電子配置が安定になるため，$[Xe]4f^7 5d^1 6s^2$ となり，次の Tb から Yb までの電子配置は $[Xe]4f^n 6s^2$（$n = 9 \sim 14$）となる．

20-1-2 原子半径およびイオン半径とランタノイド収縮

ランタノイド元素の原子半径は原子番号の増加とともに少しずつ小さくなる．これは，4f 軌道の電子が核電荷を遮へいする効果が小さいため，

*2 ネオジムはネオジウム，プロメチウムはプロメシウム，ユウロピウムはユーロピウムなどとよく間違って呼ばれる．日本語名称と英語読みの違いに注意する必要がある．

表 20-1 希土類元素の原子および +3 価イオンの電子配置

元素名[*2]	元素記号	原子番号	電子配置	Ln^{3+} の電子配置
スカンジウム	scandium	Sc	21	$[Ar]3d^1 4s^2$	$[Ar]$
イットリウム	yttrium	Y	39	$[Kr]4d^1 5s^2$	$[Kr]$
ランタン	lanthanum	La	57	$[Xe]5d^1 6s^2$	$[Xe]$
セリウム	cerium	Ce	58	$[Xe]4f^1 5d^1 6s^2$	$[Xe]4f^1$
プラセオジム	praseodymium	Pr	59	$[Xe]4f^3 6s^2$	$[Xe]4f^2$
ネオジム	neodymium	Nd	60	$[Xe]4f^4 6s^2$	$[Xe]4f^3$
プロメチウム	promethium	Pm	61	$[Xe]4f^5 6s^2$	$[Xe]4f^4$
サマリウム	samarium	Sm	62	$[Xe]4f^6 6s^2$	$[Xe]4f^5$
ユウロピウム	europium	Eu	63	$[Xe]4f^7 6s^2$	$[Xe]4f^6$
ガドリニウム	gadolinium	Gd	64	$[Xe]4f^7 5d^1 6s^2$	$[Xe]4f^7$
テルビウム	terbium	Tb	65	$[Xe]4f^9 6s^2$	$[Xe]4f^8$
ジスプロシウム	dysprosium	Dy	66	$[Xe]4f^{10} 6s^2$	$[Xe]4f^9$
ホルミウム	holmium	Ho	67	$[Xe]4f^{11} 6s^2$	$[Xe]4f^{10}$
エルビウム	erbium	Er	68	$[Xe]4f^{12} 6s^2$	$[Xe]4f^{11}$
ツリウム	thulium	Tm	69	$[Xe]4f^{13} 6s^2$	$[Xe]4f^{12}$
イッテルビウム	ytterbium	Yb	70	$[Xe]4f^{14} 6s^2$	$[Xe]4f^{13}$
ルテチウム	lutetium	Lu	71	$[Xe]4f^{14} 5d^1 6s^2$	$[Xe]4f^{14}$

外殻の 5s や 5p 軌道の電子が受ける有効核電荷が原子番号の増加につれて大きくなるためである．その結果，原子番号の順に原子半径は小さくなる．ただし，+2 価の酸化状態も比較的安定な Eu と Yb は，そのような傾向から外れた大きな原子半径をもつ．

第 2 章にも示したように，ランタノイドイオン（Ln^{3+}）の半径も，同様に La → Lu と周期表を右に進むに従って小さくなる（ランタノイド収縮）．この現象も Ln^{3+} の 4f 軌道の電子による核電荷の遮へい効果が不十分なことに起因する．同様な傾向はアクチノイド元素でも見られる（アクチノイド収縮）．

例題 20-1 他の希土類元素と比較して Eu と Yb は大きな原子半径をもつ．その理由を述べよ．

解答例 金属結合を $M^{n+}(e^-)_n$ のように書き表すと，ほとんどの希土類元素は $Ln^{3+}(e^-)_3$ と書くことができるのに対して，Eu と Yb は +2 価の酸化状態も比較的安定なことから $Ln^{2+}(e^-)_2$ と書ける．Ln^{2+} は Ln^{3+} と比較して電子を引きつける力が弱いため，原子半径は大きくなる．

20-2 希土類元素の配位化合物

キーワード 配位化合物 (coordination compound)，電子スペクトル (electronic spectrum)，発光スペクトル (emission spectrum)

希土類イオンと配位子との結合において，共有結合性の寄与は小さいので，結合はほとんどイオン結合性である．したがって，配位数は中心金属周りにどれだけ配位子を詰め込めるかで決まり，イオン半径が大きくなるほど配位数は増える．また，内殻の f 軌道が結合に寄与しないため，結合に方向性がなく，配位化合物の構造は VSEPR 理論（4-2-2 項参照）から予想できる．

20-2-1 安定度定数

希土類イオンは通常は +3 と酸化数が大きく，典型的な硬い酸であることから，より小さいハロゲン化物イオンや酸素を配位原子とする配位子などの硬い塩基と安定な錯体を形成し，その安定度定数も大きい．また，La^{3+} から Lu^{3+} に進むに従ってイオン半径が小さくなり，電子密度は大きくなるため，どの配位子に対しても La^{3+} 錯体から Lu^{3+} 錯体へ進むにつれて安定度定数が大きくなる傾向を示す．

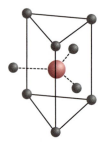

図 20-1　正方逆プリズム構造と三面冠三角柱構造

20-2-2　代表的な配位化合物

(1) アクア錯体

$[Ln(H_2O)_n]^{3+}$ では，ランタノイドの前半（La～Eu）は配位数 $n=9$，後半（Dy～Lu）は配位数 $n=8$ であり，中間の Gd と Tb は 8 配位と 9 配位の混合物になる．また，8 配位の錯体は正方逆プリズム構造であり，9 配位の錯体は三面冠三角柱構造である（図 20-1）．

(2) β-ジケトナト錯体

アセチルアセトナト（$Ln(acac)_3$）錯体は，希土類の塩とアセチルアセト

> **コラム**　**NMR シフト試薬**
>
> ランタノイドの β-ジケトナト錯体は常磁性であり，反磁性の錯体と比較して幅広い化学シフトを示す．このような常磁性の錯体とルイス塩基性分子が付加体を形成した場合，その付加した分子のプロトンの NMR シグナルは，中心金属に近いものから順により大きくシフトする．これによってシグナルどうしは分離され，重なりを取り除くことができる．
>
> ここで使用する常磁性の錯体を NMR シフト試薬といい，溶解性に優れた $Eu(dpm)_3$ などがよく用いられてきた．現在は，高磁場の NMR 分光器の普及により，この手法はあまり用いられなくなったが，カンファーなどのキラルな部位をもつ錯体が光学純度を知るためにキラルなシフト試薬として利用されている．
>
> 図　$Eu(dpm)_3$ とキラルな NMR シフト試薬の構造

ンに水酸化ナトリウムを加えることで得られる．

$$LnX_3 + 3Na(acac) \rightarrow Ln(acac)_3 + 3NaX$$

Y および La～Ho では[$Ln(acac)_3(H_2O)_2$]として，Yb では[$Ln(acac)_3(H_2O)$]として結晶化する．アセチルアセトンのメチル基を tert-ブチル基に置き換えたジケトナト錯体の固体は，La～Dy では配位数 7 の二量体であり，Dy～Lu では配位数 6 の三角柱型構造である．

(3) EDTA 錯体

希土類イオンの EDTA 錯体は 6 配位の EDTA とさらに水が配位することで，ランタノイドの前半(La, Pr, Sm, Gd, Tb, Dy)のイオンは[$Ln(edta)(H_2O)_3$]$^-$ を，後半(Er, Yb)は[$Ln(edta)(H_2O)_2$]$^-$ を形成する．Ho の場合には対イオンによって配位数が変化し，K[$Ho(edta)(H_2O)_3$]と Cs[$Ho(edta)(H_2O)_2$]が得られる．

例題 20-2 ランタノイドは +3 の状態が安定であるが，その中でも Eu^{2+} は強力な還元剤として，また Ce^{4+} は強力な酸化剤として知られている．この特別な性質と電子構造の関係を示せ．

$$Eu^{3+} + e^- \rightleftarrows Eu^{2+} \quad E° = -0.35 \text{ V}$$
$$Ce^{4+} + e^- \rightleftarrows Ce^{3+} \quad E° = +1.72 \text{ V}$$

解答例 Eu^{2+} は[Xe]$4f^7$ の 4f 軌道が半分詰まった半充填の電子配置，Ce^{4+} は[Xe]の閉殻([Xe]はキセノンの電子配置)で，それぞれの状態を特別に安定化するため，自身は酸化されて Eu^{3+} となる還元剤，および自身は還元されて Ce^{3+} となる酸化剤として使用することができる．

20-2-3 電子スペクトルと発光スペクトル

f 軌道間の遷移（f–f 遷移）[*3] が可視光線を吸収するため，ランタノイドイオン(Ln^{3+})には色のついたものが多い．しかし，La^{3+} と Lu^{3+} はそれぞれ f^0 と f^{14} の電子配置であるため f–f 遷移による電子スペクトルは観測されず，また f^1 の Ce^{3+} と f^{13} の Yb^{3+} も電子遷移の選択則から電子遷移が許されない（禁制遷移）ために電子スペクトルは観測されない．さらに，f 電子は配位子との相互作用がほとんどないため f–f 遷移も配位子による影響をほとんど受けない．したがって，たとえスペクトルが観測されても，そこから構造を推定することは難しい．

Ln^{3+} イオンの中でも，Eu^{3+} と Tb^{3+} はそれぞれ赤色と緑色の強い光を発する．その他の Ln^{3+} イオンでも，β-ジケトナトやフェナントロリンな

[*3] 18-2-3 項で説明した d–d 遷移と異なり，f 軌道が原子の内部に深く入り込んでいることから，f–f 遷移は配位子の影響をほとんど受けない．

どを配位させることで強く発光することが知られている．これらの発光は，まず配位子が紫外光を吸収することで配位子の電子が励起され，それが Ln^{3+} イオンの励起状態に渡され，そこから基底状態へと戻ることによる．こうした光を吸収する配位子の働きをアンテナ効果と呼ぶ．蛍光性の有機化合物と比較してランタノイド錯体の発光には，濃度の影響をあまり受けない（濃度消光が起こりにくい），酸素分子による消光が見られないなどの優れた特性がある．

20-3 希土類の応用

キーワード 発光材料（luminescent material），永久磁石（permanent magnet），水素吸蔵合金（hydrogen storage alloy），センサー（sensor）

　希土類金属を材料として利用するためには精錬技術が不可欠であった．その技術開発の契機となったのがアメリカの原子爆弾開発のためのマンハッタン計画である．この計画を進めるためにはウランの製錬技術が必要であったが，貴重なウランの代わりに化学的性質が似ている希土類が実験に用いられた．これが希土類を用いた工業製品の開発に結びつき，磁石や発光材料が生み出された．

20-3-1 発光材料

　これまで希土類元素の活躍の場であったカラーテレビのブラウン管や蛍光灯は液晶やLEDなどに取って代わられ出番がなくなったような印象を受ける．しかし，それでも液晶のバックライトやLEDの白色化などに利用されており，また希土類を使った蛍光灯も根強い人気がある．希土類イオンの蛍光は 4f 軌道内の 4f–4f 遷移に起因し，エネルギーを熱として失う割合が小さいことが効率のよさを生み出している．特に実用的に重要なイオンは Eu^{3+}（赤色発光）と Tb^{3+}（緑色発光）である．

　また，希土類の電子材料として開発された YAG（イットリウム－アルミニウム－ガーネット，$Y_3Al_5O_{12}$）に Nd^{3+} イオンを添加したものがレーザーとして用いられている．

20-3-2 永久磁石

　強磁性（14-3-2 項参照）の固体を磁場中に置き，磁気モーメントの向きを一方向に揃えることで永久磁石になる．希土類を用いた永久磁石は第一遷移元素（12-2 節参照）との金属間化合物である．1966 年にサマリウム－コバルト（$SmCo_5$）磁石が報告され，最初に実用化された．その後，Sm_2Co_{17} や $Sm_2Fe_{17}N_3$ が製造され，現在知られている最も強力な永久磁

石がネオジム（$Nd_2Fe_{14}B$）磁石である．これら希土類永久磁石は家電製品などに広く利用されている．

20-3-3　水素吸蔵合金

希土類金属は水素の陰イオン（ヒドリドイオン）と水素化物を形成しやすく，一方，遷移金属は水素をあまり吸収しない．この両者の合金が水素吸蔵能をもち，容易に水素を放出できることもあって優れた水素吸蔵合金になる．

$LaNi_5$ は代表的水素吸蔵合金であり，水素を吸蔵させると $LaNi_5H_6$ の組成をもつ化合物になる．$LaNi_5$ の最も重要な用途は二次電池であるニッケル水素電池の負極である．なお，ニッケル水素電池はハイブリット車にも搭載されている（15-2-2 項参照）．

20-3-4　希土類錯体のセンサー機能

特定のイオンや分子などに敏感に反応して発光強度が変化する希土類錯体はセンサーとして活用できる．さらに，その現象を利用して物質の濃度を決めることができれば，環境科学などにも応用できる．

トリス(2-ピリジルメチル)アミン類を配位子とする Eu^{3+} および Tb^{3+} 錯体は，塩化物イオンや硝酸イオンと反応することで発光強度が著しく増大する．これは，それら陰イオンによって配位している溶媒分子が置換され，溶媒による消光作用が除去されることによると考えられている．他の陰イオンの場合と比較して，特に大きく変化するためセンサーとして利用できる．

N-メチルフェナントリジン基をもつテトラアザシクロドデカン誘導体（図 20-2）の Tb^{3+} 錯体の発光強度は，pH 1〜10 の範囲で，pH に関係なく溶存酸素濃度に依存して変化する．この酸素センサーとしての働きは，溶存酸素の除去が錯体の寿命と発光強度を増加させることによる．

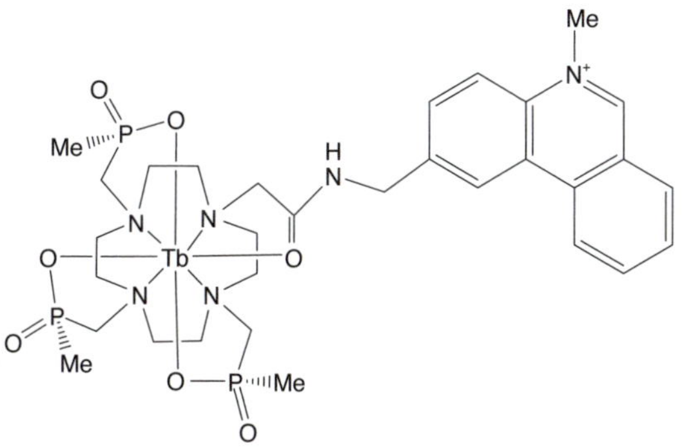

図 20-2　N-メチルフェナントリジン基をもつテルビウム錯体の構造

章末問題

1. 周期表を左から右に進むとランタノイド元素の原子半径はどう変化するか，そうなる理由とともに答えよ．

2. ランタノイドは通常 +3 価の酸化状態が安定であり，それ以外の酸化数のイオンはあまり知られていない．しかし，Ce と Eu はそれぞれ +4 と +2 の酸化数も安定に存在する．この理由を各イオンの電子構造を考えることで説明せよ．

3. Eu と Yb の沸点は他の希土類元素の沸点と比較してかなり低い．その理由を述べよ．

4. 3d 軌道に d 電子を一つもつ Ti^{3+} の水溶液が有色（紫色）であるのに対して，4f 軌道に f 電子を 1 つもつ Ce^{3+} の水溶液が無色であるのはなぜか．

5. 希土類が材料として応用されている例をあげよ．

21章 有機金属錯体

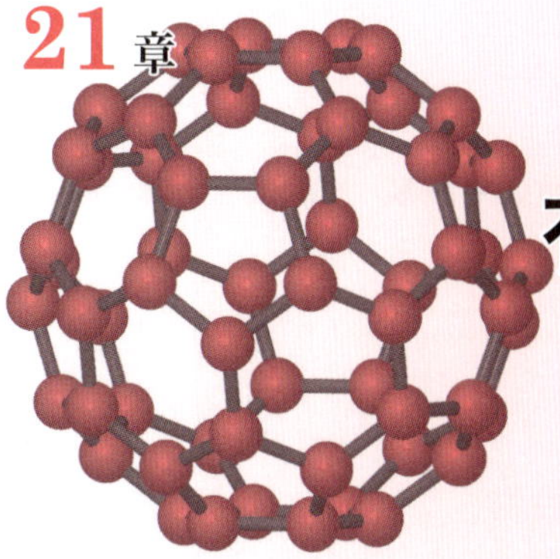

この章で学ぶこと

有機金属錯体は金属－炭素（M-C）結合を一つ以上もつ化合物である．M-C 結合の M をアルキル基などに置き換えると有機化合物となり，C をルイス塩基（配位子）に置き換えると配位化合物になる．このように，まさに有機金属錯体は有機化合物と無機化合物の間に位置する化合物群である．有機金属錯体は，第 18 章で取り扱った金属錯体（配位化合物）と似ているところと似ていないところがある．したがって有機金属錯体を理解するためには，結合に対する新たな考え方やその多様な反応性を理解する必要がある．ここでは 18 電子則や π 逆供与など，有機金属錯体に特徴的な結合の考え方や基本的な有機金属錯体の反応，そしていくつかの反応を組み合わせることでもたらされる触媒作用について述べる．

- 典型元素を中心金属とする有機金属化合物について学ぶ
- 18 電子則および代表的な有機金属錯体について習得する
- 有機金属錯体の基本的な反応を習得する
- 有機金属錯体を用いた触媒反応の反応機構を理解する

21-1 典型元素の有機金属化合物

キーワード 有機金属化合物（organometallic compound），金属交換反応（transmetalation），グリニャール試薬（Grignard reagent）

21-1-1 第 1 族元素の有機金属化合物

アルキルナトリウムとアルキルカリウムはジアルキル水銀を用いた金属交換反応（トランスメタル化反応）によって合成される．

$HgMe_2 + 2Na \rightarrow 2NaMe + Hg$

有機リチウム化合物は第 1 族元素の有機金属化合物の中で最も重要な化合物であり，有機ハロゲン化物 RX と Li との反応，または n–ブチルリチウムを用いたメタル化反応により合成される．

one point
有機金属作体では，特に電荷が中性の場合は錯体を示す [ ] を使わずに書くことが多く，本書でもそれに従う．

nBuCl + 2Li → nBuLi + LiCl

nBuLi + C$_6$H$_6$ → C$_6$H$_5$Li + nBuH

有機リチウム化合物は合成試薬として重要である．次式はその例である．

BCl$_3$ + 3RLi → 3LiCl + R$_3$B

SnCl$_4$ + RLi → LiCl + RSnCl$_3$

21-1-2　第2族元素の有機金属化合物

アルキルおよびアリールベリリウム化合物[*1]はジアルキル水銀や有機リチウム化合物を用いて合成される．

*1　芳香族炭化水素の一般名はアレーン (arene) であり，一価の芳香族炭化水素の一般名がアリール (aryl) である．

HgMe$_2$ + Be → Me$_2$Be + Hg

2PhLi + BeCl$_2$ → Ph$_2$Be + 2LiCl

ハロゲン化アルキルマグネシウムあるいはハロゲン化アリールマグネシウムはグリニャール試薬としてよく知られており，化学式RMgXで表される[*2]．グリニャール試薬は無水エーテル中で，少量のヨウ素により活性化した金属マグネシウムとハロゲン化アルキルを直接反応させて調製する．

*2　グリニャール試薬はRMgXと表されるが，嵩高いアルキル基の場合には二配位構造 (R$_2$Mg) となり，また溶液中では濃度，温度，溶媒に依存する平衡反応により多くの化学種が存在するなど，その構造は単純ではない．

Mg + RX → RMgX

グリニャール試薬は有機リチウム化合物と同様に合成試薬として重要である．

ROH + CH$_3$MgBr → RCH$_3$ + Mg(OH)Br

RR'HCOH + CH$_3$MgBr → RR'HC–CH$_3$ + Mg(OH)Br

21-1-3　第13族元素の有機金属化合物

有機ホウ素化合物はグリニャール試薬を用いた反応などから合成される．

Et$_2$O・BF$_3$ + 3RMgX → R$_3$B + 3MgXF + Et$_2$O

アルキルアルミニウム化合物は金属交換反応やグリニャール試薬から合成できる．また，トリメチルアルミニウム以外のトリアルキルアルミニウムは，金属アルミニウムと水素とオレフィンから工業的規模で合成されている．

2Al + 3R$_2$Hg → 2R$_3$Al + 3Hg

AlCl$_3$ + 3RMgCl → R$_3$Al + 3MgCl$_2$

2Al + 3H$_2$ + 6R$_2$C=CH$_2$ → 2(R$_2$CHCH$_2$)$_3$Al

● Biography

▶ F. A. V. Grignard

1871〜1935，フランスの化学者．本文で紹介したグリニャール試薬は有機合成化学の発展に大きな役割を果たした．第一次世界大戦に従軍し，毒ガスの研究に携わった．1912年ノーベル化学賞受賞．

21-1-4 第14族元素の有機金属化合物

本節で示す化合物にはケイ素など14族の非金属元素の化合物も含まれるが，取扱上の類似性などから有機金属化合物とみなされることが多く，ここで説明する．第14族元素を含む大部分の有機金属化合物は，安定な4価の化合物として知られている．また金属−炭素結合の解離エネルギーは，ケイ素から鉛へと元素が大きくなるほど減少しており，反応試薬に対する安定性も減少する．

有機ケイ素化合物は四塩化ケイ素とアルキルリチウムやグリニャール試薬の反応により合成できる．

$SiCl_4 + 4RLi \rightarrow R_4Si + 4LiCl$

$SiCl_4 + RMgX \rightarrow R_nSiCl_{4-n} + MgClX$

また，有機ゲルマニウム化合物も有機ケイ素化合物と同様な方法で合成される．

アルキルスズ化合物は，$SnCl_4$ とグリニャール試薬あるいは他のアルキル金属との反応から合成される．

コラム　超分子化学

1967年，当時デュポン社の研究員であったペダーセンによるクラウンエーテルの発見に始まり，クラムによる分子認識化学，ホスト−ゲスト化学への発展，そしてレーンによる三次元クラウンエーテルであるクリプタンドへの展開を経て，超分子化学は二つ以上の分子が共有結合によらない分子間力によって生じる分子集合体の化学として，「分子の概念を超えた化学」と定義された．

代表的な分子間力としては静電相互作用，水素結合，ファンデルワールス力などがあげられるが，今や配位結合を配位相互作用と拡大解釈することで，配位結合により形成された超分子錯体と呼ばれる化合物も生み出され，二重らせん錯体や大環状錯体など珍しい構造の超分子錯体がすでに得られている．2016年のノーベル化学賞がこの分野の3人の研究者（ソバージュ，ストッダート，フェリンガ）による分子マシンの研究に授与されたことからも，まだまだ今後の研究に期待するところが大きい新しい分野といえる．

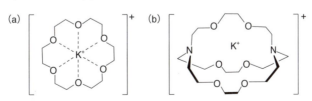

図　超分子化合物
(a) クラウンエーテル，(b) クリプタンド．

$SnCl_4 + 4RMgBr \rightarrow R_4Sn + 4MgBrCl$

$3SnCl_4 + 4R_3Al \rightarrow 3R_4Sn + 4AlCl_3$

アルキル鉛化合物は，グリニャール試薬あるいは有機リチウム化合物から合成される．

$3PbCl_2 + 6RMgBr \rightarrow R_3Pb-PbR_3 + 6MgBrCl + Pb$

$2PbCl_2 + 4RLi \rightarrow R_4Pb + 4LiCl + Pb$

アルキル鉛化合物の一つであるテトラエチル鉛は，かつては自動車燃料のアンチノック剤として広く利用されてきたが，今では環境保全の理由から有鉛燃料の使用は激減している．

21-2 遷移元素の有機金属化合物

キーワード 18電子則（18 electron rule），π逆供与（pi back donation），触媒反応（catalytic reaction）

21-2-1 有機金属錯体と特有な命名法

少なくとも一つの金属-炭素（M-C）結合を含む化合物が有機金属錯体である．しかし，ヘキサシアノ鉄(II)酸イオン（$[Fe(CN)_6]^{4-}$）のようなシアノ錯体は，M-C結合は含むものの，その性質はむしろ配位化合物に近いため，有機金属錯体には分類しない．一方，同じような錯体に，COが金属イオンに炭素原子で結合したカルボニル錯体がある．この錯体の性質は配位化合物とは著しく異なるため，有機金属錯体に分類する．

有機金属錯体の名称は配位化合物の名称と似ているが，シクロペンタジエニル（Cp^-）に代表されるいくつかの配位子は2カ所以上の炭素原子で結合しているとみなされ，ハプト数を用いて表される．ハプト数は中心金属に直接結合している原子数であり，シクロペンタジエニルのように五つの炭素と中心金属が結合している場合には，η^5-シクロペンタジエニル（$[\eta^5$-$C_5H_5]^-$）と表す（21-2-7項参照）．

21-2-2 18電子則

第二周期の元素の化合物はオクテット則によく従うが，遷移元素の有機金属錯体はさらに5個のd軌道分の電子数を足した合計18個の電子を金属周りにもつことが多い．これをオクテット則に対して18電子則と呼び，金属のd電子数と配位子から供与される電子数の合計を価電子総数として，これが18になるとしたものである．

代表的なカルボニル錯体の総価電子数はいずれも18となり，18電子

則にあてはまる（CO は 2 電子供与配位子）．

$Cr(CO)_6$：6 族の Cr の 6 電子 + CO の 2 電子 × 6 個 = 18 電子
$Fe(CO)_5$：8 族の Fe の 8 電子 + CO の 2 電子 × 5 個 = 18 電子
$Ni(CO)_4$：10 族の Ni の 10 電子 + CO の 2 電子 × 4 個 = 18 電子

21-2-3 4 配位平面型錯体

安定な平面型錯体は全部で 16 個の価電子をもつ場合が一般的である．平面型錯体の四つの配位子はそれぞれ 2 個の電子を供与でき，全部の配位子で 8 電子となる．16 個の価電子をもつためには金属イオンも 8 個の電子をもたなければならず，実際，d 軌道に 8 個の電子（d^8）をもつ Pd^{2+} や Pt^{2+} を中心金属とする錯体は，いずれも 4 配位平面型である（第 18 章の章末問題を参照）．

21-2-4 価電子数の計算

0 価の中心金属の価電子数は周期表の族の番号と同じである．たとえば，Fe は 8 であり，Co は 9 であり，Ni は 10 である．また，計算に含まれる配位子の価電子数は供与する電子数に対応している．

価電子数の数え方には 2 通りある．一つは①金属の酸化数を考慮して d 電子数を求める方法であり，もう一つは②金属は 0 価と考えて d 電子数を求め，後で錯体全体の電荷を考慮する方法である．

①の方法

通常の配位化合物と同様に酸化数を考慮する（表 21-1）．中心金属の酸化数は錯体全体の電荷から配位子の全電荷を引いたものになり，提供する電子数はその金属の族番号から酸化数を引いた数になる．配位子は，H，

> **one point**
> **18 電子則が成り立つ要因**
> CO のように優れた π 受容性（金属から電子を受け取り π 軌道を形成する性質）をもち，大きな配位子場分裂（Δ_o）を示す配位子からなる八面体錯体では，18 個を超えた電子は反結合性軌道（下図では σ^* で示される軌道）を占めることになり錯体は不安定化する．18 個より少ない電子数の場合には，電子を獲得することで多くの電子が結合性軌道を占めるほうがエネルギー的に有利である．したがって，このような八面体型の有機金属錯体では，全部で 18 個の価電子をもつときが最も安定になる．これが 18 電子則が成り立つ要因であり，四面体型や三方両錐型の錯体についても同様な理由づけができる．

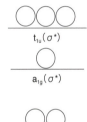

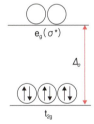

表 21-1 代表的な配位子の価電子数
金属原子周りの価電子数を数える際に，各配位子は以下の価電子数を与える．

配位子	化学式	電子数	配位子	化学式	電子数
ヒドリド	H^-	2	アシル	RCO^-	2
アルキル，アリール	R^-	2	アミド	R_2N^-	2
ハロゲン	Cl^- など	2	ホスフィド	R_2P^-	2
アルコキシ	RO^-	2	η^3-アリル	$CH_2CHCH_2^-$	4
ビニル	CH_2CH^-	2	η^5-シクロペンタジエニル	$C_5H_5^-$	6
カルボニル	CO	2	ホスフィン	PR_3	2
η^2-アルケン	$R_2C=CR_2$	2	η^2-アルキン	RCCR	2
アミン	NR_3	2	エーテル	OR_2	2
カルベン	CR_2	2	カルビン	CR	3
ブタジエン	$CH_2=CH-CH=CH_2$	4	ベンゼン	C_6H_6	6

CH$_3$，Cl などは中心金属から1電子を受け取ると考え，酸化数−1（H$^-$，CH$_3^-$，Cl$^-$）の2電子供与配位子とし，また，CO や PR$_3$ などの中性配位子は酸化数0の2電子供与配位子とする．

②の方法

中心金属と配位子は中性であるとする．したがって中心金属の提供する電子数はその金属の族番号と同数になる．錯体が電荷をもつ場合，負電荷の場合にはその電荷数を加え，正電荷の場合にはその電荷数を差し引く．また，配位子は H，CH$_3$，Cl なども中性と考えて1電子供与配位子とする．そのため①の場合との違いは1電子供与配位子，η^3-アリルおよび η^5-シクロペンタジエニルなどに見られる．②の方法で計算する場合の配位子の価電子数を表 21-2 にまとめた．

金属の酸化数が一義的に決まれば①の方法がわかりやすいが，中心金属の電荷を過剰に見積もってしまう可能性がある．一方，②の方法は逆に中心金属の電荷を低く見積もりすぎる可能性があり，また，配位子の酸化数の情報を全く無視することになる．したがって，通常の配位化合物と関連づけて考察するときなどには①の方法がわかりやすく，中心金属の酸化数が明確でない場合などは酸化数を考慮せずに電子数を算出する②の方法がむしろ簡便といえる．

表 21-2 ②の方法における配位子の価電子数

配位子	化学式	電子数	配位子	化学式	電子数
ヒドリド	H	1	アシル	RCO	1
アルキル，アリール	R	1	アミド	R$_2$N	1
ハロゲン	Cl など	1	ホスフィド	R$_2$P	1
アルコキシ	RO	1	η^3-アリル	CH$_2$CHCH$_2$	3
ビニル	CH$_2$CH	1	η^5-シクロペンタジエニル	C$_5$H$_5$	5

例題 21-1 4配位平面型錯体の [Pd(Cl)(CH$_3$)(PPh$_3$)$_2$] の総価電子数を①の方法と②の方法で求めよ．

解答例 ①の方法では，Cl と CH$_3$ は酸化数−1の2電子供与配位子である（表 21-1）．また PPh$_3$ も2電子供与配位子であり，それが二つあるので4電子を供与することになる．また，錯体は全体として中性であるので 10 族の Pd は Cl$^-$ と CH$_3^-$ の−2 価の電荷を補償するために +2 価でなければならず，10 − 2 = 8 電子を提供することになる．したがって，合計は 8(Pd) + 2(Cl) + 2(Me) + 2(PPh$_3$) × 2 = 16 電子になる．

②の方法では，Cl と CH$_3$ はともに1電子供与配位子である（表 21-2）．

また，PPh₃ は2電子供与配位子であり，それが二つあるので4電子を供与することになる．また，Pd は10族の元素であるから10電子を提供することになる．中性の錯体であるため錯体全体の電荷を考慮する必要がない．したがって，合計は 10(Pd) + 1(Cl) + 1(Me) + 2(PPh₃) × 2 = 16 電子になる．

有機金属錯体では，中心金属の酸化数を決めることが難しい場合が多く，その場合には形式酸化数で議論される（図 21-1）[*3]．中心金属の周りのすべての配位子の配位原子が閉殻構造を保つように金属と配位子間にある電子を配分し，最後に金属に残った電荷を形式酸化数とする．したがって，[Pb(Me)₂(PPh₃)₂] の Me は酸化数 –1 の配位子として中心金属の酸化数を 1 増加させるが，PPh₃ は中心金属の酸化数に変化を与えない．

[*3] 形式酸化数（formal oxidation number）は 4-1-2 項で定義した酸化数（oxidation number）とは異なり，主に有機金属錯体の中心金属の酸化数を議論する場合に用いられる．

21-2-5 カルボニル錯体

一酸化炭素 CO を配位子とする錯体をカルボニル錯体という（図 21-2）．CO は弱い σ 電子供与体であり，優れた π 電子受容体でもある．その結果，M–CO 結合は CO から金属原子への σ 結合と金属原子から CO への π 結合からなる．この π 結合を π 逆供与と呼ぶ．

このような結合様式から，金属原子から CO への π 逆供与によって M–C 結合が強くなるほど，その電子密度は C≡O の反結合性軌道に入るため C≡O 結合は弱くなる．これは赤外分光法に反映され，CO の伸縮振動の振動数を観測することで，π 電子をどのぐらい受容しているかがわかる（表 21-3）．

また，逆に①錯体全体の電荷，②中心金属の d 電子数，③他の配位子の電子供与性の順に考察することで，CO の伸縮振動の振動数を予想することができる．①錯体全体の負電荷が大きいほど中心金属の電子密度は大きくな

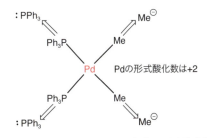

図 21-1 [Pd(Me)₂(PPh₃)₂] の形式酸化数
Me を取り去る場合には Pd–Me 間の2電子を配位原子 C に配分することで C は閉殻構造になる．

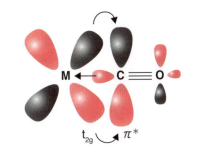

図 21-2 M–CO 結合の軌道相互作用
CO から金属への σ 供与と金属から CO への π 逆供与．

表 21-3 四面体型 d^{10} 錯体と八面体型 d^6 錯体の赤外スペクトルにおける CO 伸縮振動（ν_{CO}）
低波数の CO 振動数ほど逆供与が強く，C≡O 結合が弱くなっていることを示す．

四面体型錯体	Ni(CO)₄	[Co(CO)₄]⁻	[Fe(CO)₄]²⁻
ν_{CO} [cm⁻¹]	2060	1890	1790

八面体型錯体	[Mn(CO)₆]⁺	[Cr(CO)₆]	[V(CO)₆]⁻
ν_{CO} [cm⁻¹]	2090	2000	1860

表 21-4　CO だけを配位子とする第一遷移金属錯体

V	Cr	Mn	Fe	Co	Ni
$V(CO)_6$	$Cr(CO)_6$	$Mn_2(CO)_{10}$	$Fe(CO)_5$	$Co_2(CO)_8$	$Ni(CO)_4$
			$Fe_2(CO)_9$	$Co_4(CO)_{12}$	
			$Fe_3(CO)_{12}$	$Co_6(CO)_{16}$	

り，CO 配位子への π 逆供与も大きくなるため，低波数(低エネルギー)側にシフトする．② d 電子数が多いほど中心金属の電子密度は大きくなり，CO 配位子への π 逆供与も大きくなるため，低波数側にシフトする．③電子供与性の配位子を多くもつ錯体ほど中心金属の電子密度は大きくなり，CO 配位子への π 逆供与も大きくなるため，低波数側にシフトする．

配位子として CO だけを含む第一遷移金属錯体では，$V(CO)_6$ と $Co_6(CO)_{16}$ 以外の錯体は 18 電子則にしたがう．

また，カルボニル錯体は，金属の粉体と CO を直接反応させるか，もしくは金属化合物を CO の存在下で還元することで得られる．$Ni(CO)_4$ は毒性の強い揮発性の液体(沸点 42.2 ℃)でニッケルの精錬過程でも用いられることがある(12-2-8 項参照)．

$Ni + 4CO \rightarrow Ni(CO)_4$

$Fe + 5CO \rightarrow Fe(CO)_5$

$CrCl_3 + 6CO + Al \rightarrow Cr(CO)_6 + AlCl_3$

$Re_2O_7 + 17CO \rightarrow Re_2(CO)_{10} + 7CO_2$

21-2-6　オレフィン錯体

最も古い有機金属化合物はオレフィン錯体である．それは 1827 年にデンマークの薬剤師ツァイゼ (Zeise) によって合成され，白金に一つのエチレンと三つの塩素原子が結合した化合物であり Zeise 塩と呼ばれる．オレフィンは中心金属に対してその側面で結合する(サイドオン η^2 型)．金属－オレフィン間の結合は，C=C の π 結合の電子密度が金属原子の空の軌道に供与されて σ 結合を形成するとともに，金属原子の満たされた d 軌道の電子密度がオレフィンの空の π* 軌道へ逆供与されることにより π 結合を生じることで説明できる(図 21-3)．この結合様式はデュワー・チャット・ダンカンソンモデルと呼ばれる．

21-2-7　シクロペンタジエニル錯体とベンゼン錯体

シクロペンタジエニル ($C_5H_5^-$) はシクロペンタジエン (C_5H_6) の脱プロトンによって得られ，6 個の π 電子が非局在化することで芳香族性をもち，等価な五つの C–C 結合に

Biography

▶ W. C. Zeise
1789～1847，デンマークの化学者．最も古い有機金属化合物 (Zeise 塩) を合成した．

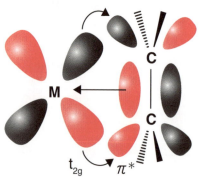

図 21-3　M-オレフィン結合の軌道相互作用
オレフィンから金属への σ 供与と金属からオレフィンへの π 逆供与．

より五員環を形成する．これを配位子とする錯体で最もよく知られているのがフェロセンである（図21-4）．通常，五員環のすべての炭素原子が鉄原子と結合している（η^5-シクロペンタジエニル）と考えられ，対称性の高いサンドイッチ構造を形成する．シクロペンタジエニル配位子と同様に6個のπ電子をもつベンゼンも同じくサンドイッチ構造の錯体を形成する．ビス（ベンゼン）クロム錯体（$[Cr(C_6H_6)_2]$）はその代表例である．これら錯体の結合は金属のd軌道と配位子の軌道間の相互作用によるものと理解されている．

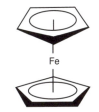

図21-4 鉄のシクロペンタジエニル錯体であるフェロセン

21-2-8 ホスフィン錯体

ホスフィンはリン元素で金属に結合するため，有機金属錯体ではないが，数多くの有機金属錯体がホスフィンを含んでおり，また一酸化炭素との類似点も多いことから，ホスフィン錯体は有機金属錯体として扱われることが多い．代表的なホスフィンには，トリアルキルホスフィン（PMe_3，PEt_3など）やトリアリールホスフィン（PPh_3など）があり，通常は末端で配位する．ホスフィンはリン原子に孤立電子対をもち，σ供与配位子であるとともに，空の軌道ももつことからπ受容配位子でもある．ホスフィン（PR_3）の塩基性は，基本的にはその置換基（R）の電子供与性が大きいほど大きくなる．

R = t-Bu > n-Bu > Et > Me > Ph > H > OPh > Cl

一方，π受容性の大きさは真逆の順番となり，σ供与性とは逆の相関がある．

ホスフィンが金属に配位することによる立体的影響はトールマンの円錐角（θ）を用いることで定量的に扱える（図21-5）．ホスフィンをうまく使い分けることで，錯体の立体的性質や反応性を制御できる．

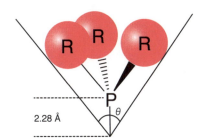

配位子	円錐角[°]
PMe_3	118
PEt_3	132
$PMePh_2$	136
PPh_3	145
P^iPr_3	160
P^tBu_3	182
$P(2,4,6-Me_3C_6H_2)_3$	212

図21-5 トールマンの円錐角およびホスフィン配位子の円錐角

21-2-9 カルベン錯体

カルベンCH_2は炭素原子の周りに電子を6個しかもたないためにかなり反応性が高いが，遷移金属と結合することで安定化する．遷移金属と炭

素間に二重結合をもつ化合物をカルベン錯体という．カルベン錯体は以下の三つに大別される．カルベン錯体は近年，触媒や機能材料の分野で活用されている．

(1) フィッシャー型カルベン錯体

*4 炭素と水素以外の原子の総称．

カルベン炭素上にヘテロ原子[*4]を含み，比較的容易に合成でき，安定なものが多い（図 21-6）．ヘテロ原子からカルベン炭素への π 電子の供与が安定化に寄与している．また，カルベン炭素は求電子性を示す．

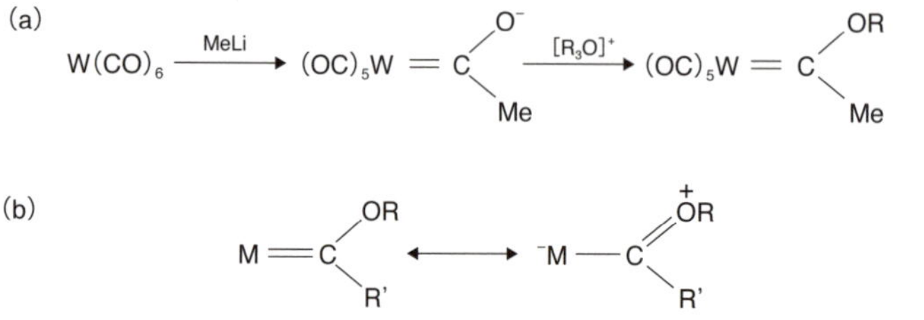

図 21-6　フィッシャー型カルベン錯体の (a) 合成例と (b) 極限構造式
R は Me, Et など．

(2) シュロック型カルベン錯体

カルベン炭素上にヘテロ原子を含まず，非常に不安定．また，カルベン炭素は求核性を示す（図 21-7）．

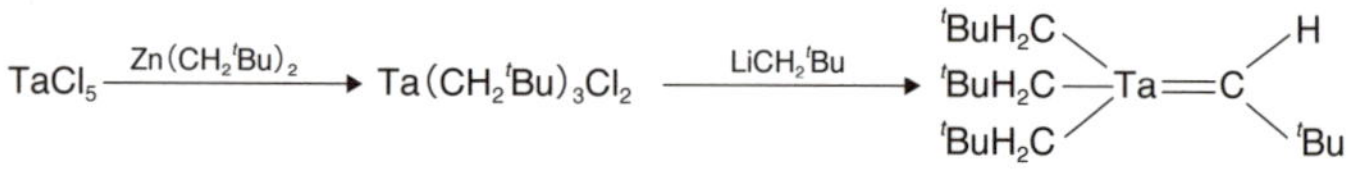

図 21-7　シュロック型カルベン錯体の合成例

(3) N–ヘテロ環状カルベン

グラブスの第二世代触媒と呼ばれるものに代表されるように N–ヘテロ環状カルベンは重要な配位子である（図 21-8）．金属原子と N–ヘテロ環状

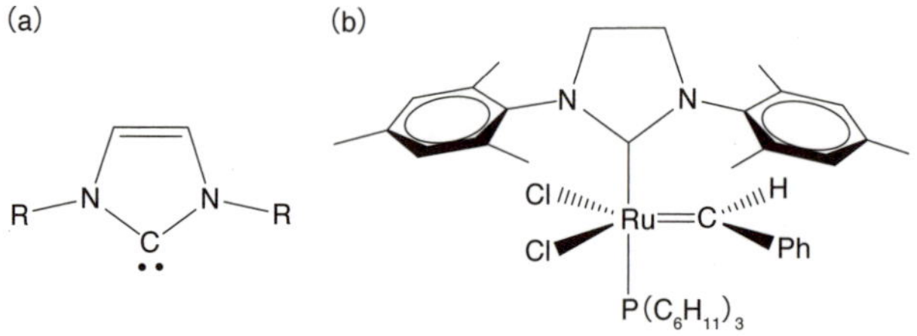

図21-8　(a) N–ヘテロ環状カルベンと (b) グラブス第二世代触媒

カルベンの M–C 結合距離は，一般的にフィッシャー型およびシュロック型カルベン錯体の場合と比較して長い．

21-2-10 希土類元素の有機金属錯体

ランタノイドの有機金属錯体は，ランタノイドイオン(Ln^{3+})が逆供与で結合できる軌道（4f 軌道は内殻にある）をもたないため，優れた電子供与配位子をもつ錯体がほとんどである．Ln^{3+} と配位子の結合は主にイオン性であり，静電的であるため，18 電子則は意味をもたない．また，すべての錯体は強いルイス酸であり，水や空気に対して敏感である．

(1) アルキル錯体

ランタノイドのアルキル錯体 $[LnMe_6]^{3-}$ は八面体型であり，Eu を除くすべてのランタノイドについて得られている．この反応においては，DME[*5] などの配位性溶媒が Li^+ を溶媒和することで安定化する必要がある．

[*5] DME は 1,2-ジメトキシエタンのこと．

$$LnCl_3 + 6MeLi + 3DME \rightarrow [Li(DME)]_3[LnMe_6] + 3LiCl$$

嵩高い tert-ブチル配位子(^tBu)をもつ四面体型錯体も多数合成されている．

$$LnCl_3 + 4^tBuLi + 4THF \rightarrow [Li(THF)_4][Ln(^tBu)_4] + 3LiCl$$

(2) シクロペンタジエニル錯体

数多くのシクロペンタジエニル配位子をもつランタノイド化合物が知られている．d ブロックの遷移金属錯体では，最大二つの η^5-Cp (η^5-シクロペンタジエニル) 配位子が配位可能であったが，f ブロックのランタノイドには三つまで η^5-Cp が配位することができる．

$$LnCl_3 + 3NaCp \rightarrow LnCp_3 + 3NaCl$$

固体の $LnCp_3$ の構造は Ln によって異なり，完全な単量体は Yb の場合だけであり，ほとんど大きさの変わらない Tm や Er でさえ，弱いファンデルワールス力によって単量体間で会合している．また，La, Pr, Lu はポリマー構造を形成する．$LnCl_3$ と NaCp の反応比を変えることで，$LnClCp_2$ や $LnCl_2Cp$ も得ることができる（図 21-9）．しかし，それらの構造も Ln によって異なり，溶媒が配位するなど複雑である．

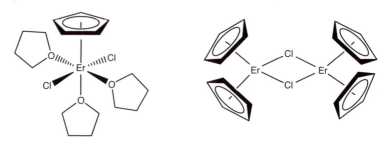

図 21-9　$ErCl_2Cp$ の単量体と $ErClCp_2$ の二量体の構造

21-3　有機金属錯体の基本的な反応

キーワード　酸化的付加反応（oxidative addition reaction），還元的脱離反応(reductive elimination reaction)，挿入反応(insertion reaction)

有機金属錯体では，配位子置換反応，酸化的付加反応，還元的脱離反応，挿入反応，β水素脱離反応など，さまざまな反応が見られる．それらを組み合わせることで触媒として作用する．

21-3-1　配位子置換反応

有機金属錯体における配位子置換反応は，配位結合からなる金属錯体（配位化合物）のそれとよく似ている．しかし，総価電子数が18を超えるような中間体はあまり見られず，一般的に解離機構で進行する．代表的な置換反応として，カルボニル錯体の CO をホスフィンに置換する反応が知られている（図 21-10）．まず CO が解離し，総価電子数 16 の錯体（配位不飽和な錯体）が生じ，新たに2電子供与配位子が結合することで18電子錯体となる．

$$M(CO)_n \xrightarrow{-CO} [M(CO)_{n-1}] \xrightarrow{+L} M(CO)_{n-1}L$$

図21-10　CO配位子の置換反応

21-3-2　酸化的付加反応

この反応では中心金属の配位数が2増加し，それによって形式酸化数も2増加する．したがって，このような付加反応を酸化的付加反応という（図 21-11）．

$$L_nM + A-B \longrightarrow L_nM\begin{smallmatrix}A\\B\end{smallmatrix}$$

図21-11　酸化的付加反応

trans-$IrCl(CO)(PPh_3)_2$ は酸化的付加反応を起こす代表的な有機金属錯体であり，バスカ錯体と呼ばれる．CH_3I との反応では，生成した錯体中において CH_3 と I は互いにトランス位に位置する（図 21-12a）．一方，H_2 との反応では H–H の結合エネルギーが大きい（432 kJ mol^{-1}）ため，H

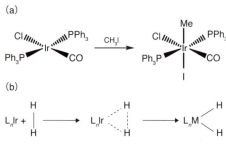

図 21-12 バスカ錯体における酸化的付加反応
(a) CH_3I, (b) H_2 との反応.

−H 結合が切れながら金属−水素結合が生成し，その結果水素原子（ヒドリド配位子）は互いにシス位に位置する（図 21-12b）.

21-3-3 還元的脱離反応

この反応では中心金属の配位数が 2 減少し，それによって形式酸化数も 2 減少する．したがって，このような脱離反応を還元的脱離反応という（図 21-13）.

還元的脱離反応では金属−配位子間の結合が切れながら隣どうしの配位子が結合を生成する（図 21-14）．その結果，互いにシス位の配位子が脱離する．

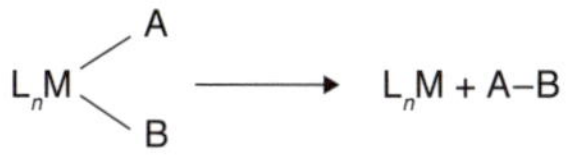

図 21-13 還元的脱離反応

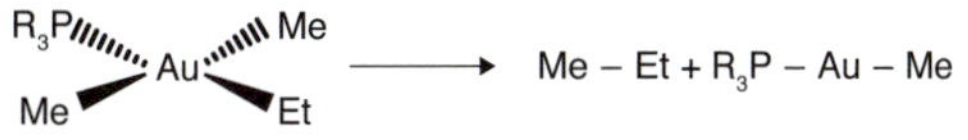

図 21-14 シス位の配位子による還元的脱離反応

21-3-4 挿入反応

挿入反応は，有機金属錯体の金属−炭素結合（M−R）に種々の分子（X）が挿入する反応である（図 21-15）.

図 21-15 挿入反応

(1) CO 挿入反応（アルキル転位反応）

CO 挿入反応の反応機構が同位体を利用した研究で調べられた（図 21-16）. ^{13}CO との反応では ^{13}CO がアシル基（−C(O)Me）部位に入ることはな

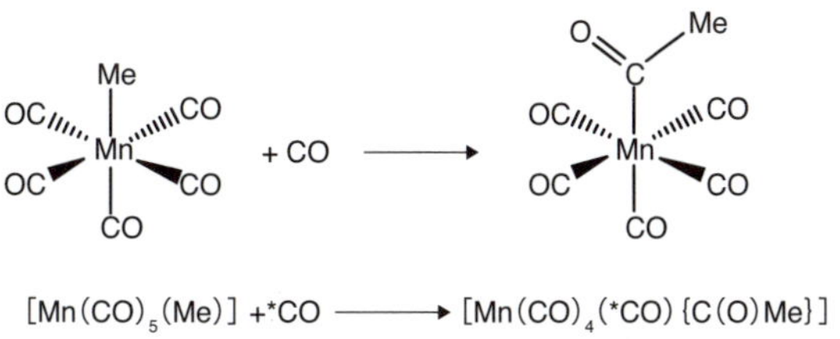

$[Mn(CO)_5(Me)] + {}^*CO \longrightarrow [Mn(CO)_4({}^*CO)\{C(O)Me\}]$

図 21-16 CO 挿入反応

く，もともと中心金属に結合している CO が Mn–Me 結合に挿入したと考えられる．したがって，この反応の場合にはアルキル転位反応と呼ぶほうが正しい．しかし，反応機構を問題にしない場合には CO 挿入反応と呼ばれる場合が多く，また，CO 挿入反応かアルキル転位反応かが明らかになっていない反応もある．

CO が挿入するアルキル基に注目すると，その炭素原子の立体配置は反応後も保持されていることから，アルキル基は完全に解離することなく，金属－アルキル基間の結合が切れながら配位子間結合が生成する反応と考えられる（図 21-17）．また，M–R 結合の切れやすい錯体ほど CO 挿入反応は起こりやすい．

図 21-17　CO 挿入反応におけるアルキル炭素とカルボニル炭素の結合形成

(2) オレフィン挿入反応

オレフィン挿入反応は可逆的であり，逆反応は β 水素脱離反応と呼ばれる（図 21-18）．この反応も金属－水素原子（ヒドリド配位子）間の結合が切れながら配位子間結合が生成する反応であるが，まず，オレフィンが金属原子に π 配位する必要があるため，出発のヒドリド錯体が 18 電子錯体の場合には起こらない（図 21-19）．

図 21-18　オレフィン挿入反応
M–H 結合の間に CH_2CH_2 が挿入される．

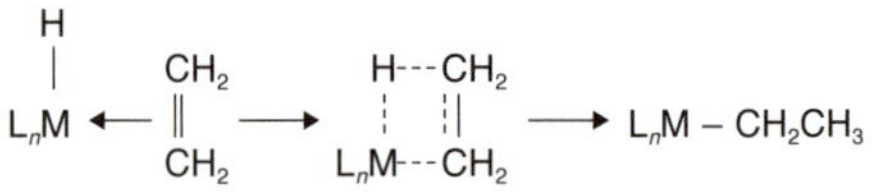

図 21-19　ヒドリド錯体へのオレフィンの挿入反応の反応機構

(3) β 水素脱離反応

β 水素離脱反応はオレフィン挿入反応の逆反応であり，M---H–C の相互作用（---は相互作用を表す）をもつ状態を含むと考えられる（図 21-20）．

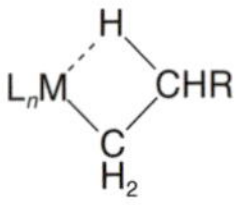

図 21-20　M---H–C 相互作用をもつ中間体

21-4 有機金属錯体による触媒反応

キーワード ウィルキンソン触媒（Wilkinson's catalyst），触媒サイクル（catalytic cycle）

Biography

▶ G. Wilkinson
1921～1996，イギリスの化学者．アメリカのシーボーグの下で原子核の研究に従事した時期もあったが，再び遷移金属錯体の研究に戻り，ウィルキンソン触媒を発明した．1973年ノーベル化学賞受賞．

有機金属錯体を触媒とするたいていの反応は，基本的な数種類の有機金属錯体の反応と配位子への直接的な攻撃を組み合わせることで説明できる．

21-4-1 オレフィンの水素化

工業的水素化触媒の多くは固体触媒であり，有機金属錯体を触媒とした水素化反応の研究が盛んに行われている．それらの研究に大きな影響を与えたのがウィルキンソン触媒である．ウィルキンソン触媒は $RhCl_3$ と PPh_3 から合成される Rh(I) の錯体 $RhCl(PPh_3)_3$ である．触媒サイクルは ① H_2 の酸化的付加，② オレフィンの配位，③ オレフィンの挿入，④ 水素化物の還元的脱離からなる（図 21-21）．

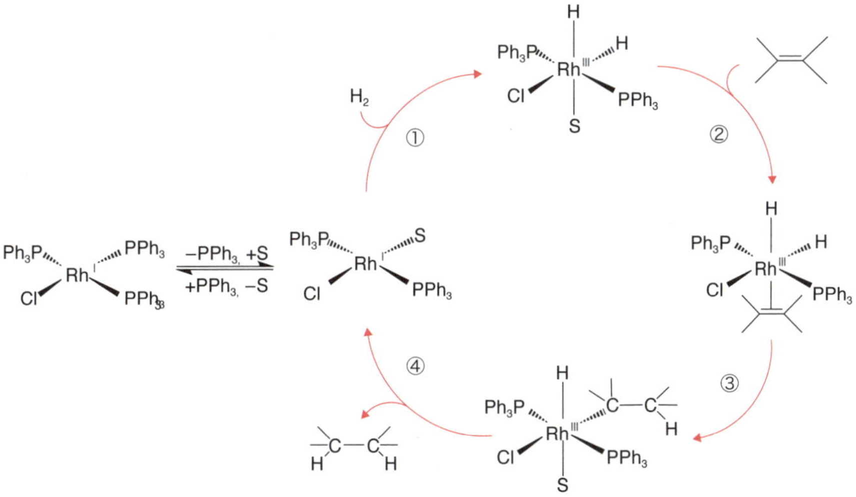

図 21-21 ウィルキンソン触媒によるオレフィンの水素化の触媒サイクル
S は溶媒．① H_2 の酸化的付加，② オレフィンの配位，③ オレフィンの挿入，④ 水素化物の還元的脱離．

21-4-2 オレフィンのヒドロホルミル化

オレフィンと CO および H_2 を触媒存在下で反応させると，アルデヒドが生成する．これは，オレフィンに水素とホルミル基（–CHO）が付加する反応に相当するため，ヒドロホルミル化と呼ばれる（図 21-22）．触媒として $Co_2(CO)_8$ を用いた場合，それから生成する $H-Co(CO)_3$ が活性種と考えられ，触媒サイクルはオレフィンの配位，オレフィンの挿入と CO の配

位，COの挿入，H_2の酸化的付加とアルデヒドの還元的脱離からなる．

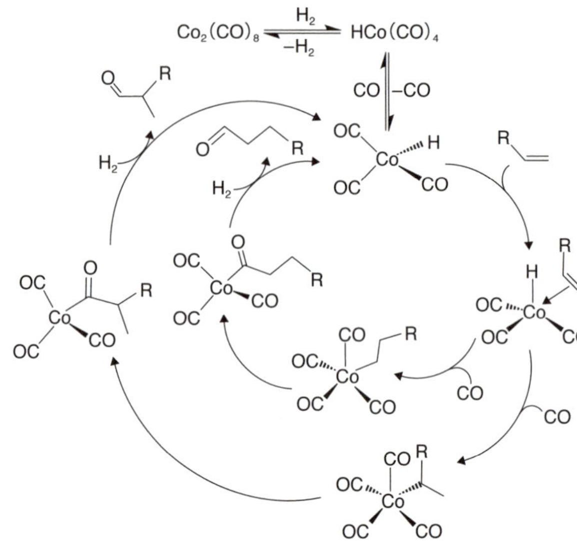

図 21-22 コバルト触媒によるオレフィンのヒドロホルミル化の触媒サイクル
直鎖状および分枝状アルデヒドを生成する．

例題 21-2 一つの金属に結合していたアルキル基あるいはアリール基が別の金属に移動する金属交換反応（トランスメタル化反応）に利用される代表的化合物が有機ホウ素化合物である．鈴木–宮浦反応は，塩基性条件下での有機ホウ素化合物のクロスカップリング反応[6]（下図）であり，さまざまなクロスカップリング反応の中でも特にこの反応が広く利用されている．その理由を考察せよ．

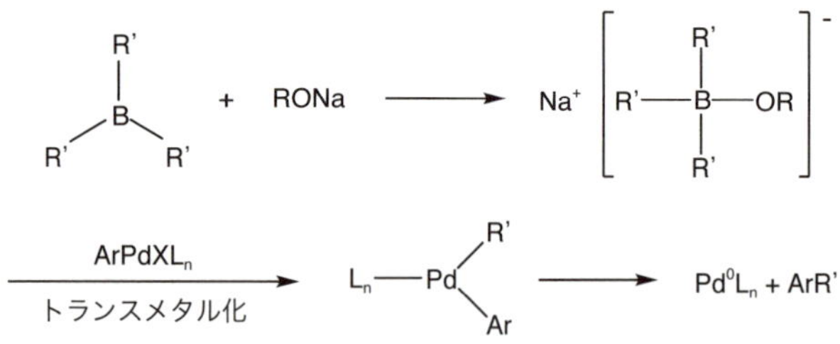

[6] 同じ有機基を連結する反応をホモカップリング反応，異なる有機基を連結する反応をクロスカップリング反応と呼ぶ．

Biography
▶鈴木章
1930年生まれ．北海道大学で博士号を取得後，北海道大学で助教授，教授を歴任．現在は北海道大学特別招聘教授．2010年，パラジウム触媒を用いたクロスカップリング反応における業績により根岸英一，R. F. Heckとともにノーベル化学賞を受賞．

解答例 ①塩基の存在下で生成する第4級ホウ酸塩に結合したアルキル基（R'）は適度に大きな求核性をもち，有機パラジウム錯体（$ArPdXL_n$）にトランスメタル化しやすいため．②種々の有機ホウ素化合物は毒性が低く，簡便に合成できるため，汎用性に優れている．③有機ホウ素化合物のB-C結合は水に対して安定であり，取り扱いやすいため．

21-4-3 不斉触媒反応

1966年のウィルキンソン触媒の報告後,反応させるオレフィンに適当な置換基を導入した場合には不斉炭素をもつ生成物が得られることから,オレフィンの不斉水素化の研究が活発に行われるようになった.そのなかでさまざまなキラルなホスフィン配位子が設計・合成された.野依らによって開発された BINAP もその一つである(図21-23).

▶ 野依良治
1938年生まれ.京都大学で博士号を取得後,名古屋大学で助教授,教授を歴任.現在は理化学研究所理事長,科学技術館館長などを務める.2001年,キラルな触媒を用いる水素化反応における業績により W. S. Knowles, K. B. Sharpless とともにノーベル化学賞を受賞.

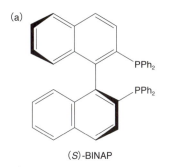

図21-23 BINAP
(a) キラルなホスフィン配位子 (*S*)-BINAP の構造.
(b) BINAP 配位ロジウム錯体を触媒とする不斉水素化反応による (−)-メントール香料の合成.

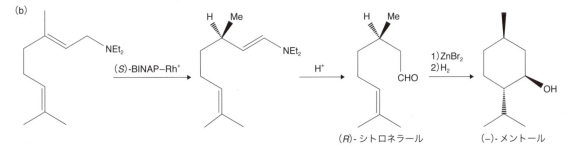

章 末 問 題

1. $[Fe(\eta^5\text{-}C_5H_5)(CO)_2(Me)]$ の総価電子数を求めよ.
2. $[Fe(\eta^5\text{-}C_5H_5)(CO)_2(Me)]$ の中心金属である Fe の形式酸化数を求めよ.
3. $[Mo(CO)_6]$, $[Mo(CO)_4(PPh_3)_2]$, $[Mo(CO)_4(PMe_3)_2]$ の三つの錯体の IR スペクトルにおける CO 伸縮振動を比較すると $[Mo(CO)_6]$, $[Mo(CO)_4(PPh_3)_2]$, $[Mo(CO)_4(PMe_3)_2]$ の順に高波数側(高エネルギー側)に観測される.その理由を述べよ.
4. フィッシャー型カルベン錯体とシュロック型カルベン錯体のカルベン炭素の反応性の違いについて述べよ.
5. *cis*-$[Pd(Me)_2(PR_3)_2]$ の溶液を加熱すると還元的脱離反応によりエタンが得られる.しかし,ホスフィン PR_3 を添加するとエタンの生成が抑制される.その理由を考察せよ.

22章 生物無機化学
自然界や医療と無機化学

この章で学ぶこと

生体必須元素は主要元素と微量元素に分けられる．主要元素には C，H，N，O，Na，K，Mg，Ca，P，S があり，微量元素には B，Si，Se，F と多くの d ブロック元素がある．生物無機化学は，その中でも主として金属イオンに注目し，金属イオンを含む化合物のもつ特性を調べることで，生体内に巧みに組み込まれた金属イオンとその周りの環境がもたらす機能発現の仕組みを解明しようとするものである．また，金属イオンおよびその化合物は，光合成を担う物質に代表されるように自然界とも直接関係しており，さらには医薬品としての開発も進んでいる．本章では，このように有機化学だけでは十分に理解できない自然界に存在する金属イオンの役割を中心に学ぶ．

- 生体内に存在する金属元素の役割を知る
- 鉄を含むタンパク質の具体的な例と役割を習得する
- 銅を含むタンパク質の具体的な例と役割を習得する
- 亜鉛を含む酵素の具体例と役割を習得する
- 自然界の優れた反応システムの仕組みを理解する
- 金属元素を含む医薬品の働きや構造などを知る

22-1 金属の役割

キーワード 金属タンパク質（metalloprotein）

多くの金属は生体内に微量にしか存在しないが，生体に欠かせない重要な役割を担っている（表 22-1）．たとえばナトリウムとカリウムは細胞膜内外の成分として，電荷の中和や膜内外の電位を制御している．マグネシウムはクロロフィルの成分元素であり，酵素の補助因子でもある．また，カルシウムは骨の主成分であるとともに，細胞情報伝達の役割も果たしている．

アミノ酸分子は他のアミノ酸分子と縮合することでペプチドを生じる．このときできるアミド結合をペプチド結合という．多数のアミノ酸分子が縮合（ペプチド結合）して生じたものをポリペプチドと呼び，タンパク質は

one point

Na^+/K^+-ATP アーゼ

Na^+/K^+ ポンプとも呼ばれる Na^+/K^+-ATP アーゼは細胞の内部と外部の Na^+ と K^+ の濃度差を維持する酵素である．ATP の加水分解に伴って細胞内の Na^+ をくみ出し，細胞外の K^+ を取り込む．

表22-1 金属元素の主な役割と主な存在場所

金属	役割	存在場所
Na	電荷の調整	細胞外電解質
Mg	酵素の活性化	クロロフィル
K	電荷の調整	細胞内電解質
Ca	酵素の活性化	骨，歯，生体膜
V	代謝	酵素
Cr	代謝	耐糖因子 (GTF)
Mn	酸化還元反応	酵素
Fe	酸素の運搬，電子伝達，酸化還元反応	ヘモグロビン，フェレドキシン，酵素
Ni	加水分解反応	酵素
Cu	酸素の運搬，電子伝達，酸化還元反応	ヘモシアニン，酵素，ブルー銅
Zn	酸・塩基反応	酵素
Mo	酸化還元反応	酵素

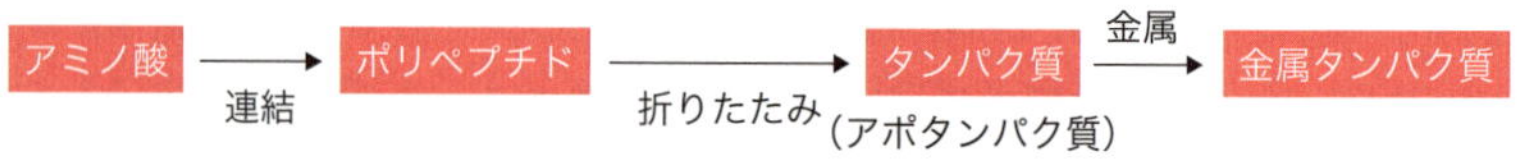

アミノ酸 →連結→ ポリペプチド →折りたたみ→ タンパク質 →金属→ 金属タンパク質
　　　　　　　　　　　　　　　　　　　(アポタンパク質)

図22-1 金属タンパク質の成り立ち

高分子量のポリペプチドである．一つあるいは複数の金属イオンを含むタンパク質を金属タンパク質，そこから金属を除いたタンパク質をアポタンパク質と呼ぶ（図22-1）．金属タンパク質には，金属原子の貯蔵や運搬，電子伝達，酸化還元反応や加水分解反応の触媒などの機能がある．特に触媒として働く金属タンパク質を金属酵素という．

22-2 鉄タンパク質

キーワード ヘムタンパク質 (hemoprotein)，非ヘムタンパク質 (non-hemoprotein)

鉄タンパク質はポルフィリンの鉄錯体であるヘム（図22-2）を含むヘムタンパク質とそれ以外の非ヘムタンパク質に大別され，非ヘムタンパク質のなかにはヘムエリトリンや無機硫黄を含む鉄－硫黄タンパク質がある．また，ヘムタンパク質は機能に基づいて，ヘモグロビンなどの酸素運搬体，シトクロムなどの電子伝達体，ペルオキシダーゼなどの酸化還元酵素の三つに分類できる．

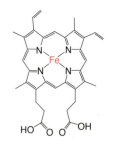

図22-2 ヘムの構造

22-2-1 ヘモグロビンとミオグロビン

脊椎動物では，酸素は血液中をヘモグロビンによって運ばれ，ミオグロビンによって細胞組織中に貯蔵される．ヘモグロビンが一つずつヘムを含む四つのサブユニットをもつ四量体から構成されるのに対して，ミオグロ

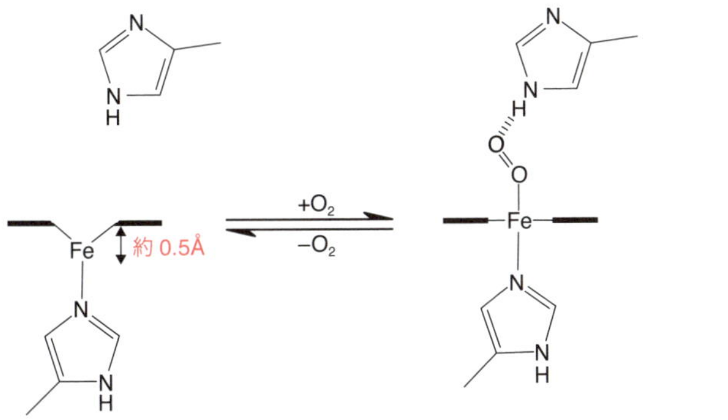

図 22-3 ヘム（環状のヘムを横から見たところ）への酸素の結合

> **one point**
> **タンパク質のサブユニット**
> 多くのタンパク質は，複数個の部品が集まった構造をもっている．そのそれぞれの部品のことをサブユニットと呼ぶ．
>
> **タンパク質のアミノ酸残基**
> タンパク質中の一つのアミノ酸ユニットを残基と呼ぶ．ロイシン，バリン，アラニンなどが疎水性アミノ酸残基を形成する．

ビンは単量体で，ヘモグロビンを 4 分の 1 にしたものとみなせる．また，ヘムが存在する部分は疎水性のアミノ酸残基で囲まれ，中心金属の酸化を防いでいる．

酸素の運搬は，ヘムの中心金属である高スピンの Fe^{2+} に酸素が結合するところから始まり，それに伴い Fe^{2+} は低スピンの Fe^{3+} へと変化する．結合した酸素はさらに別のヒスチジンと水素結合を形成することで安定化される（図 22-3）．酸素が結合していないものをデオキシ体，結合したものをオキシ体と呼ぶ．酸素の分圧が低いとき，ミオグロビンの酸素に対する親和性はヘモグロビンよりかなり大きくなるため，この親和性の違いによりヘモグロビンからミオグロビンに酸素を移すことができる．

例題 22-1 ヘモグロビンとミオグロビンの酸素分圧と酸素化の飽和度の関係は図 22-4（誇張表示のため正確ではない）のようになる．肺での酸素分圧を 13 kPa，毛細血管など末梢組織での分圧を 5 kPa としてヘモグロビンの機能との関係を説明せよ．

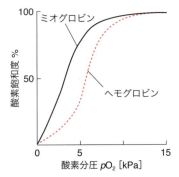

図 22-4 ヘモグロビンとミオグロビンの酸素分圧に対する酸素化の飽和度

解答例 この図は，ヘモグロビンが肺（酸素分圧が高い）ではすみやかに酸素分子と結合し，末梢組織（酸素分圧が低い）では運搬してきた酸素分子を効率よくミオグロビンに移すのに好都合であることを示している．たとえば，5 kPa ではヘモグロビンは 40％しか酸素を保持できないが，ミオグロビンは 90％保持できるのでミオグロビンにその分の酸素を渡す．なお，ミオグロビンが酸素貯蔵の役目を果たすのに好都合であることもこの図からわかる．

22-2-2 シトクロム

電子伝達系の構成成分をなすシトクロムは，Fe^{3+}/Fe^{2+} の反応を利用して電子の受け渡しをする．ヘム平面の上下（アキシャル位）からアミノ酸が配位した 6 配位構造をもち，Fe は酸化数に関係なく，低スピンである．

代表的なシトクロムはミトコンドリア内膜に存在し，そこではシトクロム c からシトクロム c オキシダーゼに電子が伝達される．シトクロム c のアキシャル位にはヒスチジン残基のイミダゾール基窒素とメチオニンの硫黄が結合しており，また，シトクロム c オキシダーゼは呼吸鎖の末端で電子を渡すことにより O_2 を H_2O にまで還元する酵素である．シトクロム類はヘムの種類によって a，b，c，d，o の五つに分類される．

シトクロム P450 は酸素 1 分子と二つの電子，二つのプロトンで炭化水素をヒドロキシル化する酵素である．

$$RCH_2R' + O_2 + 2e^- + 2H^+ \rightarrow RCH(OH)R' + H_2O$$

シトクロム P450 のアキシャル位にはシステイン残基のチオラートが結合し，休止状態では低スピンの Fe^{3+} をもつ．通常のヘムの CO 付加体は 420 nm 付近に吸収ピーク（ソーレー帯）を示すのに対して，シトクロム P450 では 450 nm に吸収帯が観測され，このことが名前の由来になった．この特徴的な吸収帯のシフトはチオラートアニオンに起因する．なお，反応の中間体として高原子価オキソ鉄ポルフィリン（$Fe^{4+}=O$ ポルフィリン，図 22-5）が生成していると考えられている．

図 22-5 オキソ鉄（Fe^{4+}）ポルフィリンの構造

22-2-3 ペルオキシダーゼ

ペルオキシダーゼは過酸化水素による基質（AH_2）の酸化反応の触媒となる酵素である．

$$H_2O_2 + AH_2 \rightarrow A + 2H_2O$$

西洋わさび，大根，酵母，牛乳などに含まれ，ほとんどのペルオキシダーゼはヘムの中心金属の Fe^{3+} にヒスチジン残基のイミダゾール基窒素が

アキシャル位から結合している．過酸化水素との反応では，シトクロムP450の反応中間体と類似の高原子価オキソ鉄ポルフィリン（$Fe^{4+}=O$ ポルフィリン）が生じると考えられている．

22-2-4　ヘムエリトリン

ゴカイやホシムシなどの海産無脊椎動物では，酸素は血液中のヘムエリトリンによって運ばれ，貯蔵される．ヘムエリトリンは八つのサブユニットをもつ八量体から構成され，それぞれ一つの二核鉄部位を含む非ヘム鉄タンパク質である（図 22-6）．

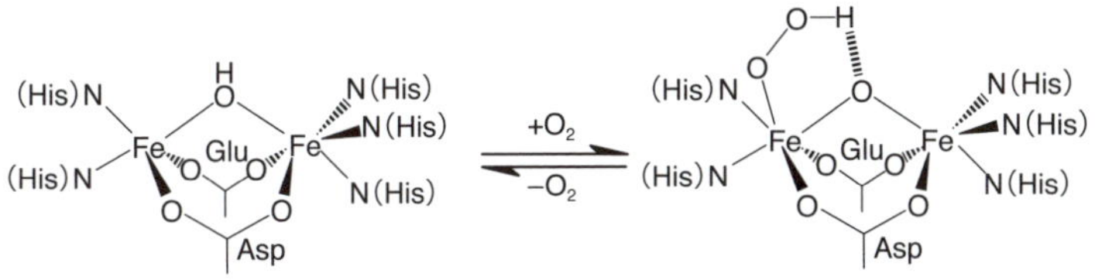

*1　酸素が結合していないデオキシ体の二核鉄部位の2個の鉄は高スピンの Fe^{2+} イオンであり，2個のアミノ酸側鎖のカルボン酸イオンと水酸化物イオンで三重に架橋されている．さらに Fe^{2+} イオンには，それぞれヒスチジン残基のイミダゾールが二つおよび三つ配位しており，そのために2個の鉄は5配位と6配位の非対称な配位環境にある．酸素は5配位の鉄のほうに結合してオキシ体となる．オキシ体では，2個の鉄は Fe^{3+} に酸化される一方で，酸素は2電子還元され，さらに架橋水酸化物イオンのプロトンを受け取り，ペルオキシド（O_2^{2-}）からヒドロペルオキシド（O_2H^-）になる．このヒドロペルオキシドの水素原子は架橋オキソ基と水素結合を形成し安定化する．この水素結合は，酸素分圧の低下に伴う逆反応（酸素の放出）の際にも重要な役割を果たしていると考えられている．

図 22-6　ヘムエリトリンへの酸素の結合*1

22-2-5　鉄ー硫黄タンパク質

電子伝達能をもつ鉄ー硫黄タンパク質の活性中心は，非ヘム鉄，無機硫黄，システイン残基のチオラートで形成された鉄ー硫黄クラスターである．代表的な鉄ー硫黄クラスターとしては，図 22-7 に示すような構造のものが知られている．

one point
タンパク質のクラスター

クラスターという言葉は本来ぶどうなどの房を意味するが，そこから金属間に結合をもつ複数個の金属で構成された錯体を呼ぶようになった．今日では配位子で架橋された錯体もクラスターと呼ばれている．

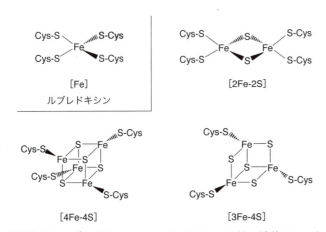

図 22-7　ルブレドキシンとフェレドキシンの鉄ー硫黄ユニット

(1) ルブレドキシン

単核の鉄ー硫黄クラスターを活性中心とするルブレドキシンは細菌に存在する．鉄ー硫黄クラスターの鉄原子はシステイン残基のチオラートの硫

黄原子で囲まれており，4配位四面体構造を形成する．Fe^{3+}/Fe^{2+} 間の酸化還元により1電子を伝達する．

(2) フェレドキシン

二核，三核，あるいは四核の鉄-硫黄クラスターを活性中心とするフェレドキシンは細菌，植物，動物に存在する．いずれも鉄原子が複数あるにもかかわらず，1電子移動過程を仲介する．二核の鉄-硫黄クラスターの各鉄原子の周りは4配位四面体構造であり，鉄原子の酸化状態の組合せは，酸化型が $Fe^{3+}Fe^{3+}$，還元型が $Fe^{2+}Fe^{3+}$ である．三核の鉄-硫黄クラスターでは，3個の鉄原子と4個の無機硫黄原子が一つ頂点のない立方体状構造を形成し，各鉄原子の周りは4配位四面体構造である．鉄原子の酸化状態の組合せは，酸化型が $3Fe^{3+}$，還元型が $Fe^{2+}2Fe^{3+}$ である．四核の鉄-硫黄クラスターでは，4個の鉄原子と4個の無機硫黄原子が立方体を形成し，各鉄原子の周りは4配位四面体構造である．鉄原子の酸化状態の組合せには，還元型の $3Fe^{2+}Fe^{3+}$，酸化型の $2Fe^{2+}2Fe^{3+}$，超酸化型の $Fe^{2+}3Fe^{3+}$ がある[*2]．

*2 超酸化型の $Fe^{2+}3Fe^{3+}$ は高電位鉄-硫黄タンパク質（HiPIP：high potential iron-sulfur-proteins）の酸化型として存在する（HiPIP の酸化型 $[Fe^{2+}3Fe^{3+}]$ ⇌ HiPIP の還元型 $[2Fe^{2+}2Fe^{3+}]$）．なお，フェレドキシンはその酸化還元電位により低電位フェレドキシン（一般的フェレドキシン）と高電位フェレドキシン（HiPIP）に分けられることがある．

22-3 銅タンパク質

キーワード タイプⅠ銅（type I copper），タイプⅡ銅（type II copper），タイプⅢ銅（type III copper）

銅タンパク質には酸素運搬，電子伝達，酸化還元などの機能がある．銅タンパク質は，タンパク質に含まれている銅イオンの分光学的性質に基づいて，タイプⅠ銅（ブルー銅），タイプⅡ銅（非ブルー銅），タイプⅢ銅（EPR非検出銅）の三つに分類される（図22-8）．

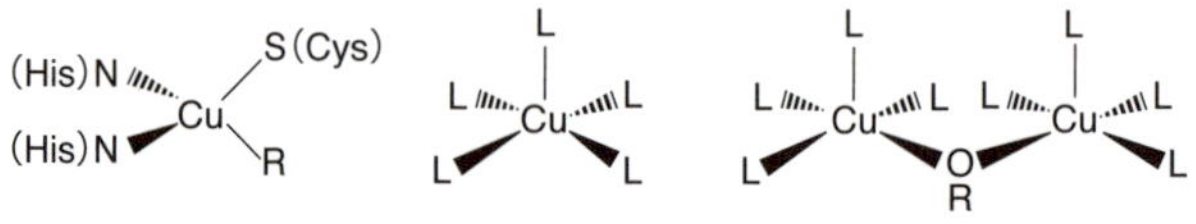

図22-8 三つのタイプの銅タンパク質の構造

22-3-1 タイプⅠ銅を含む銅タンパク質

この銅タンパク質は非常に強い青色を呈することからブルー銅タンパク質とも呼ばれる．その青色は600 nm付近に強い吸収帯として観測され，システイン残基のチオラートから Cu^{2+} へのLMCT（18-2-3項参照）によるものである．

ブルー銅タンパク質には，高等植物や藻類の葉緑体に存在するプラストシアニンやバクテリアの呼吸鎖に含まれるアズリンがあり，電子伝達の役割を果たしている．構造の類似性は高く，タンパク質あたり1個の銅原子を含み，Cu^{2+} が二つのヒスチジン残基のイミダゾール基窒素と一つのシステイン残基のチオラートの硫黄で平面三角形構造を作り，そこに軸方向からメチオニン残基の硫黄原子が弱く結合することで，全体としてひずんだ四面体構造を形成している（図22-9）．これは Cu^{2+} とともに Cu^+ の状態をも取りやすく，電子伝達機能に適した構造といえる．

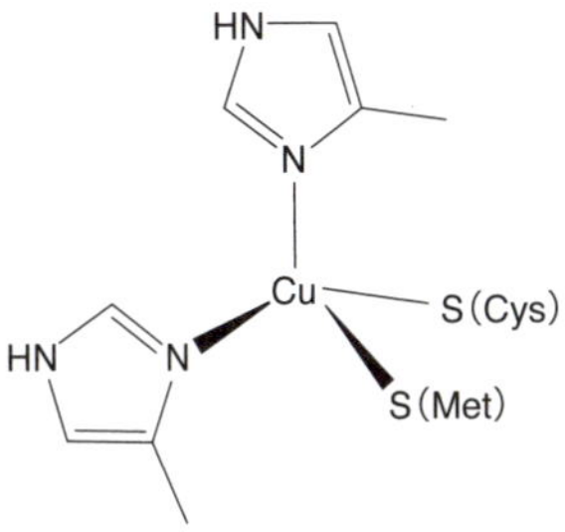

図22-9 プラストシアニンの活性部位の構造

22-3-2 タイプⅡ銅を含む銅タンパク質

この銅タンパク質はあまり目立たない薄い青色から緑色を示し，そのためタイプⅠ銅のブルー銅タンパク質に対して非ブルー銅とも呼ばれる．ブルー銅タンパク質で見られたような強い電荷移動吸収帯は可視部には現れず，d–d 吸収が 500〜800 nm に観測される．

タイプⅡ銅を含む銅タンパク質としては，細菌から高等動物まで広い範囲に存在するスーパーオキシドジスムターゼ（SOD）や哺乳動物の脂肪細胞や軟骨細胞に存在するアミンオキシダーゼなどがある．スーパーオキシドジスムターゼは超酸化物イオン（O_2^-）を過酸化水素と酸素に不均化する酵素であり，そのうちの一つ Cu/Zn–SOD は，二つのサブユニットからなり，各サブユニットにはタイプⅡ銅と亜鉛を1原子ずつ含んでいる．反応には銅が関与し，亜鉛は構造維持に関与していると考えられている．Cu^{2+} には四つのヒスチジン残基のイミダゾール基窒素が結合し，ひずんだ4配位平面構造を形成している．一方，アミンオキシダーゼは銅原子だけを用いてアミンをアルデヒドに酸化する酵素であり，Cu^{2+}/Cu^+ 間を行き来することにより触媒として作用する．

22-3-3 タイプⅢ銅を含む銅タンパク質

タイプⅢ銅では二つの Cu^{2+} が非常に近い位置にあり，銅原子間に反強磁性的相互作用があるために反磁性を示し，EPR（付録参照）は観測されない．そのためタイプⅢ銅は EPR 非検出銅とも呼ばれる．

タイプⅢ銅のみを含むタンパク質としては，ヘモシアニンがある．ヘモシアニンはタコやイカなどの軟体動物やエビやカニなどの節足動物の血リンパに含まれ，酸素を運搬している（図22-10）．

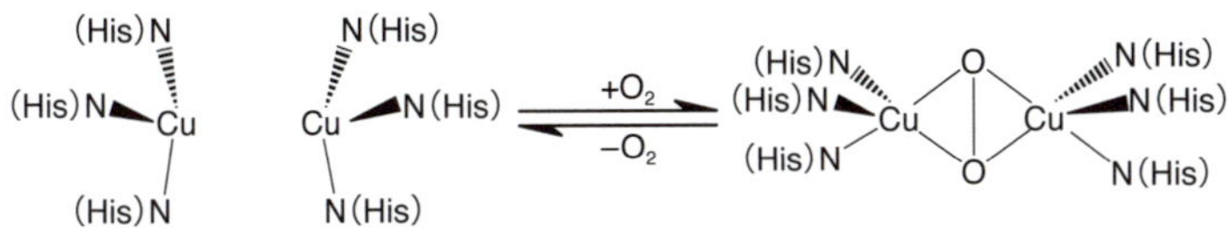

図22-10 ヘモシアニンへの酸素の結合[*3]

[*3] ヘモシアニンのデオキシ体は二つの Cu^+ を含み無色であるが，酸素が結合したオキシ体では Cu^{2+} となり明るい青色になる．デオキシ体の二つの銅原子は離れているため，それらの間に相互作用はなく，各銅原子には三つのヒスチジン残基のイミダゾール基窒素が結合している．酸素は二つの銅原子間を架橋（$\mu\text{-}\eta^2,\eta^2$）し，オキシ体を形成する．結合した酸素はペルオキシド（O_2^{2-}）に還元されており，それに伴い二つの銅原子は Cu^{2+} に酸化されている．

22-3-4 マルチ銅タンパク質

複数の異なるタイプの銅をもつタンパク質をマルチ銅タンパク質と呼ぶ．三つのタイプをすべて含んだ銅タンパク質にはアスコルビン酸酸化酵素，ラッカーゼ，セルロプラスミンなどがあり，二つのタイプを含むものとしては亜硝酸還元酵素などが知られている．このなかでセルロプラスミンは人の血液中にあってCuを運搬する他，血液中のFe^{2+}をFe^{3+}へと酸化する．

22-4 亜鉛タンパク質

キーワード 亜鉛酵素(zinc enzyme)

Zn^{2+}は酸化還元を受けにくく，アミノ酸残基と強く結合し，配位した水などがすみやかに交換できるなど，酸塩基反応の触媒に適した特性をもつ．しかし酸化還元に関与する酵素もある．

22-4-1 亜鉛酵素

多種類ある亜鉛酵素は二つに分類できる．一つはカルボキシペプチダーゼAのように活性中心として機能するものであり，もう一つはCu/Zn-SODに見られるように活性中心は他の金属(Cu)であり，Znはその構造の維持に関与するものである．

(1) カルボキシペプチダーゼA

ポリペプチド鎖のペプチド結合の加水分解を触媒する亜鉛酵素であり，膵臓に存在する．中心金属のZn^{2+}には，2個のヒスチジン残基のイミダゾール基窒素と1個のグルタミン酸残基のカルボキシル基酸素と1個の水が配位し，4配位四面体構造を形成している．嵩高い脂肪族基やフェニル基をもつC末端アミノ酸を選択的に切断(加水分解)する(図22-11)．

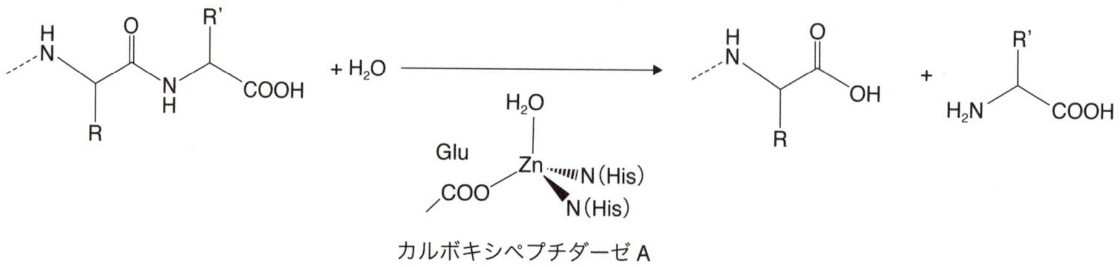

図22-11 カルボキシペプチダーゼAの反応

(2) アルコールデヒドロゲナーゼ

アルコールとアルデヒド間の酸化還元を触媒する酵素であり，ほとんどは肝臓に存在する．アルコールデヒドロゲナーゼにはサブユニットあたり

2個の Zn^{2+} があり，一つが活性中心であり，もう一つは構造維持に関与している（図22-12）．

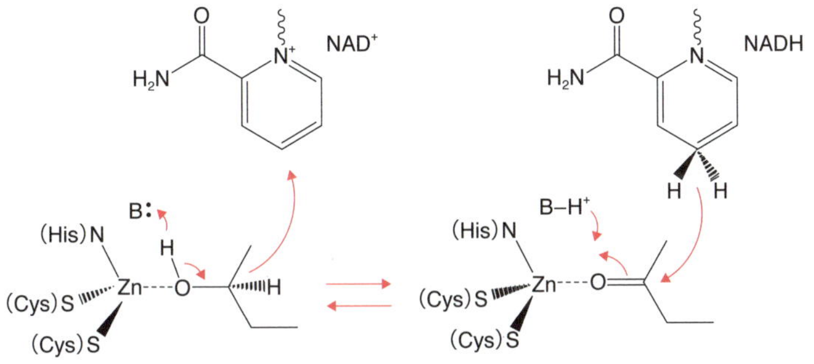

図22-12 アルコールデヒドロゲナーゼの反応[*4]

*4 活性中心の Zn^{2+} には，2個のシステイン残基のチオラートの硫黄，1個のヒスチジン残基のイミダゾール基窒素と1個の水が配位し，4配位四面体構造を形成している．酸化反応は Zn^{2+} に配位している水をアルコールで置換し，アルコールの水素原子が NAD^+ に移動することでアルデヒドが生成することによる．還元反応では，Zn^{2+} がアルデヒドのカルボニル基を分極し，NADHの水素原子による求核的な攻撃によりアルコールが生成する．

例題 22-2 亜硫酸塩を硫酸塩に酸化する亜硫酸オキシダーゼには第5周期の遷移金属であるモリブデンが含まれている．なぜ金属としてモリブデンが含まれているか，その理由を考えよ．

$$SO_3^{2-} + H_2O \rightleftarrows SO_4^{2-} + 2e^- + 2H^+$$

解答例 モリブデンは地殻中に必ずしも豊富にある元素ではないが，周期表中の右側に位置する同一周期の元素よりは多く存在する．Mo^{IV}，Mo^V，Mo^{VI} の三つの安定な酸化状態をとることができる．負電荷をもった酸素原子と比較的親和性が高い．水中で安定に存在できる．これらの理由が考えられる．その結果，Mo^{IV} と Mo^{VI} 間の相互変換を介して水からもたらされた酸素原子を SO_3^{2-} から SO_4^{2-} に転移させることができる（下図）．

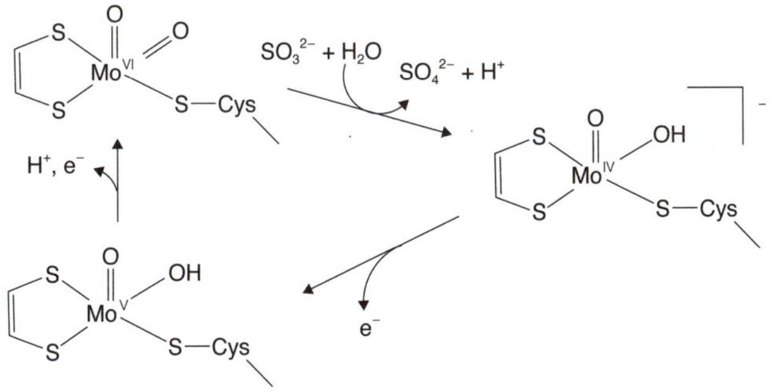

22-5 自然界の反応システム

キーワード 光合成 (photosynthesis), ニトロゲナーゼ (nitrogenase), ヒドロゲナーゼ (hydrogenase)

自然界には人が真似したくてもなかなか真似することができない数多くの反応システムがある．その優れたシステムのいくつかを眺めてみよう．

22-5-1 光合成

「地球史上最も重要な化学反応」ともいわれる光合成は，一般的には太陽光エネルギーを利用して水と二酸化炭素からグルコースなどの炭化水素を合成する反応である．

$$6H_2O + 6CO_2 + 48h\nu \rightarrow C_6H_{12}O_6 + 6O_2$$

緑色植物の光合成は葉の細胞中にある葉緑体で行われる．光合成の過程は大きく二つに分けられる．一つは光エネルギーを化学エネルギーに変換する明反応の過程であり，もう一つは明反応で得たエネルギーを利用して，水と二酸化炭素を炭化水素に変換する暗反応の過程である．明反応は光化学系Ⅰ（PSⅠ）と光化学系Ⅱ（PSⅡ）で行われる．まず，光化学系Ⅱのクロロフィルが太陽光のエネルギーを集めることでクロロフィルの電子は高いエネルギー状態へと励起される．もともと電子があったところには負電荷の電子がなくなったことにより正電荷をもつ抜け穴（正孔）ができる．この正孔が強い酸化能力をもち，水から電子を奪い，酸素を生成する．マンガン錯体（酸素発生中心：Oxygen Evolution Center；OEC）が，その酸化反応の触媒として働いている（図22-13）[*5].

$$2H_2O \rightarrow O_2 + 4H^+ + 4e^-$$

光化学系Ⅰでも太陽光により電子が放出され，その電子によって$NADP^+$が NADPH に還元される（図22-14）．この NADPH がカルビン回路において二酸化炭素を還元して炭化水素を作る（暗反応）．一方，光化学系Ⅱで高いエネルギー状態に励起された電子は電子伝達系を移動し，光化学系Ⅰに達して光化学系Ⅰに生じた正孔を埋める．また，その間に ATP という高エネルギー物質を作る．

22-5-2 窒素サイクル

窒素は地球の大気の78％を占めており，生物の働きにより地球規模で循環している（図22-15）．窒素サイクルはN_2の還元によりNH_3を生成する窒素固定，NH_3を酸化してNO_2^-やNO_3^-を生成する硝化，NO_2^-やNO_3^-

[*5] よって光合成が生産されるO_2は水が起源である．最初に示した光合成の反応式ではCO_2も起源となってしまうので，あえて
$12H_2O + 6CO_2$
　　$\rightarrow C_6H_{12}O_6 + 6O_2 + 6H_2O$
としている表記もある．

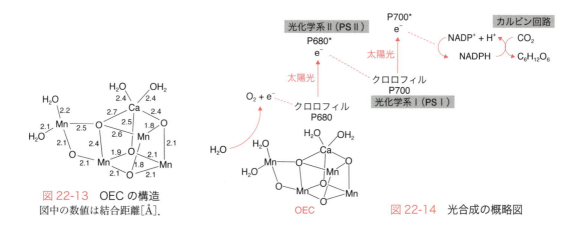

図 22-13　OECの構造
図中の数値は結合距離[Å].

図 22-14　光合成の概略図

を還元して N_2 を生成する脱窒素作用などからなっている（図 22-15）．われわれ人類は高温・高圧の過酷な条件下で N_2 から NH_3 を得ることに成功した（ハーバー・ボッシュ法）が，マメ科植物の根粒菌などに含まれる酵素（ニトロゲナーゼ）は常温・常圧下で NH_3 を生成する．しかし大気中の窒素含有量からすると，生物的な窒素循環量はわずかである．

22-5-3　水素サイクル

細菌に含まれる酵素（ヒドロゲナーゼ）が H_2 と H^+ を相互変換する触媒として働いている．

$$H_2 \rightleftharpoons 2H^+ + 2e^-$$

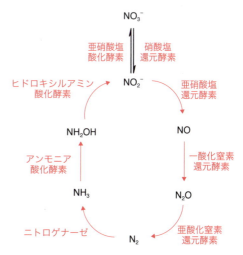

図 22-15　生物学的窒素サイクル

多くの生物が水素を利用していると考えられているが，ある生物で作られる水素は他の生物が利用するため，大気中ではほとんど検出されない．代表的なヒドロゲナーゼとしては[NiFe]ヒドロゲナーゼ（図 22-16a）と[FeFe]ヒドロゲナーゼ（図 22-16b）が知られている．

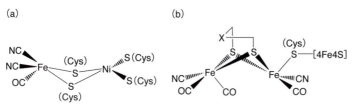

図 22-16　ヒドロゲナーゼの構造
(a) [NiFe]ヒドロゲナーゼ，(b) [FeFe]ヒドロゲナーゼ．

Biography

▶ B. Rosenberg
1926〜2009，アメリカの化学者．1961年から，ミシガン州立大学の教授を務めた．がんの研究者ではなかったが，偶然にもシスプラチンが抗がん剤として働くことを発見した．

22-6 金属元素含有医薬

キーワード 抗がん剤（anticancer drug），MRI（magnetic resonance imaging）

白金や金など生体には存在しない金属を含む化合物が薬として作用することが知られており，実際に治療薬として使用されている．

22-6-1 シスプラチン

がんは悪性細胞が過剰に複製されて生体機能が破壊される疾患である．貴金属を含み，その細胞分裂を抑制する抗がん剤として知られているのがシスプラチンである．1965年，ローゼンバーグ（Rosenberg）は大腸菌に電流を流すことで細胞分裂が抑制されることを見つけ，それが電流ではなく，電極として使用した白金によるものであることをつきとめた．このようにしてシスプラチンは発見された．

シスプラチンは2個の塩素原子と2個のアンモニア分子がPt^{2+}に配位した4配位平面型の白金錯体のシス異性体である（図22-17a）．細胞内でのシスプラチンは，2個の塩素原子を失い，そこにDNA鎖のグアニンの窒素原子が結合を作り，キレート環を形成することで悪性細胞の増殖を抑制する（図22-17b）．そのためトランス異性体には効果がない．

シスプラチンは精巣がん，卵巣がん，膀胱がんなど，利用範囲の広い抗がん剤であるが，副作用の問題があり，その後改良が進められ，カルボプラチンや三核錯体などが開発された（図22-18）．しかし，現在でもシスプラチンは抗がん剤として利用されており，がんの種類によって他の抗がん剤と組み合わせて用いられている．

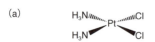

図22-17 シスプラチン
(a)シスプラチンの構造と(b)グアニンとの結合．

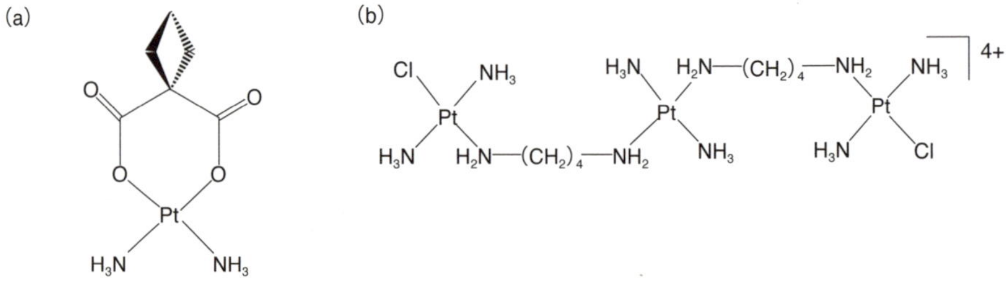

図22-18 改良された抗がん剤
(a) カルボプラチン，(b) 三核白金(Ⅱ)錯体．

22-6-2 抗リウマチ剤

1960年に,配位原子として硫黄を含む Au^+ 錯体がリウマチ性関節炎に有効であることがわかり,治療薬として金チオリンゴ酸ナトリウムや経口投与可能なオーラノフィンなどが開発された(図22-19).

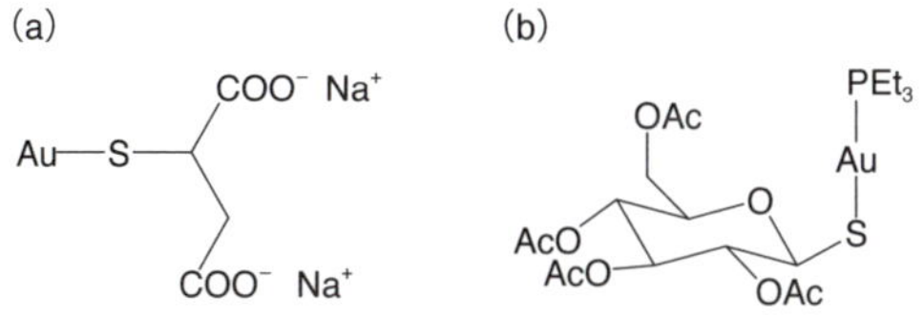

図 22-19 抗リウマチ剤
(a) 金チオリンゴ酸ナトリウム,(b) オーラノフィン.

22-6-3 MRI の造影剤

MRI は人体の組織の画像をとることによって健康な組織と病気の組織を区別する医療技術である.画像は人体中の水の ^1H NMR を測定することで得られ,その NMR シグナルはプロトンの緩和時間(がん組織中の水はより長い緩和時間をもつ)と水の濃度に依存する.MRI 造影剤は緩和時間を変化させ,画像のコントラストを強調するために用いられる.Gd^{3+}, Fe^{3+}, Mn^{2+} などの常磁性の配位化合物は造影剤として有効であるが,希土類のなかでも Gd^{3+} は不対電子を7個(Fe^{3+} と Mn^{2+} は5個)もつために磁気モーメントが大きい点で有利であり,さらに電子スピンの緩和時間が長い($\sim 10^{-9}$ s)点からも有利である.ただし,遊離の Gd^{3+} の毒性が高いため,大きい安定度定数をもつ解離しない錯体の開発が必要であった.1988年,造影剤として8配位の $dtpa^{5-}$ を配位子とする $[Gd(dtpa)(H_2O)]^{2-}$ の使用が最初に認可され,その後,$[Gd(hp\text{-}do3a)(H_2O)]$ などが造影剤として許可された(図22-20).

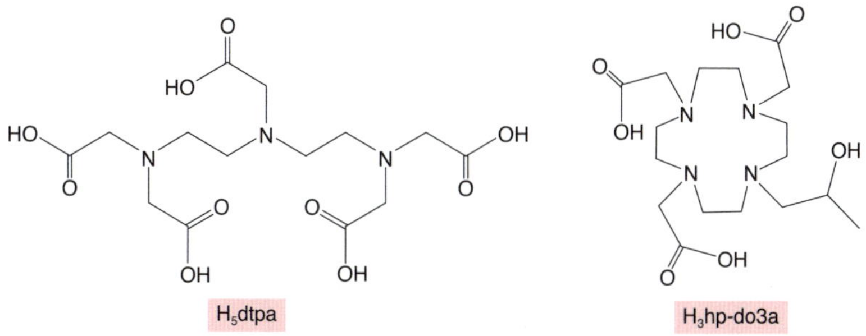

図 22-20 dtpa と hp-do3a の構造

章末問題

1. ヘモグロビンの役割を考えることで一酸化炭素中毒の原因について説明せよ．

2. ヘモグロビンの中心金属である鉄原子の周りだけを真似て，それを取り囲んでいるタンパク質部分を取り除いた化合物（テトラフェニルポルフィリンを配位子とする Fe^{2+} 錯体）では，ヘモグロビンの働き（酸素運搬）を再現できなかった．その理由を考察せよ．

3. ヘモグロビンとヘムエリトリンの類似点と相違点を述べよ．

4. 四核の鉄−硫黄クラスターを活性中心とするフェレドキシン［4Fe−4S］では Fe^{2+} と Fe^{3+} 間の酸化還元を利用して4電子の移動が考えられる（下式）．しかし，生理的条件下では2電子の移動だけが起こりうる．下式中，どの酸化還元反応が起こりうるか．

    $[4Fe^{3+}] \rightleftharpoons [3Fe^{3+}Fe^{2+}] \rightleftharpoons [2Fe^{3+}2Fe^{2+}] \rightleftharpoons [Fe^{3+}3Fe^{2+}] \rightleftharpoons [4Fe^{2+}]$

5. タイプⅠ銅を含むブルー銅タンパク質には無色のときがある．どのような状態のときに無色になるか説明せよ．

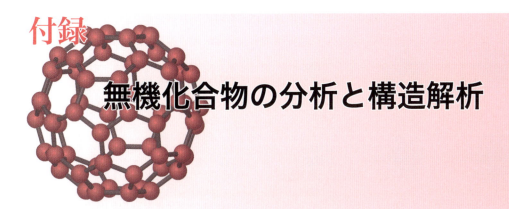

付録

無機化合物の分析と構造解析

> この章で学ぶこと
> 近年,分析機器は目覚ましい進歩を遂げており,化学のさまざまな分野に大きな変化をもたらしている.この章では,代表的な三つの分析機器(X線回折,NMR分光法,EPR分光法)について,それらにより得られる基礎的な知見および各機器の最新情報について学ぶ.

A-1 X線回折

X線は物質中の原子間距離と同じオーダーの波長(10^{-10} m)をもつため,X線が原子配列と相互作用したときの回折パターンから物質の構造に関する情報を得ることができる.X線は原子核の周りにある電子によって散乱され,原子の規則正しい配列に基づいて物質の構造を反映した回折パターンを生じる.散乱が強め合うX線の波長と原子配列の相互作用の関係はブラッグの式($2d \sin \theta = \lambda$)で与えられる(図 A-1).

最もよく利用されるX線測定法には二つある.一つは粉末X線回折法であり,もう一つは単結晶回折法である.粉末X線回折では,結晶固体がそれぞれ特徴的な回折パターンを示すことから物質の同定に利用でき,特に無機物質の結晶固体の解析に広く用いられている.一方の単結晶回折

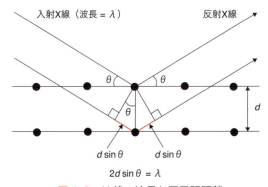

図 A-1 X線の波長と原子間距離

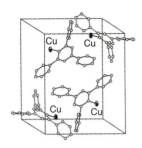

図 A-2　単結晶回折の例
配位数 1 の代表的錯体とされている [2,4,6-Ph$_3$C$_6$H$_2$Cu] の構造．後に，図中の Cu が Br に置き換わった構造の化合物が単結晶回折で構造決定された．単結晶回折では電子密度とその座標（位置）がわかるだけであり，原子の種類を決めることはできない．

は，質の高い単結晶を作る必要があるのが難点だが，測定により得られる回折パターンから物質の構造を完全に決定することができる（図 A-2）．最近では，データ収集に必要な検出器の進歩により，短時間で多くのデータを得ることが可能となり，測定時間が飛躍的に短縮された．また，X 線として最も強力なシンクロトロン放射を利用することで，非常に小さい結晶の構造も決定できるようになった．

A-2　NMR 分光法

NMR（核磁気共鳴）は核スピンが 0 でない元素を含む化合物について利用できる．^{1}H 核や ^{13}C 核に適用できることから，溶液状態の有機化合物の研究には欠かせない分析方法である（図 A-3）．

試料を磁場中におくと，異なる環境にある ^{1}H 核や ^{13}C 核は異なる周波数で共鳴吸収を起こすため，基準物質に対する相対的な値（化学シフト）から水素や炭素の化学的環境を知ることができる．また特に ^{1}H NMR の場合，シグナルのピーク面積（積分値）から ^{1}H 核の数を，シグナルの分裂（スピン－スピン結合）を解析することで ^{1}H 核間の関係を知ることができる．最近では，高性能な装置の開発により ^{1}H 核や ^{13}C 核以外のさまざまな核種の NMR 測定が可能となっている．なお，医療技術の一つである MRI（核磁気共鳴画像法）は人体中の水の ^{1}H NMR から得られる情報を利用している（22-6-3 項参照）．

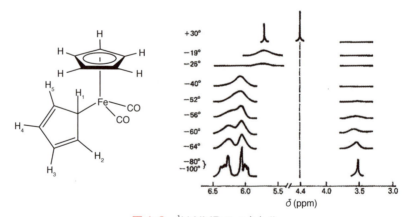

図 A-3　^{1}H NMR スペクトル
さまざまな測定温度での (η^5-C$_5$H$_5$)(η^1-C$_5$H$_5$)Fe(CO)$_2$ 錯体の ^{1}H NMR スペクトル．すべての温度で現れる 4.4 ppm のピークは η^5-C$_5$H$_5$ によるものである．また，低温で観測される約 6.3，約 6.0，3.5 ppm のピークの積分比が 2 : 2 : 1 であることなどから，3.5 ppm のピークは η^1-C$_5$H$_5$ の H$_1$ に，約 6.0 ppm のピークは H$_3$ と H$_4$ に，約 6.3 ppm のピークは H$_2$ と H$_5$ にそれぞれ帰属される．この ^{1}H NMR スペクトルは，η^1-C$_5$H$_5$ の水素原子が η^5-C$_5$H$_5$ とは対照的に非等価な環境にあることを示す．常温では η^1-C$_5$H$_5$ の水素は平均的な位置（5.7 ppm 付近）に 1 種類だけ観測され，シクロペンタジエニル配位子の鉄への配位部位が速く移動していることを示している．

A-3　EPR 分光法

　EPR（電子常磁性共鳴）は不対電子をもつ化合物について利用でき，そのスペクトルからラジカルを含む化合物や不対電子をもつ金属イオンを含む化合物，あるいは金属酵素の活性部位にある中心金属に関する情報を得ることができる（図 A-4）．

　試料を磁場中におくことで不対電子と磁場の相互作用からエネルギー準位が分裂し，それにより現れる吸収ピークから g 因子（g 値）を知ることができる．自由電子では $g = 2.0023$ であるが，金属イオンの場合にはスピン–軌道相互作用のためにかなり異なる g 値を示す．また，共鳴条件は化合物と磁場がなす角に依存するため，特に金属錯体では二つあるいは三つの g 値（g 因子の異方性）で特徴づけられる場合がある．さらに，原子核のスピンが不対電子と磁気的に相互作用することで現れる超微細構造を解析することで原子核に関する情報も得ることができる．

　EPR の測定は固体試料でも溶液試料でも可能であり，測定温度も変えることができる．最近では，パルス EPR 技術によって時間分解測定が可能になり，短寿命ラジカルの検出や動的性質の測定が行えるようになった．

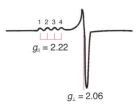

図 A-4　EPR スペクトル
典型的な銅（II）錯体の EPR スペクトル．銅は核スピン $I = 3/2$ であるため，4 本の超微細構造が観測される．また，$g_\perp < g_\parallel$ から，不対電子は $d_{x^2-y^2}$ 軌道に多く存在することがわかる．

索　引

■ A〜Z ■

$[Al(H_2O)_6]^{3+}$	141, 170
$[Al(OH)(H_2O)_5]^{2+}$	170
$Bi_2Sr_2Ca_2Cu_3O_{10}$	153
$C_6H_5Xe^+$ イオン	186
CF_2Cl_2	183
CFC	183
CHF_3	184
d-d 遷移	197
DNA	163
dsp^2 混成軌道	53
d 軌道	25
d- ブロック元素	126
EPR 分光法	253
f–f 遷移	217
HArF	186
HFC	183
HSAB 則	81
ITO	108
LCAO-MO 法	56
$[Li(H_2O)_4]^+$	114
MOF	156
MRI	152
$NaAlO_2$	170
$Na[Al(OH)_4]$	170
$[Nb_6O_{19}]^{8-}$	178
$[Ni(H_2O)_6]^{2+}$	140
NMR	152
——分光法	253
N 型半導体	151
pKa	77
$[PMo_{12}O_{40}]^{3-}$	178
p 軌道	25
$[Rb(H_2O)_6]^+$	114
Slater の遮へい定数	30
sp 混成軌道	52
sp^2 混成軌道	51
sp^3 混成軌道	49, 164
sp^3d^2 混成軌道	53
SQUID	152
s 軌道	25
VSEPR モデル	42
VSEPR 理論	182
X 線回析	253
$YBa_2Cu_3O_7$	153

■ あ ■

亜鉛	85, 131
亜鉛酵素	246
亜塩素酸	176
アクチノイド	13
——収縮	215
亜酸化窒素	171
亜硝酸	172
アセチレン	53
亜硫酸イオン	175
亜硫酸ガス	90, 92
亜リン酸	173, 181
アルカリ金属	106, 112, 113
アルカリ土類金属	106, 112
アルゴン	99
アルシン	164
α壊変	6
アルミナ	155
アルミニウム	65, 117, 170
アルミノケイ酸塩	146, 155
アルミン酸ナトリウム	170
アンチモン	108
安定化ジルコニア	152
安定度定数	204
アンモニア	76, 92, 94, 120, 164
アンモニウムイオン	76, 164
硫黄	92, 102
イオン化異性体	193
イオン化エネルギー	13
イオン結晶	63, 67, 135
イオン伝導体	152
イオン半径	17, 117, 120
——比	136
一酸化炭素	60, 91, 170
一酸化窒素	61, 94, 171, 172
イットリウム	132
イリジウム	133
インジウム	88, 108
ウィルキンソン触媒	235
ウルツ鉱	70
——型	137, 138
雲母	146
エキシマー	186
液体ヘリウム	152
エチレン	51, 91, 92
エネルギー準位	29
——図	58
塩化アルミニウム	180
塩化銀	136
塩化水素	76, 95
塩化セシウム	67
——型	137
塩化ナトリウム	67, 136
塩化白金(Ⅱ)	143
塩化物イオン	76, 82
塩化ベリリウム	143
塩化ホスホリル	181
塩化レニウム(Ⅴ)	183
塩酸	92
塩素	92, 95, 100, 122
塩素酸	176
塩類似水素化物	160
オイルショック	89
黄リン	102
オキソ酸	169
オキソニウムイオン	76
オクテット則	35
オストワルト法	94
オスミニウム	133
オゾン	101, 121
オルトケイ酸	171
オルトケイ酸ナトリウム	171
オレフィン錯体	228

■ か ■

外圏機構	209
会合機構	206
壊変	6
解離機構	206
過塩素酸	82
化学種	4
角運動量	21
核結合エネルギー	5
核酸塩基	163
角度部分	24
核分裂	7
核融合反応	7
化合物半導体	40
可採年数	89
過酸化水素	122
過酸化物イオン	121
苛性ソーダ	95
硬い酸	80
カテネーション	103, 118
価電子	35
——帯	71
カドミウム	134
カーボンナノチューブ	104, 105
過マンガン酸	177
過マンガン酸カリウム	111, 177

カリウム	106
カール	103
カルシウム	115
カルベン錯体	230
カルボニル錯体	227
岩塩型	136
環境問題	90
還元剤	82
還元的脱離反応	233
γ線	6
幾何異性体	194
貴ガス	98, 184
貴金属類	88
キセノン	99
気体反応の法則	3
軌道の重なり	45
希土類永久磁石	219
希土類元素	213
球面調和関数	24
キュリー点	154
キュリーの法則	154
強酸	77
強磁性体	154
共鳴	40, 169
——構造	40
共役塩基	76
——機構	207
共役酸	76
共有結合結晶	70, 141
共有結合の長さ	52
共有結合半径	16
共有電子対	35
局在	40
極座標系	23
極性溶媒	67
キレート効果	205
金	84, 133
銀	84, 133
金属間化合物	150
金属結合	63, 71, 126
金属酵素	240
金属錯体	189
金属タンパク質	240
クリストバライト	70, 142
グリニャール試薬	222
クリプトン	99
クロトー	103
クロム	88, 128
クロム酸	177
——イオン	177
ケイ酸	180
形式酸化数	227
ケイ素	73, 105, 118
結合エネルギー	16, 52
結合性軌道	56
結合性分子軌道	71
結晶	63
結晶場安定化エネルギー	196
結晶場分裂	196
結晶場理論	196
結晶溶媒	112
ゲルマニウム	73, 105, 118
原子価殻電子対反発	42
原子核	1
原子価結合理論	46, 194
原子軌道	55
原子半径	16, 117, 120
原子番号	2
原子量	4
元素記号	3
光化学スモッグ	171
光学異性体	194
合金	149
光合成	248
格子欠陥	150
格子定数	64
格子点	64
甲状腺ホルモン	107
向心力	22
高スピン錯体	199
構成原理	28
構造異性体	193
交替機構	206
抗リウマチ剤	251
氷	164
黒鉛	104, 117, 145
黒リン	102, 121
五酸化二窒素	172
五酸化バナジウム	92
五酸化リン	173
固体	63
——電解質	152
——物性	152
コバルト	130
五フッ化ヨウ素	182
五フッ化リン	181
固溶体	149
コランダム型	138
混成軌道	49

■ さ ■

最近接イオン	136
最密充填構造	66
酢酸ナトリウム	78
三塩化窒素	181
三塩化ホウ素	180
三塩化リン	181
酸塩基反応	75
酸化アルミニウム	155
酸化イットリウム	151
酸解離定数	77
酸化ウラン	137
酸化還元反応	38, 82
酸化剤	82
酸化数	38, 82
酸化セリウム	137
酸化チタン(IV)	70
酸化的付加反応	232
酸化二塩素	181
酸化物	169
——イオン	152
酸化ホウ素	169
酸化マグネシウム	69, 136
酸化リチウム	137
三酸化硫黄	92, 174
三酸化二窒素	172
三斜晶	64, 66
三重結合	35
酸素	100, 121
酸素センサー	152
三中心二電子結合	166
三フッ化硫黄	43
三フッ化塩素	182
三フッ化窒素	180
三フッ化ホウ素	41, 80, 180
三フッ化リン	181
次亜塩素酸	176
シアン化銀	81
シアン化物イオン	81
磁化率	154, 194
磁気モーメント	28
磁気量子数	24
σ軌道	56
σ結合	201
σ対称性	56
資源の枯渇	87
シスプラチン	250
磁性体	153
質量欠損	5
質量数	2
シトクロム	242
ジボラン	166
弱酸	77
遮へい	19, 31
——定数	31
斜方硫黄	64, 102
斜方晶	64
臭化カリウム	136
臭化セシウム	137
周期	12
周期表	11
周期律	11
十酸化四リン	173
重水素	3, 108
臭素	100, 122

索引

——酸	176
自由電子	63, 71
18電子則	224
主量子数	22
シュレーディンガー方程式	22
準位	58
昇位	48
笑気ガス	171
晶系	64
硝酸	41, 79, 172
硝酸アンモニウム	94
常磁性	100, 153, 194
触媒	157, 180
触媒サイクル	235
シラン	119, 163
シリカ	142
ジルコニア	151
ジルコニウム	132
侵入型合金	150
水銀	134
水酸化カルシウム	160
水酸化ナトリウム	92, 95, 160
水蒸気改質	159
水性ガスシフト反応	159
水素	3, 99, 159
——吸蔵合金	161, 219
——結合	163
——精製膜	162
水平化効果	79
水和異性体	193
水和物	140
スカンジウム	128
スズ	108, 119, 153
スタンナン	163
スチビン	164
ストロンチウム	107, 115
スピネル	140
——型	140
スペクトル系列	33
スモーリー	103
静電引力	22
静電相互作用	63
ゼオライト	155
石英	142
——ガラス	142
赤リン	102
絶縁体	71
節面	57
セレン	97, 105, 122, 157
——化水素	165
——分子	97
閃亜鉛鉱	70
——型	137, 138
全安定度定数	204
遷移金属	18
——水素化物	161
遷移元素	125
線欠陥	150
造影剤	251
層状化合物	145
相対質量	2
挿入反応	233
族	12
ソーダガラス	116
ソルベー法	95

■ た ■

第一遷移元素	127
ダイオキシン	95
第三遷移元素	131
対称性	56
体心格子	65
第二遷移元素	131
ダイヤモンド	63, 70, 104, 117
太陽電池	139
多結晶	63
脱水	156
脱硫	122
単位格子	64
炭化カルシウム	136
炭化ケイ素	117
単結合	35, 59
炭酸	171
——イオン	171
——ナトリウム	95
——ナトリウム水和物	112
単斜硫黄	64, 102
単斜晶	64
単純格子	64
単体	97
タンタル	90, 132
タンパク質	163
チオ硫酸イオン	175
置換型合金	149
置換活性	206
置換反応	203
置換不活性	206
チタン	128, 152
——酸カルシウム	139
チッ化ホウ素	143
窒化リチウム	120
窒素	60, 100, 120
窒素固定	248
中性子	2
超酸化物イオン	121
長石	117
超伝導	99
——体	152
直方晶	64
チョクラルスキー法	119
底心格子	65
低スピン錯体	199
デイビー	113
テクネチウム	133
鉄	129
鉄−硫黄タンパク質	243
テトラフルオロホウ酸イオン	180
テトラフルオロホウ酸ナトリウム	111
テフロン	184
テルミット反応	128, 129
テルル	122
——化水素	165
電荷移動	197
電気陰性度	13, 38
テングステン	132
典型元素	17
点欠陥	150
電子	2
——殻	2
——親和力	13
——のスピン	28
——の存在確率	27
——配置	29
伝導帯	71
銅	84, 130
——イオン	85
——タンパク質	244
同位体	3
統一原子質量単位	2
動径関数	24
等電子構造	144
等電子分子	39
ドーピング	151
トランス効果	209
トランスメタル化反応	221
トリクロロシラン	119

■ な ■

内圏機構	209
ナトリウム	106, 113
——イオン	82
——エトキシド	113
七フッ化ヨウ素	182
七フッ化レニウム	183
鉛	108, 119
鉛蓄電池	96
二塩化硫黄	182
ニオブ	132, 152
二クロム酸イオン	177
二酸化硫黄	37, 91, 92, 174
二酸化塩素	181
二酸化ケイ素	63, 142
二酸化炭素	37, 170
二酸化チタン	157
二酸化窒素	94, 171, 172

二重結合	35	ビスマス	108	ホウ素	103, 116, 166
二中心二電子結合	166	ヒドロキシルラジカル	121	——分子	103
ニッケル	130	ヒドロゲナーゼ	249	ボーキサイト	117
——カドミウム電池	161	非ヘムタンパク質	240	ホスフィン	164
——水素電池	96, 161	標準還元電位	83, 84, 112	——錯体	229
ニトロゲナーゼ	94, 249	氷晶石	117	ホスホン酸	173, 181
二フッ化キセノン	185	肥料	92	ホタル石	122
ニホニウム	13	フェライト	140	——型	70, 137
二リン酸イオン	173	フェリ磁性体	154	ポテンシャルエネルギー	23, 47
ネオン	99	フェロシリコン	118	ボラン	166
粘土鉱物	146	フェロセン	229	ポリオキソ酸イオン	177
燃料電池	160	不対電子	35	ポリ酸	177
■ は ■		フッ化アルミニウム	180	——イオン	177
配位異性体	193	フッ化硫黄	181	ポリリン酸イオン	173
配位化学	190	フッ化カルシウム	70, 137	ポルトランドセメント	118
配位化合物	190	フッ化酸素	181	ポロニウム	122
配位結合	190	フッ化水素	61	**■ ま ■**	
配位高分子	156	フッ化バリウム	137	マグネシウム	106, 115
配位子	190	物質波	31	マンガン	129
——場分裂	200	フッ素	60, 83, 100, 122	——酸イオン	177
——場理論	199	——リン灰石	122	——酸リチウム	140
配位数	190	不動態	117	ミオグロビン	240
パウリの排他則	28, 45	ブラベ格子	66	水	36, 43, 164
爆発限界	159	フラーレン	103, 118	——のイオン積	77
白リン	102, 121	プランク定数	21	ミュラー	153
バタフライ型	181	プランクの法則	31	ミョウバン	140
白金	92, 133	ブレンステッド	75	無定形炭素	118
発光ダイオード	74	——酸	165	命名法	111
波動関数	22	——の酸・塩基	75	メタケイ酸	171
バナジウム	128	分光化学系列	202	メタン	48, 62, 163
ハーバー法	94	分子	3	面欠陥	150
——・ボッシュ法	120	分子間力	101	面心格子	65
ハフニウム	132	分子軌道	55	モノシラン	163
ハミルトニアン演算子	23	分子性水素化物	162, 163	モリブデン	132
パラジウム	133	フントの法則	29	モル吸光係数	199
バリウム	107, 115	ヘキサシアノ鉄(Ⅲ)酸カリウム	111	モレキュラーシーブ	156
バルク	155	ヘキサフルオロリン酸イオン	181	モンド法	130
ハロゲン	179	β壊変	6	**■ や ■**	
ハロゲン間化合物	182	ベドノルツ	153	柔らかい酸	80
反結合性軌道	56	ヘムエリトリン	243	有効核電荷	13, 31
反結合性分子軌道	71	ヘムタンパク質	240	有効磁気モーメント	194
反磁性	194	ヘモグロビン	240	誘電率	22
半導体	72	ヘモシアニン	245	ヨウ化鉛(Ⅱ)	145
バンドギャップ	72, 157	ヘリウム	59, 98, 99	ヨウ化カドミウム(Ⅱ)	145
バンド構造	71	ベリリウム	90, 106, 115	ヨウ化セシウム	137
バンド理論	126	ペルオキシダーゼ	242	陽子	2
半反応式	83	ペルオキソ炭酸ナトリウム	171	ヨウ素	100, 101, 107, 123
ピアソン	80	ペルオキソ二硫酸イオン	175	——酸	176
光触媒	157	ペロブスカイト型	139	四塩化ケイ素	119, 180
光伝導性	157	ボーア半径	22	四塩化炭素	180
非共有電子対	35, 79	方位量子数	24	四酸化二窒素	172
非局在	40	ホウケイ酸ガラス	116	四重結合	201
非結合性軌道	56	ホウ砂	169	四フッ化硫黄	43
非晶質	63	ホウ酸	116, 169		
		放射線	6		

四フッ化キセノン	185	硫化チタン(IV)	145	――型	138, 139
四フッ化ケイ素	180	硫化ナトリウム	137	ルテニウム	133
四フッ化炭素	180	硫酸	78, 91, 92	レアメタル	88, 90
		――アンモニウム	92	レニウム	133

■ ら ■

ランタノイド	12, 213, 231	――カリウム	111	連結異性体	193
ランタノイド収縮	19, 215	――水素イオン	78	六塩化タングステン	183
ランタン	132	リュードベリ定数	32	六フッ化硫黄	182
リサイクル	88	リュードベリの式	32	六フッ化ウラン	183
リチウム	106, 114	量子化	22	六フッ化キセノン	185
――イオン電池	96	両性元素	117	ロジウム	133
立体異性体	194	リン	120	六方最密格子	66
立方最密格子	66	リン酸	173	六方晶	66
立方晶系窒化ホウ素	143	ルイス塩基	79	――系窒化ホウ素	143
硫化亜鉛	69	ルイス構造式	35	ローマクラブ	88
硫化水素	165	ルイス酸	79, 180	ローリー	75
		ルチル	70		

著者略歴

坪村　太郎(つぼむら　たろう)
1958年　東京都生まれ，兵庫県育ち
1986年　東京大学工学系研究科博士課程修了
その後，成蹊大学工学部助手，同助教授を経て
現　　在　成蹊大学名誉教授
工学博士
専門分野　金属錯体の合成，光化学

川本　達也(かわもと　たつや)
1959年　広島県生まれ，香川県育ち
1988年　筑波大学大学院博士課程化学研究科修了
その後，大阪大学教養部助手，分子科学研究所助手，カンザス州立大学博士研究員，大阪大学理学部助手，大阪大学大学院理学研究科助手，講師，准教授を経て
現　　在　神奈川大学理学部教授
理学博士
専門分野　錯体化学，無機反応化学

佃　　俊明(つくだ　としあき)
1974年　岡山県生まれ，岡山県育ち
2002年　大阪大学大学院理学研究科博士後期課程修了
その後，成蹊大学理工学部助手，大阪大学理学研究科講師，山梨大学教育学部准教授を経て
現　　在　山梨大学教育学部教授
博士(理学)
専門分野　金属錯体化学，光化学

無機化学の基礎

2017年3月1日　第1版　第1刷　発行	
2024年9月10日　　　　　第7刷　発行	

検印廃止

JCOPY 〈出版者著作権管理機構委託出版物〉
本書の無断複写は著作権法上での例外を除き禁じられています．複写される場合は，そのつど事前に，出版者著作権管理機構（電話 03-5244-5088, FAX 03-5244-5089, e-mail: info@jcopy.or.jp）の許諾を得てください．

本書のコピー，スキャン，デジタル化などの無断複製は著作権法上での例外を除き禁じられています．本書を代行業者などの第三者に依頼してスキャンやデジタル化することは，たとえ個人や家庭内の利用でも著作権法違反です．

乱丁・落丁本は送料当社負担にてお取りかえいたします．

著　者　　坪　村　太　郎
　　　　　川　本　達　也
　　　　　佃　　　俊　明
発行者　　曽　根　良　介
発行所　　（株）化学同人

〒600-8074　京都市下京区仏光寺通柳馬場西入ル
編 集 部　TEL 075-352-3711　FAX 075-352-0371
企画販売部　TEL 075-352-3373　FAX 075-351-8301
振替　01010-7-5702
e-mail　webmaster@kagakudojin.co.jp
URL　https://www.kagakudojin.co.jp
印刷・製本　（株）シナノ パブリッシングプレス

Printed in Japan　© T. Tsubomura et al　2017　無断転載・複製を禁ず　　ISBN978-4-7598-1837-6